통계학 멘토

한동철 · 황현식 지음

이프레스

머리말

통계와 함께 하는 우리의 삶

우리는 통계의 홍수 속에서 살고 있다. 대한민국 전체 인구가 드디어 5천만 명을 넘었다라는 정부의 발표와 가계 빚이 900조를 초과했다라는 한국은행의 통계와 부자가 부자가 아닌 사람들보다 5년 이상 더 산다는 오스트레일리아의 조사결과 등은 우리가 숫자를 떠나서는 특정한 의미를 만들거나 확인하기 힘들다는 것을 시사해 준다.

내가 한 달에 50만 원씩 저축을 하면 언제 24평짜리 평범한 아파트를 살 수 있을까라는 아주 간단한 추측과 대한민국의 경제발전 속도를 보아서 언제 일인당 국민소득 5만 불에 도달할 수 있을까 하는 고도의 예단도 통계의 도움으로 결론 내릴 수 있다.

바닷가의 조개를 하루에 몇 개를 주워야 배부를까 하는 고대의 추측부터 자동차와 반도체 몇 개를 만들어야 하는가라는 현대의 통계까지 우리는 영원히 벗어날 수가 없다. 마을버스와 지하철 환승요금으로 들어가는 한 달의 비용을 계산해야 하고, 현찰 100억을 가진 어느 부자가 가진 재산의 90퍼센트를 기부했다는 따뜻한 소식을 들으면서 순기부액이 얼마인가를 계산해야 하는 우리의 모든 삶은 통계에서 시작해서 통계로 마감된다.

통계에서 깨닫는 생활의 지혜

통계는 우리의 삶의 흔적이다. 우리가 어떠한 일을 하든지 반드시 흔적이 남게 되어 있다. 그 흔적 중에서 숫자로 표현될 수 있는 모든 것들을 통계조사해서 새로운 지혜를 깨닫게 된다.

세상에는 100kg이 넘는 거구는 별로 없고, 또한 40kg이 안 되는 사람도 별로 없으며, 대부분이 60 ~ 80kg의 평균적인 몸무게를 가지고 있다. 평균을 중심으로 어떤 패턴을 따라서 몸무게의 모습이 나타난다. 몸무게뿐만이 아니라 꽃의 수명, 수능점수, 취업 후 임원이 되는 기간, 창업 후 대박나는 기간, 결혼과 이혼 기간 등과 같이 거의 모든 것이 어떤 패턴(통계학적으로는 정규분포)을 형성하고 있다. 우리는 거의 누구나 평균적인 삶을 살고 있는 것이다.

통계를 이용하면 차이와 관계를 이해할 수가 있다. 남성과 여성의 수명에 차이가 없는지 혹은 있는지를 쉽게 알 수 있고, 스마트폰 브랜드별로 가격 차이가 없는지 아니면 있는지도 파악할 수 있다. 또한 부자되는 확률과 개인의 지능이 관계가 없는지 혹은 있는지를 통계적으로 결론 내릴 수가 있고, 닭고기 섭취와 비만도가 관계가 없는지 아니면 있는지도 알 수가 있다.

이 세상에서 가장 쉬운 통계학 책

통계학을 처음 접하는 거의 모든 사람들의 입에서 나오는 한마디는 "통계는 어렵다"이다. 이해하기 힘든 수많은 개념들이 난무하고 처음 보는 수식들을 따라 가다가 길을 잃는 경우가 너무 많아서 통계학을 포기하는 경험을 겪고 또 겪는 분들에게 도움을 주려고 이 책을 썼다.

복잡한 용어를 되도록 쉽게 표현하고, 수식을 최소한도로 사용하고, 현실의 사례들을 되도록 많이 넣고, 우리가 통계를 어떻게 활용할 수 있는지를 이해가 용이하도록 책을 집필했다.

"야, 통계는 너무나 쉬워."라는 말을 기대하고 쏙쏙 이해하기 쉽게 썼다. 이해하지 못할 개념들을 복잡한 수식으로 난삽하게 서술하는 것은 통계를 배우는 학생들이나 통계를 이용하려는 일반인들에게 바람직하지 않다고 필자들은 단언한다.

그러나 기본적인 통계서적으로서 필요한 개념과 기법들을 모두 다 다루도록 노력했다. 대규모의 자료들을 사용할 경우를 위해 비교적 쉬운 통계패키지인 SPSS도 소개를 했다. 독자들이 교과서를 차근히 읽으면서 논리를 이해하고 그리고 자료들을 스스로 컴퓨터를 사용해서 분석하다 보면 미처 알지 못했던 많은 생활의 지혜를 가질 것이라고 확신한다.

통계학을 사용하는 분야는 사회현상을 분석하는 사회과학과 경제현상을 이해하는 경제학을 비롯하여 수없이 많다. 또한 대한민국 정부 차원에서 통계수집과 분석 그리고 학교 차원에서 통계의 교육과 실습이 중요하다. 다행히도 필자들은 사회과학적인 배경과 통계학적인 배경을 가지고 있고, 정부와 학교에서 근무를 하고 있다. 필자들이 같이 쓴 이해하기 쉬운 통계 서적이 독자들의 학습과 생활에 도움이 되었으면 한다.

2012년 여름 한동철, 황현식

이 책을 재미있게 사용하는 방법

이 책은 이 세상에서 가장 쉽고 깔끔하면서 중요한 것을 다 포함한 통계학의 기본 서적이다. 저자들은 이것에 초점을 맞추어서 기본 개념을 이해하기 용이한 표현으로 설명하였다. 전체의 줄거리를 연결하는데 맥이 끊길 수도 있는 복잡한 수식이나 난삽한 개념들을 다 제외하였다.

본서를 이해하면 통계학의 기본을 섭렵해서 현실의 업무에 바로 적용이 가능할 것으로 판단된다. 수백 개 이상의 표본이 뽑혔을 경우에 손으로 하기에는 벅차고 SPSS 같은 통계패키지의 도움을 받아서 하면 된다.

본서를 쉽게 활용하는 방식으로 대학 교재로 사용할 경우에는 아래의 지침을 염두에 두면 유익할 것이다.

첫째, 개념적인 부분들(1장, 2장, 3장)은 워밍업으로 생각해서 개강한 이후 몇 주 동안 학생들에게 통계학의 기본, 통계량의 개념, 모집단에서 표본을 뽑는 이유와 방법들을 설명하면 된다.

둘째, 수식적인 부분들(4장, 5장, 6장)은 앞에서 이해한 개념들을 가지고 분포가 통계학에서 하는 역할, 통계적 추정의 실제 방식, 가설검정의 절차들을 개념을 따라가면서 예제와 연습문제들을 손으로 풀어보면 거의 다 이해할 수 있다. 어렵고 필요성이 떨어지는 예제와 연습문제들은 전부 제외하였고, 이 책에 제시된 문제들만 다 이해해도 충분하다고 판단한다.

셋째, 기법적인 부분들(7장, 8장, 9장, 10장)은 개념과 수식을 이해한 바탕 위에서 현실에서 가장 많이 쓰이는 차이분석들(T 검정, 분산분석)과 관계분석들(상관분석, 교차분석, 회귀분석)의 개념과 논리를 설명했다. 실제의 데이터를 가지고 SPSS를 하면서 컴퓨터 분석을 하고 결과를 이해하는 방식으로 진행하면 된다.

또한 대학에서 공부하는 학생이 아니더라도 스스로 위의 세 가지 프로세스(개념, 수식, 기법)의 3박자 과정을 따라가면 통계학이 이렇게 쉽고 유용한 학문이었다는 것을 알게 될 것이다. 매일 같이 신문과 방송 그리고 현실 속의 논리에서 나오는 숫자의 활용과 해석이 우리의 삶에 이렇게 도움이 된다는 것도 알 수 있게 될 것이다.

차례

Chapter 04 분 포

Chapter 05 통계적 추정

Chapter 06 가설검정

Chapter 07 차이분석 1(T 검정)

Chapter 08 차이분석 2(분산분석)

Chapter 09 관계분석 1(상관분석과 교차분석)

Chapter 10 관계분석 2(회귀분석)

부록

Chapter 1

통계학의 기본

Chapter 1

Statistics Mentor

통계학의 기본

1 통계학이란 무엇인가

통계학(Statistics)의 어원은 라틴어에서 국가라는 의미의 Status에서 유래되었다. 오랜 시간 동안 통계는 한 국가의 지표로서 경제, 인구, 정치상황을 자료나 도표로 나타내는 것과 동일시되어 왔다. 용어 자체에도 통(統: 거느릴 통, Govern)과 계(計: 셈할 계, Device)에서 보듯이 국가를 위한 집계라는 의미가 강하다. 성경 누가복음(Luke)에서는 예수의 탄생 이야기를 통해 로마황제 아우구스투스에 의한 인구조사가 언급되어 있다. 우리나라에서도 신라의 민정문서 등을 보면 가축과 사람의 수 등이 기록되어 있어 지배자의 입장에서 집계 형태로 시작되었음을 알 수 있다.

근대에 들어서 확률론이 발전됨에 따라, 통계학은 눈부신 발전을 거듭하여 오늘날에 이르렀다. 특히, 실생활과 밀접한 통계의 생산으로 분석결과가 지배자가 아닌 대다수 국민의 삶에 영향을 주었으며, 국가 간의 교류가 증대됨에 따라 국가 간의 비교 척도로서도 매우 큰 의미가 있다.

현대를 살아가는 사람들에게는 정보를 분석하고 판단하는 능력이 매우 중요하다. 이유는 날마다 홍수처럼 쏟아지는 숫자를 올바르게 해석할 수 있다면 삶의 질이 달라질 것이기 때문이다. 통계는 다양한 분야에서 중요한 역할을 수행한다. 전 달에 비해 실업률 4%, 소비자물가가 5% 상승이라고 하는 뉴스를 숫자 자체로 생각할 수 있지만, 관련된 자료를 이용해야 하는 사람들은 이 통계를 어떻게 조사하고 분석하는지를 알아야만 한다. 통계를 만들기 위해서나 혹은 이용하기 위해서도 통계학 이론이 필요하다.

통계학은 불확실한 상황에서 정보의 수집, 분석, 그리고 추정과 검정을 통하여 올바른 의사결정의 방법을 연구하는 학문이다. 이와 같이 올바른 의사결정을 내리기 위해서는 모집단으로부터 추출한 표본으로부터 필요한 자료를 수집해야 하고, 수집된 정보를 정리하고 분류하여 유용한 자료로 만든 다음 통계적 방법을 이용하여 의사결정을 하게 된다. 그러나 통계는 매번 크고 작은 오류를 범할 가능성이 있다. 예를 들어, 확률의 잘못된 해석, 여론조사 결과의 오해, 분석 방법의 잘못 등이 그 예이다. 또한 오류는 대부분 통계외적인 여러 가지 원인에 의해 발생한다. 즉, 조사의 초기 단계인 기획단계에서 잘못되는 경우나, 분석단계에서 적절하고 유용한 정보를 무시하였거나, 의도적으로 왜곡된 해석을 하는 경우, 발표된 통계에 대한 무지(無知)에 따른 해석에 기인하는 경우가 많다.

통계학 교육이 공식에 의한 문제해결에 초점을 두고 있다는 점이 통계를 매우 어렵게 느끼게 할 수도 있다. 쉽고 어렵고는 독자가 판단할 문제이지만, 적어도 수학의 한 부분으로 생각하여 복잡한 계산을 수행하는 재미없는 학문은 아니다.

다음은 교육과학기술부에서 2012년에 발표한 각급 학교의 학생과 교원 수이다. 먼저, 통계 수치를 [그림 1-1]과 같이 요약하였다.

학생 수는 감소하는 추세, 교원 수는 증가하는 추세

- **(학생 수)** 2011년 현재 초·중·고등학교 학생 수는 698만7천 명으로 매년 꾸준히 감소하는 추세
  - 1991년 대비 초등학교 학생의 감소폭(34.2%)이 가장 크게 나타남
- **(교원 수)** 2011년 현재 초·중·고등학교의 교원 수는 42만2천 명으로 매년 지속적으로 증가
  - 초등학교 여성교원의 비중은 75.8%로 꾸준히 증가세

[그림 1-1] 학생 수와 교원 수 통계요약

[그림 1-1]의 통계를 보고 학생 수가 줄어들고 있고, 그중에서 초등학생이 많이 감소되고 있다는 정보와 교원 수는 증가하고 있는 상황을 알 수 있다. 사회현상에 대한 정보를 얻은 것이다. 또한 추이는 어떻게 되는지 정리한 [그림 1-2]는 1991년부터 학생 수와 교원 수를 도표로 표현한 것이다. 시간에 따라 막대도표와 꺾은선도표로 나타

낸 것으로 시계열도표라고 할 수 있다.

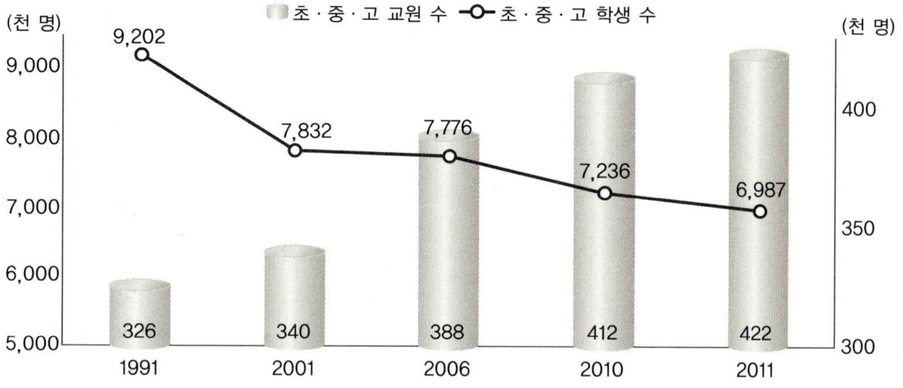

▌그림 1-2▐ 학생 수와 교원 수의 시계열도표

〈표 1-1〉은 같은 자료를 통계표로 표현한 것이다. 일목요연하게 보기 쉽도록 했지만, 그래프보다는 전달력이 떨어진다. 표를 볼 때는 단위와 시점을 잘 보고 해석해야 한다.

▌표 1-1▐ 초 · 중 · 고등학교 학생 수 및 교원 수 (단위: 천 명, %)

연도	학생 수	초등학교	중학교	고등학교	교원 수	초등학교	여교원 비율	중학교	여교원 비율	고등학교	여교원 비율
1991	9,202	4,759	2,232	2,211	326	138	51.6	92	47.6	95	23.3
2001	7,832	4,089	1,831	1,911	340	143	67.6	93	58.8	104	31.1
2006	7,776	3,925	2,075	1,776	388	164	72.0	107	63.0	118	39.1
2010	7,236	3,299	1,975	1,962	412	177	75.1	109	65.7	126	44.3
2011	6,987	3,132	1,911	1,944	422	181	75.8	111	66.8	131	46.2

출처: 교육과학기술부 · 한국교육개발원. 교육통계연보 각년도.

이러한 통계는 어떻게 산출하여 제공되는 것일까? 정말 정확할까? 현대인에게는 이러한 질문을 판단할 수 있는 통계적 능력이 반드시 필요하다. 우리가 사는 세상에는 데이터가 너무 많아서 필요한 경우에 가공하고 올바르게 해석하여 의사결정의 근거로 사용할 수 있어야 하기 때문이다.

2 통계학에서 배우는 것

통계학은 통계자료를 수집, 분석해서 현상을 파악하고 논리를 입증할 수 있는 자료과학이다. 숫자로 표현되는 흩어져 있는 각종 자료들을 통합해서 하나의 분석의 틀을 만들고, 그것을 각종 기법들로 분석해서 새로운 어떠한 의미를 찾아내려는 학문적인 접근이 통계학이다.

통계숫자는 거짓말을 하지 않는다. 우리가 주위에서 찾아낼 수 있는 거의 모든 통계숫자들은 현실에서 일어난 어떠한 일의 결과이다. 오늘 아침에 서울 지하철 1호선을 몇 명이 탔다는 것은 자동적으로 자료가 수집되고 있다. 어제 교통사고가 몇 건이 났다는 것도 현실의 결과이다. 우리가 의도를 했건 안했건 간에 시시각각으로 생성되는 통계는 어떠한 형태로든지 분석이 필요하다.

자료분석을 하게 되면 우리는 어떠한 유형을 찾아낼 수가 있다. 유형을 도표화할 수도 있고, 중심적인 패턴을 수치화할 수도 있다. 우리가 새롭게 발견한 유형이 어떠한 것을 말하는지에 대한 논리적인 추론에 들어가게 된다. 왜 우리나라의 결혼건수는 많은데 출산율은 낮은가? 결혼한 부부들이 출산을 기피하는 현상이 있는데 전세계의 추세와 비교하면 어떤 것을 알 수 있는가?

우리가 통계학에서 자료수집만 하는 것은 우리의 생활에 별로 도움이 되지 않을 수도 있다. 그러나 수집된 자료에서 새로운 의미를 발견하는 것은 우리 인간생활에 큰 도움이 된다. GDP를 올리려면 어떻게 해야 하는가? 기업의 매출액은 높아지는데 수익이 떨어지는 것은 어떻게 대응해야 하는가? 사회복지수요가 폭발적으로 증가하는데 국가재정으로 감당할 수 있는가?

자료를 다루고 자료에서 의미를 찾아내는 작업이 상당히 딱딱한 것처럼 보여질 수가 있다. 그러나 실제로 통계는 아주 부드럽고 스마트한 면이 많다. 많은 통계수치를 기억하고 이해하는 분들이 세계의 지도자들과 뛰어난 인물들이다. 그들은 책과 신문, 인터넷과 스마트폰에서 검색 가능한 거의 모든 주요한 통계자료들을 가지고 자신의 주장의 근거로 활용하고 있다. 통계는 숫자이지만, 그 숫자의 많고 적음이 가르쳐 주는 면은 상당히 부드러운 결론에 도달할 수도 있고, 강한 신념의 근거로서 활용될 수도 있다.

우리나라에서 가장 많이 인용되는 통계 숫자는 전체 국민의 숫자이다. 인구센서스를 해서 우리나라의 인구가 몇 명이고, 국내에 거주하는 외국인이 몇 명이라고 분석이 된다. 주택보급률이 100%를 넘었는데 우리 주위에는 무주택자가 있다는 것도 통계수집과 분석의 결과로서 파악된 것이다.

학문이란 기본적으로 학교에서 강의가 되고 학생들이 배우는 것이다. 선생님들과 교수님들의 강의에서 통계와 관련된 것들을 학생들이 배워서 그들의 미래생활에 적극적으로 활용하는 것은 풍부한 삶을 위해서 필요하다. 중고등학교는 물론이고 대학의 각 분야에서 통계학이 다양하게 활용되고 있다. 통계학은 사회과학 분야와 자연과학 분야 그리고 공학, 의학, 체육 분야까지 다양하게 활용되고 있다.

통계학은 각급 학교에서 강의가 되는 것은 물론이고 정부나 지자체와 같은 비영리기관과 거의 모든 영리기관에서 활용되고 있다. 언론기관과 수사기관은 각종 자료들을 수집하려고 DNA 분석도 하고, 거짓말테스트기를 활용하기도 한다.

결론적으로 통계학은 통계자료를 수집하고 분석해서 인류생활에 유용한 결론을 찾아내려는 학문이라고 말할 수 있다.

3 통계학의 목적

통계학은 크게 두 가지 분야로 구분이 된다. 하나는 기술통계학(Descriptive Statistics)이고, 다른 하나는 추측통계학(Inferential Statistics)이다. 기술통계학이란 자료의 현상을 축약해서 의미를 찾아내는 것이다. 우리나라 가구당 평균재산은 얼마인가에 대한 궁금증을 전체 가구 재산을 가구숫자로 나눈 평균으로 답할 수가 있다. 우리나라 가구당 평균재산이 약 3억 원 내외라고 알려져 있다면, 이 3억 원 내외라는 숫자가 기술통계학에서 나오는 대표적인 평균 개념이다.

추측통계학은 우리가 궁금해 하는 전체 대상 중에서 일부를 뽑아 내린 결론이 전체 대상에게도 그대로 해당이 될 수 있는지를 추측하는 통계학이다. 우리나라의 다음 대통령이 누가 될 것인지를 2천만 명이 훨씬 넘는 전체 유권자들 중에서 약 천 명 정도를 무작위로 뽑아서 내린 결론으로 전체 유권자들의 표심을 추측해 보는 것이다.

이 두 가지는 완전하게 구분되는 것이 아니라, 서로 긴밀하게 연결되어 있다. 그러나 목적이 다른 측면이 있다.

통계학의 두 가지 목적을 앞의 통계학의 두 가지 분야에서 나온 개념으로 축약해 볼 수 있다. 통계학의 첫 번째 목적은 '눈앞의 현상을 압축적으로 표현'하는 것이고, 두 번째 목적은 '표본특징으로 전체 특징을 추측'하는 것이다.

통계학은 숫자조합을 만들어서 거기에서 과거와 비슷한 패턴을 확인하거나 혹은 새로운 패턴을 찾아내어 무슨 일이 그 안에서 일어났는지를 탐색해 보는 것이 첫 번째 목적이다.

국가 전체적으로는 여러 가지 경제지표들이 많이 쓰인다. 일인당 국민총생산은 일년 동안 국가의 전체 구성원들이 얼마만큼의 경제활동을 했는지를 총합적으로 표시해주는 통계수치이다. GDP는 중동의 오일 달러 국가들인 사우디아라비아, 아랍에미리트연합과 북유럽의 스웨덴, 네덜란드가 상당히 높다. 보통 OECD 국가들로 표현되는 수십여 개 국가들이 전세계에서 GDP가 높거나 전체 경제력이 상위인 국가들이고, 우리나라도 그 안에 속하고 있다. 통계숫자를 통해서 우리는 국가 간의 경제력을 쉽게 비교할 수 있다.

전세계의 대학평가도 몇 가지 지표들(교수논문 수, 교수학생비율, 재단의 전입금, 학생장학금, 학생취업률 등)을 가지고 어느 대학이 세계에서 가장 좋은가를 통계적으로 서열화하고 있다. 서열화하는 것이 윤리적으로 좋은지 나쁜지는 또 다른 문제이지만, 전체적인 흐름을 볼 수 있다는 면에서는 통계전문가들의 노력의 결과로서 인류에게 도움이 된다고 볼 수 있다.

이와 같이 현상을 표현하는 형태의 통계학은 자료를 압축해서 정리하는 측면이 강하다. 우리가 인간의 심리상태를 직접적으로 파악하는 방법이 없어서 주로 리커트 척도(Likert Scale)를 쓰는 경우가 많다. 이 척도를 요인분석(Factor Analysis)으로 축약하는 방법을 간단히 설명하기로 한다.

당신은 이 색깔을 좋아하십니까?

1	2	3	4	5
전혀 동의하지 않는다.	거의 동의하지 않는다.	부정하지도 동의하지도 않는다.	대체로 동의한다.	아주 동의한다.

이것은 리커트가 만든 측정방법으로서 다섯 개 점수로 나누어져 있다고 해서 5점 척도라고 부른다. 3점 척도도 있고, 7점 척도, 9점 척도, 11점 척도도 있다. 척도의 숫자가 적을수록 상관관계가 높아지면서 관련성이 잘 나타난다고 알려져 있다.

하여튼 이와 같이 색깔을 응답자들이 좋아하는지 아닌지에 관해서 수십 개의 항목으로 물어볼 수가 있다. 인간의 색깔 지각에 관한 설문은 비슷비슷한 문항들로 이루어져 있다. 요인분석으로 이 수십 개의 항목들을 몇 개로 압축할 수 있고, 추출된 요인들에 새로운 이름을 붙여서 간략히 표현한다. 이때 수십 개의 전체 항목들로서 물어보면 우리가 궁금한 것의 전체인 100퍼센트를 물어보았는데, 이것을 몇 개의 요인으로 통계적으로 분석하면 약 67퍼센트 정도로 압축이 된다.

다시 말해서, 100퍼센트를 수십 개의 항목으로 파악하는 것보다는 비록 전체 100퍼센트가 아니고 67퍼센트이지만 몇 개의 요인으로 파악하는 것이 인간의 색깔지각을 더 간략히 압축해서 표현할 수 있다고 해서 이 방법을 많이 활용하고 있다.

이외에도 우리가 흔히 쓰는 평균(Mean)이란 개념도 전체를 축약해서 통계량 한 개로 표현한 것이다. 평균이 문제가 있을 수도 있으나, 우리는 현실압축이라는 통계목적하에서 가장 많이 활용하고 있다. 몇 년 전에 우리나라 전체 국회의원(290여 명)이 신고한 일인당 평균재산이 70여억 원으로 발표되었다. 당연히 "어, 국회의원들이 왜 이렇게 돈이 많지?" 하는 느낌을 지울 수 없었다. 그런데 자세히 보니 수조 원의 재산을 가진 어느 국회의원이 발견되었다. 그래서 그 국회의원을 빼고 다시 평균을 내어보니 일인당 평균재산이 20여억 원으로 수정 발표되었다.

오류가 있다고 하더라도 평균이라는 개념이 이 세상에서 가장 많이 쓰이는 대표적인 기술통계학의 개념이다. 전체를 대표하는 가장 기본적인 평균의 개념을 발견하였기에 우리는 쉽게 많은 현상들을 이해하게 되었다.

통계학의 두 번째 목적은 전체 모집단에서 일정 숫자의 표본을 뽑아서 그 표본들의 특성들을 발견한 후에 전체 모집단의 특성과 일치한다는 전제하에 추측해 내려는 것이다.

모집단(Population)은 우리가 스스로 정한 범위 전체를 의미한다. 대한민국에서 흡연자들이 비흡연자들보다 폐암에 더 많이 걸리는지를 알려고 한다. 이때 흡연자는 전 국민들 중에서 담배를 피우는 사람을 의미한다. 물론 과거에 피웠으나 현재는 끊은 사람들도 흡연경험자로 분류해서 흡연자에 포함을 시킬 수도 있고, 아닐 수도 있다. 조사

목적에 따라서 달라질 수가 있다. 그리고 비흡연자란 전 국민들 중에서 담배를 피우지 않은 사람으로 한정할 수 있다. 이렇게 정한 전체 흡연자의 숫자가 흡연자 모집단이 될 수 있고, 비흡연자의 전체 숫자가 비흡연자 모집단이 될 수 있다.

모집단 전체를 조사하는 경우는 극히 드물다. 인구총조사는 현재 국민의 전체 숫자를 파악해야 하므로 모집단 전체를 조사한다. 그러나 보통은 모집단이 일정 숫자 이상이 되면(수천 명 이상) 모집단 전체를 조사하는 것이 아니라, 모집단에서 일정 숫자의 표본(Sample)을 뽑아서 조사를 한다.

앞의 흡연과 폐암과의 관계를 분석할 때도 폐암 전체 환자 중에서 흡연자를 전수조사하지 않는다. 이유는 비용과 시간이 많이 걸리기 때문이다. 많은 숫자를 조사하면 엄청난 비용이 들고, 조사인력도 엄청나게 많아야 하고, 시간도 상당히 걸린다.

따라서 대부분의 경우에는 일부의 숫자(보통은 천 명 내외 정도)들을 뽑아서 그들의 특성치를 파악한 후에 전체 모집단에도 동일한 특성이 나오는지를 추론해 보고, 그렇다고 판정이 되면 표본의 결과를 모집단의 결과로 받아들이는 것이다.

대통령 선거, 국회의원 선거, 지방자치단체 선거의 경우에 이와 같은 추론적인 목적으로 조사를 수행한다. 전국에서 확률표본 방식으로 천 명 정도의 사람들을 선발해서 그들에게 대통령으로 누구를 지지하는지를 물어보고 이것이 투표권을 가진 수천만 명의 의견과 어느 범위 내에서 일치할 것이라고 추정을 한다. 천 명 정도의 의견을 여러 번 물어보아서 누가 대통령이 될 것인지를 조사하면 많은 경우에 결과가 그대로 나온다. 물론 가끔은 백중세의 경우 선거 직후에 발표되는 출구조사의 결과가 뒤집히는 경우도 간혹 있으나, 대체로는 정확하다. 수천만 명을 전수조사하는 비용과 시간의 문제를 간단히 해결할 수 있는 토대를 통계학의 추론적 이론들이 만들어 제공해 주었기 때문에 가능하다.

통계적 추론(추정) 이론들은 상당히 정교하게 발전해 왔다. 수많은 개념들과 수식들의 조합으로 이루어져 있고, 이것을 제대로 이해하는 데는 상당한 노력과 시간이 소요된다. 통계학을 제대로 이해를 하게 되면 세상을 보는 다른 눈을 가지게 되어 일상생활에 많은 도움이 될 것으로 확신한다.

통계학의 목적은 크게 현상을 대표하려는 것과 표본으로 모집단의 특성을 간파하려는 것 두 가지가 있다.

4 통계학의 중요성

통계학을 다른 말로 한다면 '데이터 과학'이라고 할 수 있다. 현대인들은 예전에 비해 훨씬 많은 정보를 가지게 되었고, 인터넷과 IT기술의 발달로 현대인들이 개별적으로 얻을 수 있는 정보의 양도 많아졌다. 이러한 지식 정보를 효과적으로 다룰 수 있는 능력, 분석하고 적절한 판단을 내리는 능력, 그리고 미래를 예측하는 능력이 중요하게 대두되었다. 여기서 통계는 자료의 효과적 수집과 분석 그리고 객관적이고 명확한 수치를 제공할 뿐만 아니라, 현대사회를 살아가는 사람들과 정보를 공유하고 소통하기 위한 중요한 수단이기도 하다.

또한 지금은 정부, 정당, 사회단체, 기업, 가계 집단들 간의 이해관계가 복잡해지고 다양해짐에 따라 각 집단들이 내세우는 주장의 충돌도 그만큼 많아지고 있다. 통계도 사회가 복잡해지는 만큼 세밀해지고, 각자 주장들의 근거로 활용이 많아졌다. 동일한 출처의 통계가 각기 다른 해석 과정을 거쳐 서로 다른 주장들을 뒷받침하는 근거로 이용되는 이상한 현상도 발생하고 있다. 따라서 주장의 타당성을 증명하는 데 통계자료를 활용하거나, 통계자료를 근거로 한 주장의 타당성을 검토할 수 있는 통계이해 능력은 읽기, 쓰기만큼이나 중요하다고 하겠다.

5 통계학의 핵심분석

통계분석은 크게 차이분석과 관계분석으로 구성되어 있다. 다시 말해서, 우리가 통계학의 개념들을 활용해서 다양한 변수들 간의 차이를 파악해 내려는 것과 관계를 파악하려는 것으로 나누어진다. 여기서 변수(Variable)란 변하는 숫자를 가진 대상을 말한다. 인간의 몸무게는 변수인데 사람마다 몸무게가 다르기 때문이다. 물론 같은 경우도 있지만, 인간의 몸무게는 몇 십 킬로그램에서 몇 백 킬로그램 내에서 대체로 정해진다. 가장 작은 값(최소값)의 몸무게를 가진 사람이 있을 것이고, 가장 큰 값(최대값)의 몸무게를 가진 사람이 있을 것이다. 몸무게는 또 나이나 신체건강 상태에 따라서 어느 정도는 변할 수도 있다. 이와 같은 것을 변수라고 정의를 내리고, 우리는 변수를 측정해서 무엇인가의 값을 찾는 것이다.

통계학에서 차이분석이란 두 개 혹은 여러 집단 간에 차이가 없는지 혹은 있는지를 분석하는 것이다. 차이분석에서 가장 많이 쓰이는 것은 T 검정(T Test)으로 두 집단의 차이를 분석하는 대표적인 기법이다. 예를 들어서, 남성과 여성 중에서 어느 쪽이 더 오래 사는지를 알아보려면 우리는 T 검정을 사용한다. 1900년대부터 1950년대 사이에 태어난 사람들 중에서 일부의 표본(예: 천 명)을 뽑아서 남성이 평균적으로 몇 살까지 살았고, 여성이 몇 살까지 살았는지를 비교하는 방법이다. 보통 알려진 바로는 이와 같은 남녀의 생존기간의 차이분석을 해보았더니, 여성이 남성보다 몇 년 더 오래 사는 것으로 알려져 있다. 또 부자와 부자가 아닌 사람들의 수명도 T 검정을 통해서 차이분석을 해보았더니, 부자가 몇 년 더 오래 산다는 것이 밝혀졌다.

이와 같이 두 가지로 구분이 가능한 모든 변수들은 T 검정을 하면 차이가 없는지 있는지를 구분할 수가 있다. 우리는 차이가 있는 것을 알아야 보다 더 많이 깨달을 수가 있다. 이 세상에는 차이가 없는 것들을 찾아서 새로운 것을 알 수는 없다. 예를 들어서, 건강한 사람과 건강하지 않은 사람들이 아무런 차이가 없다면 그것은 의미가 없다는 뜻이다. 다시 말해서, 차이가 나오면 "왜 저런 차이가 나왔을까?" 하는 고민을 하면서 거기에서 무언가를 새롭게 깨달을 수가 있다. 미국과 영국이 차이가 없다고 하면 두 나라를 비교해 볼 필요가 없다.

만약 대학을 나온 사람과 대학을 나오지 않은 사람이 아는 것에 차이가 없다면, 우리는 왜 대학을 다녀야 하는가?

T 검정은 중요한 차이분석의 기법이다. 그런데 이 세상에는 두 가지가 아니라, 세 가지 이상의 차이분석을 해보려는 경우도 꽤 많다. 예를 들어서, 다자 간의 차이비교가 그러한 것들이다. 한국, 일본, 중국, 대만의 4개 국가 사람들의 평균키가 차이가 있는지, 없는지를 동시에 분석하려면 T 검정으로는 불가능하다. 이것은 분산분석(ANalysis Of VAriance: ANOVA)을 통해서 가능하다. 분산분석은 세 가지 이상의 그룹 간의 차이분석에 유용하다. 그런데 이 방법으로는 3~5개 집단들 간의 차이 정도를 분석한다. 열 개 그룹의 차이분석은 너무나 많아서 결론을 찾아내기가 쉽지 않다. 열 개 이상의 국가의 차이를 분석하기 전에 우리는 국가끼리 묶어서 세 개나 네 개의 그룹으로 분할한 다음에 분산분석을 사용하면 된다.

차이분석의 결과는 왜 차이가 났는지에 대한 탐구의 시발점이 된다. 매출이 계속적으로 증대하는 회사와 매출이 올랐다가 떨어지는 회사와 매출이 한 번도 증가한 적이 없이 점점 감소하는 회사의 차이를 우리가 통계적으로 검증한 이후에 그 차이에 영향을 주는 변수들이 무엇인지를 살펴보면서 새로운 것을 찾아낼 수가 있다. 물론 이와 같이 차이를 야기한 다양한 원인들에 대해서 많은 지식이 있어야 하고, 또한 복잡한 통계결과를 해석할 수도 있어야 하며, 그리고 통계패키지를 활용할 수도 있어야 한다.

통계학의 관계분석이란 변수들 간에 어떠한 관계가 있는지, 없는지를 알아내려는 것이다. 보통은 두 변수들 간의 관계를 분석하는 것이 가장 많은데, 여기에는 피어슨 상관분석(Pearson Correlation Analysis)이 있다. 피어슨이라는 사람이 만든 것으로 두 변수들 간에는 상관성이 −1에서 1까지로 추정된다는 개념이다. 두 변수 간의 상관성을 나타내는 것을 상관계수(Correlation Coefficient)라고 부르는데 그 최소값은 0이고, 최대값은 ±1이다. 0이라는 것은 두 변수 간의 관계가 전혀 없다는 것이고, ±1이라는 것은 두 변수 간의 관계가 완전하다는 것이다. 그런데 이 세상에 있는 거의 모든 것의 두 변수 상관계수는 0이나 ±1은 거의 없고, 그 사이의 값을 가진다고 알려져 있다.

예를 들어서, 통계출처를 수집해서 분석했더니 상관계수가 0.3으로 나왔다. 이것이 관계가 없다는 것을 의미할 수도 있고, 관계가 있다는 것을 의미할 수도 있다. 어떻게 아는가? SPSS 같은 통계패키지를 활용해서 나온 0.3이라는 값 옆에 별표(*)가 없으면 보통 관계가 없다고 결론을 내리고, 별표(*)가 있으면 관계가 있다고 결론을 내린다. 별표(*)는 통계적 유의성을 의미한다.

상관계수는 양수일 수도 있고, 음수일 수도 있다. 앞에서 설명한 것처럼 0.3이란 플러스 0.3을 의미하는데, 이것은 두 가지 변수 간의 관계가 같은 방향으로 관계가 있다는 것을 의미한다. 예를 들어서, 인간의 키와 인간의 몸무게의 상관계수를 한 천 명 정도의 통계출처에서 찾아냈는데 그것이 0.3이고 그 옆에 별표가 있다고 하면, 키와 몸무게는 정의 상관관계(Positive Correlation)가 있다고 결론을 내린다. 정의 상관관계란 키와 몸무게가 같은 방향의 값을 가진다는 것이다.

상관계수(r)가 음수일 경우에는 두 가지 변수 간의 관계가 반대로 움직인다는 것이다. 인간의 나이와 피부의 노화정도를 수치로 표현했는데 상관계수가 −0.5로 나왔고 옆에 별표가 있었다고 하면, 마이너스 상관관계(Negative Correlation)라고 부른다. 한 가지가 늘면, 다른 것이 줄어든다는 것이다. 인간의 나이가 많아질수록 피부는 노화되어 나빠진다는 것이다. 젊을 때는 피부가 팽팽한데, 늙으면 피부가 노화된다는 것이다. 두 가지 방향이 다르다는 것이다.

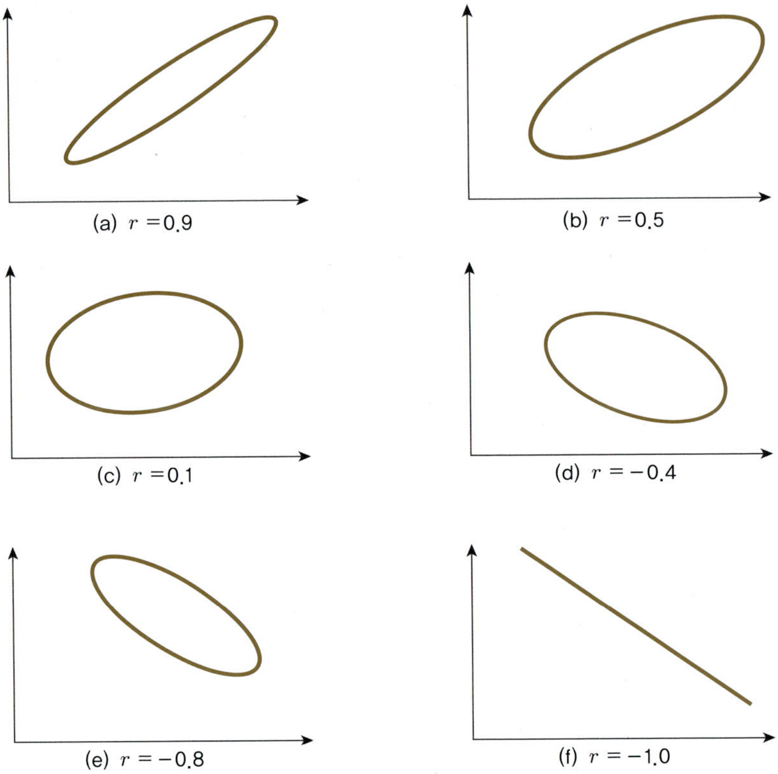

(a) $r = 0.9$ (b) $r = 0.5$ (c) $r = 0.1$ (d) $r = -0.4$ (e) $r = -0.8$ (f) $r = -1.0$

그림 1-3 산점도의 형태와 상관계수

상관계수는 인간생활에서 관련이 있는 것들 사이에서 무엇인가를 찾는 작업에 큰 의미가 있다. 관계가 없는 것들은 이 세상에 너무나 많다. 관계가 없는 두 가지를 가지고 무슨 의미를 찾기는 어려울 것이다.

우리나라에서 20대의 젊은이가 좋은 직장에 취업하는 데에 관계가 있는 것들은 몇 가지가 안 되고(학교의 성적, 본인의 자격증 점수, 취업시험이나 면접에서의 점수, 추천서 등), 관계가 없는 것들은 이 세상에 얼마든지 있다(인도의 물가, 아프리카의 코끼리 숫자, 남극의 얼음의 정도, 대기 속의 CO_2 함유량 등). 관계가 없는 것들을 찾아서 우리의 생활에 무슨 도움이 되는가? 무수한 변수들 중에서 관계가 있는 것들을 찾아서 우리가 "아하, 왜 저런 일이 일어났는가?"를 이해할 수가 있어야, 세상이 발전하게 된다. 관계분석은 통계학의 주요한 기능이다.

관계분석에는 상관분석 이외에도 많이 쓰이는 교차분석(Cross Tabulation Analysis)과 회귀분석(Regression Analysis)이 있다. 교차분석은 주로 명목척도나 서열척도로 측정된 두 개 이상의 변수들 간의 관계를 분석하는 방법이다. 예를 들어서, 어느 조사에서 성별(남녀)과 몸무게(많음, 보통, 적음)로 측정되었는데 이것을 교차분석하면 두 개의 성별과 세 개의 몸무게의 각종 셀들이 나타난다. 예를 들어서, 남성이면서 몸무게가 많음, 남성이면서 몸무게가 보통임, 남성이면서 몸무게가 적음, 여성이면서 몸무게가 많음, 남성이면서 몸무게가 보통임, 남성이면서 몸무게가 적음의 여섯 개의 셀이 나온다. 어느 한두 개의 셀에는 평균(기대빈도) 이상의 많은 관측치들이 있다면 그것들 간에는 어느 관계가 있다는 것이다. 이와 같은 교차분석은 현실에서 아주 쉽게 변수들 간의 관계를 알아보는 데 많이 사용된다. 이 책의 뒷부분에서 자세하게 설명이 될 것이다.

회귀분석은 독립변수와 종속변수의 관계를 찾아내 그것을 통해서 다양한 현상들을 예측해 볼 수도 있는 방법이다. 상관분석보다 더 고급의 기법인 회귀분석은 여러 가지 변수들 간의 복합적인 관계도 동시에 분석하는 것이 가능하다.

우리가 보통 고등학교 때 자주 보던 수식 중의 하나가 Y＝2X＋1과 같은 것이다. 이것은 절편이 1이고, 독립변수 X와 종속변수 Y의 관계가 2라는 것을 보여 준다. X가 하나 증가하면 Y는 두 개가 증가한다는 관계를 간단하게 표시한 식이다. 이것을 회귀선(Regression Line)이라고 부른다. 회귀분석의 X 변수의 값과 Y 변수의 값이 두 가지 변수들 간의 관계를 나타내 주는 것이다.

[그림 1-4]는 회귀분석을 도표로 표현한 예시이다.

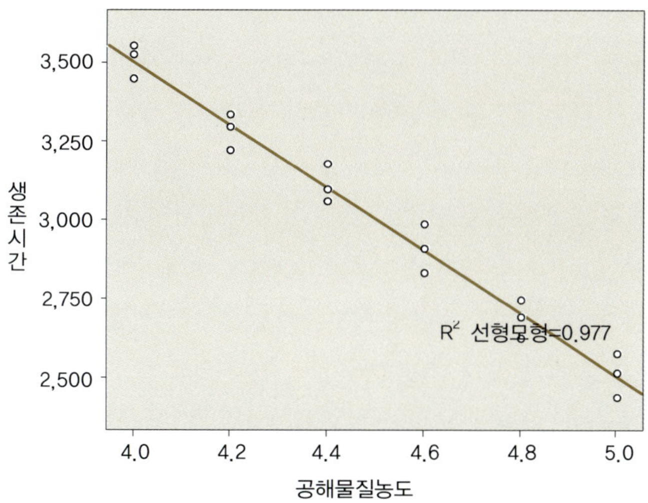

[그림 1-4] 공해물질농도가 벌레의 생존시간에 미치는 영향(회귀분석)

통계학에서 우리가 찾아낼 수 있는 관계는 주로 상관분석, 교차분석, 회귀분석을 통해서 알 수가 있다.

통계학에서 찾아내려고 하는 두 가지 중요한 것(차이와 관계)에 대하여 SPSS를 통해 찾아서 확인하는 연습을 많이 해두면 통계학의 실력이 점점 늘게 된다.

6 통계학의 자료수집 방법

통계학은 자료를 수집해서 분석하는 학문이다. 자료수집은 크게 두 가지 방법으로 수행된다. 첫째는 조사에 의한 방법으로 가장 많이 쓰이는 설문지를 통해서 수집이 될 수 있고, 둘째는 기존 자료들로부터 수집된다. 최근에는 자료들이 컴퓨터와 모바일 상태로 수집되는 경우가 많아졌다.

1) 조사를 통한 자료수집

설문지(질문지)는 현재 가장 많이 쓰이는 통계조사 방법이다. 통계청의 조사도 조사원이 가가호호를 방문해서 응답을 조사표에 입력을 하는 등 상당히 많은 곳들(병원, 학교, 기업, 공공단체 등)에서 설문지를 사용한다.

자료수집을 원하는 조사자가 먼저 설문지를 정성스럽게 개발해야 한다. 설문지는 원칙적으로 조사별로 다른 것들을 만들어야 한다. 설문지를 만드는 과정은 상당히 까다롭고 어렵다. 경험이 많은 사람의 지도를 받아서 설문지를 제대로 만들어야 한다.

설문지는 대한민국 곳곳에서 활용되고 있다. 청소년 급식문제도 설문지로 여론조사를 하고, 대학평가도 그렇고, 기업체의 이미지 조사도 그렇고, 환자들 병원에 대한 불만상태도 설문지로 조사를 한다. 응답된 설문지를 EXCEL에 입력하거나 혹은 흔글에 입력한 후에 이것을 SPSS 분석에 사용하는 것이 보통이다.

설문지로 수집하는 방법은 크게 두 가지로 나누어진다. 하나는 횡단형(Cross-Sectional) 방법이고, 다른 하나는 종단형(Longitudinal) 방법이다. 횡단형 방법이란 한 번에 자료를 수집하는 형태로 통계분석을 해서 의미를 찾는 것이다.

종단형 방법은 여러 기간에 걸쳐서 동일한 문항을 지속적으로 측정해서 시간별로 어떠한 추세를 보였는가를 분석하는 것이다. 연예인들의 인기나 정치인들의 지지도를 장기간에 걸쳐서 조사하는 것이다. 혹은 특정라면이나 특정과자의 시장점유율을 오랜 기간 걸쳐서 추적하는 것이다. 이렇게 수집된 자료는 장기간 동안의 변화를 볼 수 있으므로 횡단형 방법과는 다른 매력이 있다.

최근에는 인터넷이 보편화되어 컴퓨터를 이용한 자료수집도 전국적으로 다양하게 수행되고 있다. 인터넷에 설문지를 올려놓고 응답하게 하거나 혹은 특정의 항목을 문제로 생성하고 여기에 숫자로 응답하게 하면 바로 통계적인 데이터가 생성된다. 컴퓨터를 활용하기도 하고, 모바일로도 자료수집이 시도되고 있다. SNS(Social Network Service)를 통한 의견조사도 아직은 초기이나, 점점 더 확산될 것으로 기대된다.

2) 2차 자료의 수집

설문지에 의해 입력된 자료는 원자료 또는 1차 자료(Primary Data)라고 말한다. 그것은 설문지를 통한 자료수집을 시도하는 사람의 목적에 따라서 설문지가 개발되어서 원천자료가 된다. 2차 자료(Secondary Data)란 다른 목적으로 수집된 자료들을 의미한다. 다른 말로는 매크로 데이터(Macro Data), 집계된 자료라는 의미이다. 통계청에서 각종 자료들을 생산한 것들이 있는데, 이것들을 다른 목적을 가진 사람들이 간접 활용하려고 하면 이것이 2차 자료가 된다.

2차 자료는 분석을 하는 사람의 목적에 잘 맞지 않는다. 이유는 원래 2차 자료를 수집한 사람의 목적에 부합하므로, 다른 목적으로 사용하는 경우에는 부족한 면이 많기 때문이다. 그런데도 사용하는 이유는 자료가 이미 수집되었기 때문에 별도의 시간이나 비용투입이 필요하지 않은 것이다.

통계청 사이트에 들어가면 무수한 자료들이 정리되어 있다. 이러한 자료들은 국민 누구나 사용이 가능하며, 자료들을 분석해서 새로운 의미를 찾을 수가 있다. 2차 자료 파일들을 다운받아 가공해서 SPSS의 데이터로 사용할 수가 있으나 집계된 자료가 많으므로 추가 분석에는 한계가 있다. 반면에 1차 자료를 어떤 방식으로든 가지고 있다면 목적에 맞는 다양한 분석이 가능할 것이다.

7 통계학의 측정척도

무엇인가를 측정(Measurement)해서 수치화를 해야 그것에서 의미를 추출해 낼 수 있을 것이다. 통계학은 기본적으로는 숫자들에서 의미를 파악해 내는 인간의 연구라고 할 수 있다. 그리고 21세기 현대에는 거의 모든 통계학이 대용량 컴퓨터의 도움을 받아서 활용되고 있다. 가장 많이 쓰이는 것이 SPSS이다. 1970년대 중반에 미국에서 개발된 통계패키지인데 이것을 사용하면 수많은 자료들 중 우리가 찾고자 하는 것을 쉽게 찾아낼 수가 있다.

통계학의 측정척도는 크게 네 가지로 구분된다. 이러한 측정척도들은 앞에서 언급한 자료수집 방법들(설문지, 2차 자료, 컴퓨터)에 모두 적용이 될 수 있다.

측정을 할 때 척도(Scale)라는 개념은 측정하는 잣대를 의미한다. 보통 측정척도(Measurement Scale)라고 표현하는데 이것은 설문지에서 어떠한 형태로 우리가 질문을 하는가의 방식을 의미한다. 설문지에는 크게 네 가지의 측정척도들이 사용되는데, 명목척도(Nominal Scale), 서열척도(Ordinal Scale), 등간척도(Interval Scale), 비율척도(Ratio Scale)이다. 이러한 척도는 설문지를 활용한 통계조사에서 발표 결과를 어느 정도 예측할 수 있다는 점에서 거의 핵심적인 개념들이다.

명목척도란 이름, 학교 명칭, 어느 지역에 거주하는지, 성별과 같은 것들을 측정하는 것을 말한다. 설문지에서 조사응답자의 이름을 물어보는 경우에 이름을 가나다의 순으로 명기하는 것이다. 순서가 몇 번인지는 통계학적으로 아무런 의미가 없다. 학교 명칭의 순서나 거주하는 지역 그리고 성별을 번호로 매긴 것도 특별한 의미가 없다. 명목척도란 말 그대로 이름에다가 숫자를 부친 것이다.

명목척도는 평균을 구할 수가 없다. 그리고 순위도 의미가 없다. 남성을 1로 하고, 여성을 2로 하는 순위는 통계적으로 의미가 없다. 명목척도는 통계적으로 아주 하급의 척도로서 도수분포표(숫자를 쭉 나열한 것)를 나타내는 정도이다.

서열척도란 순서가 있는 척도를 의미한다. A와 B라는 두 사람이 있는데 누가 더 큰가하고 물어보았을 때 응답자들이 대체로 A가 B보다 더 크다고 응답하면, 우리는 A의 순서가 B의 순서보다 더 빠르다는 것을 알 수가 있다. 그러나 A가 B보다 얼마나 더 큰지는 알 수가 없다.

서열척도로 측정한 것도 평균을 구할 수 없다. 그러나 서열척도에서 순서는 의미가 있다. 서열척도는 명목척도보다는 상급의 척도이나 고급 통계분석에는 적절하지가 않다. 서열척도로 측정된 것을 도수분포표로 만들고 각 순서에 우선순위를 매기는 정도가 가능하다.

각 번호 사이에는 우선순위가 있다. 높은 번호가 낮은 번호보다 우선된다는 것이다. 2번이 1번보다 우선이고, 5번은 1번, 2번, 3번, 4번보다 우선이다. 하지만 각 번호 사이의 간격이 동일하다고 가정하기는 어렵다.

등간척도는 우선순위가 있고 평균을 계산하는 것도 가능하다. 평균이란 숫자 사이의 간격들이 동일할 때 사용되는데, 등간척도는 평균계산에 적절하다. 또한 각 숫자 간의 간격은 모두 동일하다고 가정된다. 다시 말해서, 1번과 2번의 간격은 2번과 3번의 간격과 같다. 이처럼 모든 간격들은 동일한 차이를 가지고 있고, 간격이 동등하다는 의미에서 등간척도라는 말이 부쳐졌다.

등간척도는 앞에서 설명했던 리커트 5점 척도와 같은 것들이다.

지난달 시행한 청년대상 일자리 정책에 대해서 어떻게 생각하십니까?

1	2	3	4	5
전혀 동의하지 않는다.	거의 동의하지 않는다.	부정하지도 동의하지도 않는다.	대체로 동의한다.	아주 동의한다.

비율척도는 척도 중에서 가장 높은 차원의 척도로서 우리 주위에서 숫자로 측정할 때 자주 나오는 것들이다. 몸무게, 키, 나이, 매출액, 이익, 생산된 자동차 수와 같은 것들이 전부 비율척도이다. 몸무게가 45kg인 사람은 90kg인 사람의 절반에 해당한다는 것을 누구나 다 안다. 비율척도는 등간척도처럼 모든 숫자들 간의 간격이 동일하다.

비율척도는 등간척도보다 더 우월하다. 등간척도에서는 절대영점(Absolute Zero)이 없다. 절대영점이란 매출액이 0일 때와 같이 출발하는 점을 의미한다. 온도가 0이라면 온도가 없다는 뜻이 아니라, 얼음이 어는 온도를 0이라고 지정한 것뿐이다. 만일 키가 0이라면 키는 없다는 뜻이 될 것이다. 비율척도는 키처럼 절대영점이 있으나, 등간척도는 온도처럼 절대영점이 없다. 절대영점은 통계학적으로는 큰 의미가 있는 것이 아니고, 등간척도와 비율척도의 생성 배경의 차이에서 나오는 것이다.

등간척도는 사람의 심리상태를 측정할 때 주로 사용되고, 비율척도는 다양한 물질 상태를 측정할 때 주로 사용된다. 사회는 인간의 심리와 자연의 물질이라는 두 가지로 구성되어 있어서 올바른 통계를 산출하기 위해서는 등간척도와 비율척도 둘 다가 필요하다. 두 가지의 차이를 찾으려는 것은 별로 의미가 없다.

비율척도는 가장 고급의 척도로서 현재 통계학의 모든 분석이 가능한 척도이다. 평균과 표준편차는 물론이고, 이 책에서 중요시하는 통계학의 두 가지 측면들(차이분석과 관계분석)이 모두 가능하다.

8 현실 속의 통계학

새로운 약의 효능에 대한 판단

소아마비 예방을 위한 Salk 백신의 개발과 검사과정에서 통계학이 어떻게 공헌하였는지를 살펴보자. 1954년 여름에 미국에서는 소아마비가 크게 유행하였다. 비록 희생자의 수는 적었지만, 소아마비 발생의 패턴이 알려지지 않아서 고민이었다. 일단 소아마비에 걸리면 불구가 되거나 죽기 때문에, 많은 사람들이 관심을 가질 수밖에 없었다. 오늘날 소아마비라는 말을 들어본 적이 있다는 어린이의 수가 아주 적다는 사실은 백신과 검사프로그램이 성공하였기 때문이다.

어떤 처치의 효과를 알아보기 위해 사람을 대상으로 실험하는 것을 임상실험이라 하는데 새로운 약을 개발할 때 꼭 필요한 과정이다. 새로운 약의 임상실험에서는 실험대상을 무작위로 선택하여, 그중 절반에게는 새로운 약을 주고 나머지 절반에게는 기존의 약이나 의학적 효력이 없는 약(Placebo)을 주어 새로운 약의 효과를 측정한다. 이때 실험에 포함되는 대상 전체의 수를 몇 명으로 할 것인가를 미리 결정해야 한다.

실험대상의 수를 정하는 문제는 Salk 백신검사처럼 발병률이 낮은 질병에 대한 실험에서는 특히 더 중요하다. 당시 소아마비 발생률은 10만 명 어린이당 50명 이하였기 때문에, 백신을 투여한 사람과 거짓약(Placebo)을 받은 사람 가운데 어느 집단에서 소아마비가 더 적게 발생했는지 알기 위해서는 아주 많은 실험대상이 필요했다. 이러한 '실험대상의 수'를 결정하는 것이 중요한 문제이고, 통계학자들은 Salk 임상실험에서 40만 명의 어린이를 실험대상으로 결정하였다. 그중 무작위로 뽑힌 절반은 백신을 주고, 나머지 절반은 거짓약을 주었다. 조사결과, 소아마비 환자는 실험대상 40만 명 중 200명이 넘지 않았는데, 거짓약을 투약한 그룹에는 백신그룹보다 소아마비 환자가 세 배나 많았다. 통계적으로 볼 때, Salk 소아마비 백신을 투여하는 것이 투여하지 않는 것보다 확실히 더 낫다는 결론을 얻었다. 이러한 결론은 통계학자를 포함한 과학자들이 40만 명이나 되는 엄청난 수를 임상실험에 포함시키기로 계획하거나 수행하지 않았다면 가능하지 않았을 것이다. 이와 같이 통계학은 암치료 방법, 많은 조제약의 개발과 검사에서 매우 중요한 역할을 한다.

물가지수 이야기

통계청이 발표하는 물가지수와 우리가 피부로 느끼는 물가와는 현저한 차이가 있다. 우리가 느끼는 물가는 피부물가, 체감물가, 혹은 장바구니물가라 불린다. 엄격한 기준을 가지고 조사되는 공식통계가 어떻게 작성되는지 이해할 필요가 있다.

지수물가는 가격조사 시점(5, 15, 25일)이 고정되어 있어 가격 변동이 왜곡 조사될 가능성이 있다. 또한 지수물가는 품목별 · 지역별 가중치에 의하여 가중 평균한 종합지수이지만, 장바구니물가는 개인의 구입횟수가 빈번한 특정 품목만을 대상으로 가중치는 무시하고 개별상품의 가격변동을 단순평균하려는 경향이 있다. 예를 들면, 쌀값이 5%, 콩나물과 두부가 각각 20%씩 올랐다면, 소비자는 이를 단순평균하여 물가가 15% 정도 올랐다고 생각하기 쉽다. 그러나 지수물가로 볼 때 쌀, 콩나물, 두부의 가중치가 각각 92.4, 3.4, 2.9라면 실제 상승률은

$$\frac{(5\times 92.4)+(20\times 3.4)+(20\times 2.9)}{92.4+3.4+2.9}=5.96$$

으로서 6%에 불과하다. 소비자가 피부로 느끼는 15%와는 많은 차이가 난다. 이처럼 소비자가 피부로 느끼는 물가는 계산된 지수물가와 다를 수 있으며, 소비자가 어떤 상품을 많이 구매하는가에 따라서 물가상승률에 대한 느낌은 각자 달라질 수 있다.

체감물가와 물가지수 간의 차이에 대한 이러한 느낌은 소비자의 소득수준에 따라서

많은 차이가 날 수 있다. 예를 들면, 쌀값이 많이 오른 경우에 서민계층이 느끼는 물가상승과 상류계층이 느끼는 물가상승률은 다르다. 또한 소비자는 가격이 상승한 품목은 기억에 남지만 그렇지 못한 품목은 망각하기 쉬우며, 구입 빈도가 많은 일상용품의 가격변동에 더 민감한 심리적 요인이 있다. 명절에는 제사 등의 관계로 생선 가격이 많이 오른다. 사람들은 대개 생선이 가장 쌀 때의 가격을 기억하고 있다가 "작년에는 만 원하던 것이 지금은 이만 원이 되었다."는 식으로 이야기한다. 이러한 생각은 때로는 과장되기도 해서 마치 전체 물가가 두 배 상승한 것으로 생각되기도 한다. 이러한 현상은 저소득층일수록 관심이 더 많고 더욱 심각하게 느끼게 된다. 두 물가 간의 차이를 알 수 있게 하기 위하여 몇 가지 보조 지수를 작성하여 참고하기도 한다. 예를 들면, 우리 생활과 밀접한 품목만을 조사한 '기본생필품지수'라든지, 신선식품의 물가 동향을 파악하기 위한 '신선식품 지수', 소비자가 연간 구입하는 횟수를 기준으로 조사한 '구입빈도별 지수' 등이 보조 지수로 쓰인다. 통계는 기준과 시점이 매우 중요하다.

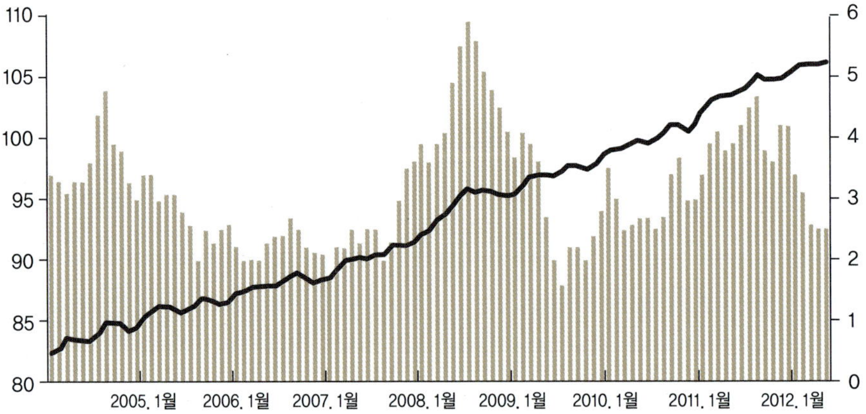

그림 1-5 소비자물가지수 및 전년 동월비 등락률 추이

영화 〈머니볼〉

통계와 관련된 야구영화 〈머니볼〉의 내용을 소개한다.

이 영화는 미국 프로야구팀 올랜드 애틀레틱스의 빌리 빈 단장의 실화를 그린 작품인데, 그는 메이저리그 중 구단 재정이 가장 취약한 팀을 140년 메이저리그 역사상 최초로 20연승의 신화로 만들었다.

그는 옥석을 가리기 위해 당시 야구계에서 외면했던 '출루율'과 '장타율' 그리고 '사사구 비율' 등과 같은 경기 데이터를 중요시했다. 그에게 '좋은 선수'는 기본적으로 '자주 출루하는 타자'와 '볼넷을 적게 허용하는 투수'였기 때문이다. 심지어 예일대 출신 경제학자를 데이터 분석관으로 고용하여 선수들의 모든 능력을 수치화하고 통계를 조합하여 가장 예산이 적으면서도 우수한 팀을 만들었다.

현대 야구는 통계를 놀랄 만큼 많이 활용하는데, 빌리 빈은 그 통계를 가장 철저하게 활용한 사람으로 알려져 있다. 통계를 자세히 보면 야구를 더 잘 이해할 수 있을까?

연 | 습 | 문 | 제 <<<

1. 실생활에서 통계가 사용되는 경우를 세 가지 이상 생각해 보고 실제로 그 최근 결과를 인터넷을 사용하여 찾아 제시해 보라.

2. 다음 척도를 네 가지(명목, 서열, 등간, 비율) 중에서 구분해 보라.
   1) 온도
   2) 나이
   3) 나이 구간(10대, 20대, 30대)
   4) 몸무게
   5) 지역(서울, 대전, 광주, 부산, 대구)
   6) 실업률
   7) 계급(소령, 중령, 대령)
   8) 5점 척도 만족도

3. 가장 최근의 뉴스나 신문에서 통계가 사용된 기사를 스크랩하고, 그 기사에 쓰인 통계 자료가 횡단면 자료인지, 종단면 자료인지 구분해 보라.

4. 차이분석과 관계분석이 사용된 예제를 하나씩 찾아보고 제시해 보라.

5. 자신의 전공과 연관되는 통계 사용 예(신문기사, 논문, 보고서 등)를 찾아보고, 간략히 제시해 보라.

6. 가장 최근의 실업률과 청년실업률을 찾아 제시해 보라.

7. 백의의 천사로 알려진 나이팅게일은 통계를 적극적으로 사용한 인물로 알려져 있다. 그가 통계를 적용하여 공헌한 역할을 인터넷에서 찾아보고, 나이팅게일 그래프를 찾아 제시해 보라.

8. 스포츠에 통계가 활용된 사례를 찾아 제시해 보라.

Chapter

Statistics Mentor

2

통계량

Chapter

2 통계량

Statistics Mentor

1 통계량의 필요성

통계청에서 실시한 농가 및 어가경제조사 결과에 따르면 다음과 같은 요약통계량을 볼 수 있다.

- 2011년도 농가의 가구당 총소득은 3,014.8만 원으로 전년 대비 6.1% 감소
- 2011년도 어가의 가구당 총소득은 3,862.3만 원으로 전년 대비 8.2% 증가

가구당 소득을 평균한 값을 제시하고 있으며, 같은 기준으로 해마다 조사를 하게 되면 농가 및 어가의 소득이 감소하였는지, 증가하였는지를 알 수 있다. 〈표 2-1〉은 농가 소득의 추이를 보여 주고 있다. 2011년에 평균 삼천만 원 정도의 수입이 있고, 농업의 소득이 43%를 차지하고 있다.

표 2-1 연도별 소득종류별 농가소득 (단위: 천 원, %)

	2008년		2009년		2010년		2011년		증감률 ('11/'10)
		구성비		구성비		구성비		구성비	
농가소득	30,523	100.0	30,814	100.0	32,121	100.0	30,148	100.0	−6.1
농업소득	9,654	31.6	9,698	31.5	10,098	31.4	8,753	29.0	−13.3
농업외소득	11,353	37.2	12,128	39.4	12,946	40.3	12,949	43.0	0.0
이전 소득	5,289	17.3	5,481	17.8	5,610	17.5	5,453	18.1	−2.8
비경상소득	4,227	13.8	3,507	11.4	3,467	10.8	2,993	9.9	−13.7

다른 예로, 국민건강보험공단이 발표한 "통계로 본 건강보험 시행 35년" 중 노인진료비 부분만을 발췌하여 소개한다. 65세 이상 노인진료비는 1990년에 2,403억 원에서 2011년에 15.4조 원으로 급증하였고, 전체 진료비 중 노인진료비 비율이 1990년에 8.2%였으나, 2011년에는 33.3%를 점유하였다. 동기간 대비 중 노인인구 비율이 5.6%로 증가한 반면, 노인진료비 비율은 25.1% 증가하였다.

표 2-2 연도별 노인 65세 이상 진료비 현황 (단위: 억 원, %)

구 분	1990년	1995년	2000년	2001년	2005년	2008년	2009년	2010년	2011년
노인진료비	2,403	7,385	22,555	31,627	60,731	107,371	124,236	141,350	153,768
노인인구비율	4.9	5.6	6.6	6.9	8.3	9.6	9.9	10.2	10.5
노인진료비 비율	8.2	12.0	17.5	17.7	24.4	30.8	31.6	32.4	33.3

주) 1. 지급기준이며 약국 포함 2. 건강보험 급여실적이며, 비급여는 제외
3. 노인인구는 연도 말 기준

2장에서는 위 사례에서 제시되는 수치처럼 집단의 특성을 요약하는 통계량에 대해서 살펴보기로 한다.

2 통계량이란 무엇인가

통계량(Statistic)이란 통계숫자이고, 자료가 내포하는 의미있는 개념들이다. 통계량의 대표적인 것들은 범위, 평균, 중위수, 분산, 표준편차, 변이계수, 상관계수, 회귀계수 등이며 기술통계학의 핵심이라고 할 수 있다.

자료수집이 되면 컴퓨터 파일에 입력하는 작업을 해야 한다. 직접 입력할 수도 있고, 조사원 각자가 전송한 서버로부터 자료를 다운받을 수도 있다. 일단 정리된 자료들을 SPSS 등으로 간략하게 분석할 수 있다.

특정 변수에 대한 모든 자료들을 가장 작은 숫자부터 가장 큰 숫자까지의 범위(Range)를 보는 방법이 있다. 대학생들 2,000명의 키와 몸무게를 측정했더니 키는 141cm부터 203cm까지로 나왔고, 몸무게는 39kg부터 98kg까지로 나왔다고 하자. 그

러면 일단 키가 아주 작은 사람과 아주 큰 사람의 범위가 넓은지 적은지를 알게 된다. 범위가 넓다는 것은 자료가 여러 구간에 걸쳐서 흩어져 있다는 것을 의미한다. 이것은 몸무게의 경우에도 마찬가지이다.

좁은 범위의 자료는 일단 고르게 배열되어 있다고 할 수 있고, 넓은 범위의 자료는 폭넓게 나열되어 있다고 할 수 있다. 범위라는 통계량만으로도 자료의 폭과 깊이를 어느 정도 가늠할 수 있다.

범위를 안 다음에는 키와 몸무게의 평균과 분산, 표준편차를 구할 수가 있다. 평균이란 측정된 대학생들의 키와 몸무게의 중심을 의미한다. 평균이 바로 가운데의 숫자는 아니나, 대체로 전체가 하나의 숫자로 압축되는 것을 의미한다. 평균을 알면 평균에서 각 숫자들이 얼마만큼 떨어져 있는지를 계산할 수가 있다. 이것을 분산이라고 한다. 분산은 표준편차의 제곱합을 의미한다. 보통은 분산이나 표준편차나 같은 개념이지만 단위가 같은 표준편차를 선호한다. "평균과 표준편차를 알면 집단 간의 차이를 알 수 있다."는 말이 그러한 사례이다.

변수 간의 관계분석도 중요하다. 독립적인 두 변수 간의 상관계수를 구할 수도 있다. 대학생들의 키와 몸무게의 두 변수 상관계수를 구했더니 +0.32로 나왔고, 별표가 하나 붙어서 95% 신뢰수준에서 유의하다고 하자. 이는 키와 몸무게의 관련성이 유의수준 0.05에서 의미가 있고, 그 관련성의 강도는 플러스 0.32이다. 플러스는 두 개의 변수가 긍정적인 상관관계라는 것이다.

회귀계수는 독립변수와 종속변수 간의 관계를 파악하는 것이다. 가계 빚과 가구당 사용가능금액 간의 회귀계수를 구했더니 마이너스 0.25로 나왔고 별표가 한 개라고 하자. 이것은 가계 빚과 가구당 사용가능금액 간에는 통계적으로 관련성이 있다는 것이다. 그런데 마이너스라고 나왔다는 것은 두 개의 변수가 역방향으로 움직인다는 것이다. 다시 말해서, 가계 빚이 많으면 가구당 사용가능 금액이 적어지고, 반대로 가계 빚이 적으면 가구당 사용가능 금액이 많아진다는 의미이다.

통계학의 목적인 현상 파악과 추론과 같은 것들은 전부 통계량을 활용해서 수행된다. 통계학을 공부할 때 가장 주의 깊게 봐야 하는 것이 통계량이다.

3 통계량과 통계학의 차이

통계량은 Statistic이고, 통계학은 Statistics이다. 통계가 통계량의 복수 형태로 표시되어 있다. 다시 말해서, 통계량을 모아 놓은 것이 통계라는 의미이다. 통계학을 자료과학(Data Science)으로 부르는 것도 무수하게 흩어져 있는 자료들을 수집해서 눈에 잘 안 보이는 차이와 관계를 파악해 내는 과학이라는 의미이다.

앞에서 설명했던 통계량들인 범위, 평균, 표준편차, 상관계수, 회귀계수는 정교하게 개발되어 왔다. 통계량의 개념을 모르는 사람들은 평생 가도 혼자서는 이해하기 힘든 것들을 축약해서 간추려 놓은 것이 통계학이다.

어느 부자가 학교를 다니지 않은 사람들을 모아 놓고 향토학교를 상당 기간 운영해 왔다. 이 부자는 자신이 과거에 어렵게 살다가 이제는 여유도 생겼으니 사회를 위해서 좋은 일 하자는 취지로 야간에 무료로 학교를 운영한 것이다. 향토학교에 나와서 공부하는 사람들이 연세가 많고 사업도 하고 가계도 꾸려가는 사람들임에도 숫자 개념이 부족한 모양이었다. 향토학교 졸업식에서 교장선생님이 졸업생들에게 "배운 것 중에서 무엇이 가장 기억에 남습니까?"라고 물어보았더니 "구구단이요."라는 답이 많이 나왔다고 한다.

이 구구단은 초등학교 때에 배우는 개념이다. 이것을 배운 사람은 평생을 구구단에 의지해서 복잡한 계산들을 간략하게 할 수 있다. 그러나 구구단을 안 배운 사람들은 계산할 때마다 손가락으로 계산하는 귀찮고 번거로움을 수없이 겪었던 것이다. 꼭 알아야 하는 개념을 아는 것이 중요하다는 것을 가르쳐 주는 일화다.

범위를 알면 여러 가지를 짐작할 수 있다. 전세계에서 최고로 돈이 많은 사람과 돈이 가장 없는 사람(빚이 너무나 많은 사람)의 차이의 범위는 얼마나 될까?

추측을 해보면 얼마나 될까? 정확한 것은 아무도 모르나, 언론발표로 보면 적어도 80조를 훨씬 넘을 것으로 보여진다. 2009년, 2010년, 2011년에 세계 최고의 부자인 멕시코의 카를로스 슬림 회장의 재산은 80조가 넘는다고 한다. 그리고 부자였다가 사업에 실패해서 몇 조의 빚을 지는 경우가 미국에는 꽤 있다고 한다. 과거에는 유명한 부동산 황제였던 도널드 트럼프가 수십 조의 재산에서 어느날 빚이 몇 조가 되었다가 다시 일어나서 엄청난 재산가가 되었다고 한다. 80조가 넘는 플러스 재산을 가진 사람과 몇 조에 달하는 마이너스 재산을 가진 사람의 차이는 80조가 훨씬 넘는다.

여기서 범위는 가장 많은 재산액과 가장 적은 재산액의 차이이다. 이와 같이 많은 통계량들은 우리 인간생활에 아주 유용한 정보들을 제공해 주고 있다.

4 통계분석의 수준

통계분석은 자료를 통계량으로 분석하는 것을 의미한다. 통계분석의 수준은 아주 낮을 수도 있고, 아주 높을 수도 있다. 앞에서 설명했던 측정척도에 따라서 통계분석의 수준에 차이가 있다. 낮은 차원의 척도들인 명목척도와 서열척도에 비해서 높은 수준의 척도들인 등간척도(균일한 간격)와 비율척도(절대영점이 있는 비율)는 높은 수준의 통계량을 구할 수 있다.

척도와 달리, 변수의 숫자들로서도 통계수준의 높고 낮음을 비교할 수가 있다. 변수가 하나인 경우의 분석을 단일변수(Single Variable) 분석이라고 부르고, 변수가 두 개 이상인 경우의 분석을 다변수(Multi Variable) 분석이라고 호칭한다. 단일변수 분석이란 우리나라에 있는 현재의 여성 간호사의 평균 급여를 내는 것 혹은 일 년에 대한민국 전체 인구가 읽는 책의 평균 숫자를 내는 것처럼 단순하면서도 알고자 하는 현상을 압축해서 표현한다는 특징이 있다.

그런데 이 세상은 단일변수로 분석이 될 수 있을 정도로 그렇게 단순하지가 않다. 거의 모든 것이 연관되어 있다고 한다. 특히 경제현상이 그렇다. 유가(석유의 가격)가 오르면 경제성장률이 떨어진다고 한다. 유가가 오르면 수입제품의 가격이 오르고, 국내 휘발유 가격이 오르고, 기름을 사용하는 거의 모든 공산품의 생산원가가 오르기 때문이라고 한다. 그리고 경제성장률이 떨어지면 일자리가 줄어든다. 경제가 나빠지니까 투자할 여력이 떨어지고, 그래서 생산이 잘 안 되므로 일자리가 줄어드는 것이다. 일자리가 줄어들면 가계는 교육비 부담이 상대적으로 커지는 것이다.

이와 같이 수많은 변수들이 관련성을 보이고 있어서 여러 가지 변수들을 한꺼번에 투입해서 분석하는 것이 다변수 분석이다. 단일변수 분석을 공부해서 기본적인 통계량의 개념들을 이해한 바탕 위에서 다변수 분석에 들어가면 더 많은 공부를 할 수가 있다.

통계분석의 수준은 자료의 총수와도 깊은 관련이 있는데, 자료의 총수가 적으면(표본의 수가 적으면) 통계분석의 수준이 낮아진다. 그러나 자료수가 엄청나게 많은 경우도 있다. 대한민국에서 하루에 유동인구가 가장 많이 다닌다는 곳으로 알려진 서울 지하철 강남역에는 하루에 약 22만 명이 승하차한다고 한다. 거의 대부분이 교통카드를 소지하고 있고, 간혹 일회용 카드를 구입해서 사용한다. 22만 명이 교통카드를 강남역에서 사용하고 승차한 후에 어디에서 하차하였는가를 분석하려면 22만 명의 자료를 분석해야 한다. 이것은 학교에서 단순하게 엑셀로 분석하는 수준을 훨씬 뛰어넘는다. 이러한 경우에는 대용량 서버를 활용해서 고급의 통계분석들을 수행해야 한다.

5 주요한 통계량의 개념

1) 평균

평균이란 전체 숫자를 대표하는 하나의 수치를 의미하며 자료에서의 무게중심점을 뜻한다. 큰 물체와 작은 물체들을 막대에 올려놓고, 이들이 수평을 이루는 지점에 설치하는 어떤 물체의 위치가 바로 평균점이다.

다음 예를 보자.

- [1 2 3 4 20]의 평균은 (1+2+3+4+20)/5로 계산하면 6이다.
- 다음과 같이 각각 한 개씩 있다고 가정하고 계산해도 당연히 결과는 같다.

$$\frac{1\times1+2\times1+3\times1+4\times1+20\times1}{5}=6$$

- 각 개체가 나타날 확률이 각각 1/5이므로 개체에 확률을 곱해서 계산해도 된다.

$$1\times\frac{1}{5}+2\times\frac{1}{5}+3\times\frac{1}{5}+4\times\frac{1}{5}+20\times\frac{1}{5}=6$$

평균은 자료가 나타내는 측정값을 합산하여 이를 전체 자료의 수로 나눈 값이다. 즉, n개의 자료값을 x_1, x_2, …, x_n이라 하면, 산술평균 $\overline{X}$는

$$\overline{X} = \frac{1}{n}(x_1 + \cdots\cdots + x_n) = \frac{1}{n}\sum_{i=1}^{n} x_i$$

이 된다. 평균 해석에 유의할 점은 다음과 같다.

첫째로, 평균은 전체를 대표하는 특정한 값일 뿐, 그것이 바람직한 수준을 나타내는 기준은 아니다. 예를 들어, 어떤 초등학교 5학년 어린이의 평균 키가 얼마라고 알려져 있을 때, 어떤 어린이의 키가 평균 키에 미달한다고 해서 그 어린이가 건강하지 않은 것으로 판단해서는 곤란하다. 만일 대칭이라면 평균은 분포의 가운데에 있게 되고, 따라서 어린이들 절반은 평균 이상이고 나머지 절반은 평균 이하가 된다. 이 경우 평균은 초등학교 5학년 집단의 키를 나타내는 하나의 숫자일 뿐이지, 바람직한 수준을 가늠하는 기준이 되는 것은 아니다.

둘째로, 평균만으로는 전체적인 양상을 파악할 수 없다. 예를 들어, 프로야구 선수들의 연봉 평균이 7천만 원이라고 가정해 보자. 몇 명의 억대 연봉을 받는 선수들이 평균을 끌어올렸을 수도 있다. 대부분 4천만 원 정도의 연봉을 받는다면 7천만 원이라는 평균은 전체적인 양상을 표현한다고 보기 어렵다. 같은 이유로 두 개 이상의 집단을 비교할 때 평균값만을 비교하면 곤란하다. 예를 들면, 두 지역의 연평균 기온이 같다고 해서 기온 차가 심한 지역과 그렇지 않은 지역을 동일시 할 수는 없다. 이러한 문제는 자료가 흩어진 정도를 나타내는 표준편차와 관련된 문제이다.

2) 중위수

중위수는 중앙값이라고도 하며, 자료를 크기순으로 나열했을 때 한가운데에 위치한 자료값을 말한다. 자료의 수를 n이라 할 때 중위수(median: M_e)는 다음과 같다.

$$M_e = \begin{cases} \frac{n+1}{2}\text{번째 자료값} & (n\text{: 홀수일 때}) \\ \frac{n}{2}\text{번째와 } \frac{n}{2}+1\text{번째 자료값의 평균} & (n\text{: 짝수일 때}) \end{cases}$$

예제 2-1 중위수의 계산

[1 2 4 5 20]의 중위수는 전체 자료 수가 5개로 홀수이니 3번째 값인 4이다. 만일 [1 2 4 5 20 25]로 6개의 자료라면 3번째와 4번째에 위치한 4와 5의 평균 4.5가 중위수이다.

중위수는 어떤 특징을 갖는가? 자료 중에 이상점이 있으면 평균에 큰 영향을 주어서 평균은 대표값으로서 부적절한 경우가 있다. 그런 경우에는 이상점의 영향을 받지 않는 중위수가 오히려 타당할 수 있다. 중위수는 크기순으로 나열한 자료 중에서 가장 중앙에 위치한 값으로서 이상치의 영향을 받지 않는다. 그러나 이상점이 없는 경우에는 중위수보다는 평균이 더 대표성이 있다. 왜냐하면, 중위수는 중앙에 위치한 한 개나 두 개의 자료값으로서 결정되지만, 평균은 모든 자료의 정보가 종합되어 계산되기 때문이다. 일반적으로 대표값으로서 평균을 많이 이용하지만, 자료가 고르지 않으면 중위수를 선호하는 경향이 있다.

3) 분산과 표준편차

분산 혹은 표준편차란 평균에서 각각의 숫자들이 떨어져 있는 정도를 평균처럼 하나의 수치로 만든 것이다. 모집단에서 임의로 크기가 n인 표본 $x_1,\ x_2,\ \cdots,\ x_n$이 뽑혔다고 하고, 그 평균을 $\overline{X}$라고 할 때 표본분산(Sample Variance)은 다음과 같이 정의된다.

$$S^2 = \frac{1}{n-1}\sum_{i=1}^{n}(x_i - \overline{X})^2 = \frac{1}{n-1}\left(\sum_{i=1}^{n}x_i^2 - n(\overline{X})^2\right)$$

분산이 어떻게 산포의 측도로서 의미를 갖는지 생각해 보자. 각각의 데이터 x_i에서 평균 $\overline{X}$를 뺀 $(x_i - \overline{X})$를 편차라고 한다. 자료값들이 평균 양쪽에 위치하므로 계산된

편차값들은 양수 혹은 음수값을 갖게 된다. 따라서, 이 편차들을 모두 합하면 항상 0이 되기 때문에 단순히 편차들의 합은 전체 산포도로 사용할 수는 없다.

그러나 각각의 편차를 제곱하면 모두 양수를 갖게 되며, 또한 평균으로부터 멀리 떨어져 있는 관측값일수록 큰 제곱편차를 갖는다. 분산은 이러한 제곱편차들의 평균인 것이다. 따라서 분산은 평균을 기준으로 해서 관측값들이 넓게 흩어져 있으면 큰 값을 갖게 되며, 반대로 관측값들이 그들의 평균에 매우 가깝게 위치하면 작은 값을 갖는다. 분산은 편차들을 제곱하여 계산된 것이므로 원자료 단위를 갖지는 못한다. 예를 들어, cm로 측정된 길이 자료의 분산에 대한 단위는 cm^2이다.

앞에서 분산이 각 관측값과 평균과의 제곱편차들의 평균이라고 했는데, 이것을 계산할 때 n으로 나누지 않고 왜 $n-1$로 나누었을까? 편차의 합이 항상 0이기 때문에 처음 $n-1$개의 편차만 알면 마지막 편차는 자동적으로 계산된다. 따라서 $n-1$개의 편차는 서로 상관없이 자유롭게 값을 취할 수 있으나, 나머지 한 개는 그것들에 종속된다. 분산은 제곱편차들의 합을 자유롭게 값을 취할 수 있는 제곱편차의 개수 $n-1$로 나누어 평균을 계산한 값이다. 이때 $n-1$을 분산의 자유도(Degrees of Freedom)라 부른다.

표준편차(Standard Deviation)는 분산의 제곱근이다. 표준편차는 다른 산포도의 일반적인 역할과 마찬가지로 자료가 대표값을 중심으로 밀집되어 있는가 아니면 멀리 흩어져 분포하고 있는가를 나타내는 하나의 측도이다. 표준편차의 단위는 자료 값의 단위와 동일하다.

평균과 표준편차는 가장 중요한 통계량으로 간주되고 있다. 그 이유는 평균과 표준편차를 가지고서 우리가 차이분석과 관계분석을 할 수 있기 때문이다. 평균차이의 검증을 실제로 표본집단 간의 평균차이로 하는 것이 아니라, 평균에서부터 떨어져 있는 표준편차의 정도로서 한다. 따라서 평균만 가지고서는 차이분석이 안되고, 표준편차와 함께 있어야 차이분석이 가능하다. 이와 비슷하게, 관련성을 분석할 때도 평균에서부터 떨어져 있는 정도를 가지고서 분석을 한다. 평균과 표준편차는 실과 바늘처럼 항상 같이 다니는 두 개의 중요한 통계량이라고 할 수 있다.

예제 2-2 분산과 표준편차의 계산

토마토 10개를 추출하여, 무게를 측정하였더니 다음과 같다.

13 16 15 13 14 12 14 15 16 15

이들의 분산과 표준편차를 구하라.

⇨ 먼저 평균을 구하면, (13+16+⋯+15) / 10=14.3이다. 분산은 [(13−14.3)의 자승+(16−14.3)의 자승+⋯+(15−14.3)의 자승] / 9=1.79이다. 표준편차는 표본분산의 제곱근을 구하면 1.34이다.

4) 변이계수

변이계수(Coefficient of Variation: CV)는 변동계수라고도 하며, 표준편차를 산술평균으로 나눈 값이다. 경우에 따라서는 100을 곱하여 퍼센트(%)로 나타내기도 하며 다음과 같이 정의된다.

$$CV = \frac{s}{\bar{x}} \times (100\%)$$

변이계수는 단위평균에 대한 표준편차이므로 상대적 산포도라고 볼 수 있으며, 단위가 없는 무명수이므로 여러 집단 간의 산포도를 비교하는 데 이용된다.

예제 2-3 변이계수의 계산

A, B 두 회사의 어느 달에 지급된 봉급의 평균과 표준편차는 다음과 같다.

	평 균	표준편차	변이계수
A	200만 원	20만 원	(20/200)×100=10%
B	250만 원	22만 원	(22/250)×100=8.8%

위의 표에서 표준편차를 비교하면 A회사보다 B회사의 봉급이 고르지 않은 듯이 보이지만 그것은 봉급평균을 고려하지 아니한 비교이므로 타당하지 않다. 단위평균에 대한 산포도, 즉 변이계수를 비교해 보면 봉급은 오히려 A회사가 고르지 않은 편이다.

5) 상관계수

자료를 이루고 있는 두 변수들이 등간척도나 비율척도로 관측이 된 경우, 상관계수는 두 변수 간의 관련성의 정도를 표시하는 것이다. 실제로 상관계수를 계산하기 위하여 두 변수 X, Y에 대한 n쌍의 자료가 있을 때 그 자료를

$$\{(x_1,\ y_1),\ (x_2,\ y_2), \cdots,\ (x_n,\ y_n)\}$$

이라 하자. 그리고 이들의 평균을 각각 다음과 같이 계산하자.

$$\bar{x} = \frac{1}{n}\sum_{i=1}^{n} x_i\ ,\quad \bar{y} = \frac{1}{n}\sum_{i=1}^{n} y_i$$

우리가 관련성을 알고 싶은 첫 번째 변수(X)의 값과 평균값과의 차이에다가 두 번째 변수(Y)의 값과 평균값과의 차이를 곱한다. 그리고 나서 각각 변수의 표준편차로 나눈 것이 상관계수(r)를 구하는 공식이고 다음과 같이 계산된다.

$$r = \frac{\sum(x_i - \bar{x})(y_i - \bar{y})}{\sqrt{\sum(x_i - \bar{x})^2}\sqrt{\sum(y_i - \bar{y})^2}}$$

상관계수가 높다는 것은 분자가 크면서 분모가 적은 경우이다. 분자는 각각의 변수와 각각의 평균과의 차이이므로 이것이 크다는 것은 각각의 변수들이 평균에서 많이 떨어져 있다는 것이다. 분모가 작다는 것은 각각의 변수의 표준편차가 작다는 것인데 이것은 각각의 변수들이 모여 있다는 것이다.

이렇게 계산된 r는 −1과 1 사이의 값을 가지며, $0 < r \leq 1$이면 두 변수는 양의 상관을, $-1 \leq r < 0$이면 음의 상관을 갖는다고 말한다. 그리고 $r = 0$이면 두 변수 사이에는 연관성이 없다고 말한다. 실제 자료를 가지고 피어슨 상관계수를 계산해 보자.

예제 2-4 상관계수의 계산

다음 자료는 어린이들의 영양 상태를 연구하기 위해 나이와 신장을 조사한 것이다.

X(나이: 개월)	18	19	20	21	22	23	24	25	26	27	28	29
Y(신장: cm)	76.1	77	78.1	78.2	78.8	79.7	79.9	81.1	81.2	81.8	82.8	83.5

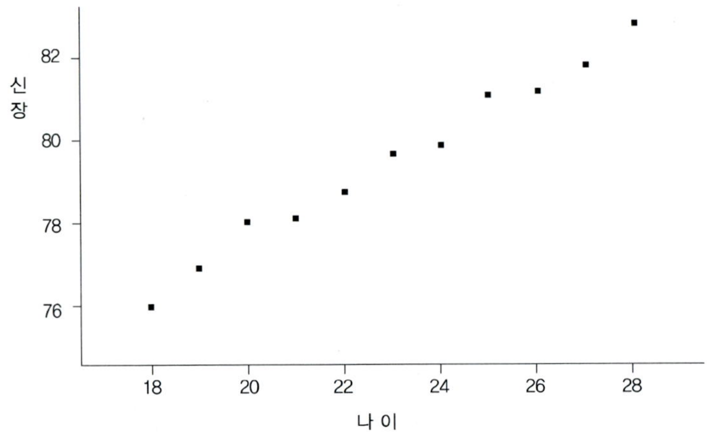

▌그림 2-1▐ 신장과 나이의 산점도

위의 자료로부터 총 자료의 수가 $n=12$ 이므로 평균 나이와 평균 신장은 각각

$$\bar{x}=\frac{1}{n}\sum_{1}^{n}x_i=\frac{282}{12}=23.5,\ \bar{y}=\frac{1}{n}\sum_{1}^{n}y_i=\frac{958.2}{12}=78.85$$

로 주어지고, 피어슨 상관계수는

$$r=\frac{(18-23.5)(76.1-79.85)+\cdots+(29-23.5)(83.5-79.85)}{\sqrt{(18-23.5)^2+\cdots+(29-23.5)^2}\ \sqrt{(76.1-79.85)^2+\cdots+(83.5-79.85)^2}}$$
$$=0.994$$

이다. 그러므로 유아들의 나이와 신장 간에는 매우 강력한(거의 완벽한) 양의 상관이 존재한다고 할 수 있다.

6 활용방식

1) 차이분석과의 연관성

차이분석이란 집단 간의 평균의 차이가 없는지 혹은 있는지를 검증하는 것이다. 통계학의 큰 주류 중 하나이다. 차이분석은 기본적으로 두 가지 중요한 통계량인 평균과 표준편차를 가지고 수행된다.

우리나라에서 신입사원으로 첫 해에 대기업에서 근무한 사람들의 평균연봉과 중소기업에서 근무한 사람들의 평균연봉이 동일한지, 아니면 다른지를 알고 싶다고 하자. 이러한 지식은 대학이나 고등학교를 졸업하면서 어느 방향(대기업 혹은 중소기업)으로 나갈 것인지를 결정하는 중요한 지침이 될 수 있다.

대기업 취업의 평균연봉과 중소기업 취업의 평균연봉이 동일한지를 검증해서 동일하지 않으면 양 집단 간에는 차이가 있다라고 결론을 내리는 것이 정당한 방법이다. "동일하지 않으므로 차이가 난다."라는 것이다. 거꾸로 "차이가 나지 않으므로 동일하다."라는 결론은 성립하지 않는다.

왜 그럴까?

차이가 나지 않으면 다른 차이가 있을 수도 있다. 물론 동일할 수도 있다. 차이가 나지 않는다는 것은 큰 차이가 나지 않을 수 있으므로, 적은 차이가 난다고 이야기할 수도 있다. 얼마나 큰 차이인지를 알 수가 없다는 뜻이다.

통계적인 논리로는 "일단 두 가지가 동일하다."를 검증해서 "동일하게 나오면 동일하다고 한다." 그러나 "동일하지 않게 나오면 그때 가서 차이가 난다."라고 하는 것이 정상적인 접근 방법이다.

두 집단 간의 평균은 거의 대부분의 경우에 차이가 난다. 왜냐하면 상이한 두 가지 집단의 평균이 점으로 동일한 경우는 거의 없기 때문이다. 따라서, 약간의 차이가 나는 것이 보통인데 이 차이가 실제로 두 집단 간에 차이가 있어서 나왔는지, 아니면 두 집단 간에는 차이가 없는데 우연히 나온 것인지를 구분하는 작업이 필요하다.

각 집단의 평균에다가 각 집단의 표준편차를 더하고 빼서 평균들이 각각 나올 범위를 결정한다. 이렇게 정한 집단 간의 평균의 범위가 겹치게 되면 두 집단은 다르다고 이야기하기가 힘들어진다. 그러나 두 집단 간 평균의 범위가 겹치지 않으면 우리는 두 집단은 다르다고 이야기하기가 쉬워진다.

어떻게 집단 간의 차이를 분석하는지는 나중에 자세하게 설명이 될 것이다.

2) 관계분석과의 연관성

관계분석이란 변수 간의 관계가 없는지 혹은 있는지를 파악하는 것이다. 관계분석은 주로 상관계수로 구해진다. 상관계수가 통계적으로 유의한 정도(보통은 0.05 유의수준)이면 두 개의 변수는 관련되어 있다고 이야기하고, 상관계수가 통계적으로 유의한 정도가 아니면 두 개의 변수는 관련되어 있지 않다고 이야기한다.

7 신뢰도와 타당도

통계학에서 우리가 조사한 결과를 믿을 수 있고 그것이 타당한지를 파악하는 정도를 보통 신뢰도(Reliability)와 타당도(Validity)로 평가한다. 통계의 결과가 믿을 수 없다면, 그것에 의존한 결론을 내리지 말아야 한다.

1) 신뢰도

신뢰도란 여러 번에 걸쳐서 동일한 조사를 했을 때 그 결과가 계속해서 비슷하게 나오느냐는 것이다. 첫 번째 조사에서는 100점 만점에 90점으로 나왔는데, 두 번째 조사에서는 50점으로 나왔다면, 우리는 그 설문지(평가지)에 의한 결과를 신뢰하기가 힘들어질 것이다. 반대로 두 번의 조사에서 결과가 거의 비슷하게 나왔다면, 우리는 그 설문지(평가지)에 의한 결과를 신뢰할 수 있을 것이다.

신뢰도는 통계조사가 일관적인 결과를 나타내느냐 하는 것을 나타내는 정도이다. 신뢰도는 크게 두 가지 방식으로 측정을 하는데, 첫 번째는 크론바하 알파(Cronbach's

Alpha)로 조사를 하고, 두 번째는 측정재측정 상관계수(Test-Retest Correlation)로 한다.

크론바하 알파란 설문조사에서 만들어진 전체 항목들 간의 항목 내부의 상관계수를 의미한다. 관념적이거나 개념적 문제를 수량화하기 위해서 여러 개의 문항으로 측정하고자 한다면, 이 문항들이 모두 같은 개념을 물어보는지에 관한 척도가 필요하다. 이것이 바로 신뢰도의 개념이며, 문항들을 합하였을 때의 분산과 각각의 분산을 합할 때와의 비가 알파이다. 만일 분산이 모두 동일하다면 알파는 1이 되고, 모두 다르다면 0에 가깝게 될 것이다. 보통은 알파가 0.7정도를 넘으면 신뢰도가 있다라고 결론을 내린다.

측정재측정 조사는 동일한 대상들에게 한 2주나 4주 이내에서 동일한 설문지를 다시 주고 두 번 측정하는 것이다. 첫 번째 설문지에 응답한 것과 두 번째 설문지에 응답한 것의 상관계수를 구하는 것이다. 이것도 상관계수가 상당히 높으면(보통 0.7 정도) 우리는 신뢰도가 있다고 결론을 내린다. 하지만 기억력의 효과(첫 번째 설문지에 답했던 기억의 상존)가 있어 실제로는 잘 쓰이지 않는다.

신뢰도 입증이 되지 않은 설문지로 조사를 한 결과는 받아들이기 어렵다.

2) 타당도

타당도란 신뢰도가 입증된 설문지가 우리가 측정하려는 것을 측정하는지를 알아보는 개념이다. 예를 들어서, 명품의 브랜드이미지를 조사하려고 할 때 실제로 우리가 개발한 설문지가 브랜드이미지를 측정하느냐의 정도를 말한다. 만약 브랜드이미지를 측정하려는 우리가 엉뚱하게도 고객만족을 측정한다면, 그 결과는 부적절한 것이다.

타당도에는 여러 가지가 있는데 가장 중요한 것이 구성타당도(Construct Validity)이다. 눈에 보이지 않는 브랜드이미지를 측정하려는 설문지는 브랜드이미지의 정의에 적합한가와 브랜드이미지에 영향을 주는 것들과 관련이 되었는가를 보고 구성타당도를 평가한다. 보통 상관계수와 요인분석을 이용하여 검증한다. 우리가 개발한 설문지가 브랜드이미지의 정의와 부합하는지를 살펴보고, 부합하면 타당도가 높다고 한다. 그리고 브랜드이미지와 연관이 되는 것들과 설문지가 높은 상관관계를 보이면 이것도 타당도가 높다고 한다.

8 현실 속의 통계량

청소년의 키와 몸무게

통계청에서 여성가족부와 협력하여 발표한 '청소년 통계' 중에서 키와 몸무게에 관한 결과이다. 2010년 학생들의 키는 전년 대비 소폭의 증감을 보이고 있으나, 지난 10년 전보다 초등학교 6학년 남학생 2.1cm, 중학교 3학년 남학생 1.7cm 정도 커졌다.

표 2-3 학교급별 평균 신장(키) 현황 (단위: cm)

	초 6		중 3		고 3	
	남자	여자	남자	여자	남자	여자
2000	148.1	149.2	167.2	158.9	173.0	160.5
2006	150.0	150.9	168.7	159.5	173.9	161.1
2007	150.4	151.2	169.2	159.8	173.9	160.9
2008	150.2	151.0	169.1	159.7	173.9	161.2
2009	150.5	151.0	169.1	159.6	173.8	161.1
2010	150.2	151.2	168.9	159.6	173.7	160.9

출처: 교육과학기술부. 학교건강검사 표본조사 결과 각년도.

2010년 학생들의 몸무게는 지난 10년 전보다 초등학교 6학년 남학생 4.1kg, 중학교 3학년 남학생 3.8kg이 늘어났다.

표 2-4 학교급별 평균 체중(몸무게) 현황 (단위: kg)

	초 6		중 3		고 3	
	남자	여자	남자	여자	남자	여자
2000	42.0	41.8	57.7	52.5	65.3	54.9
2006	44.7	43.7	60.5	52.9	68.2	55.4
2007	45.2	44.0	61.1	53.2	68.3	55.4
2008	45.5	44.0	61.4	53.3	67.7	55.1
2009	45.9	44.0	61.5	53.3	68.1	56.0
2010	46.1	44.4	61.5	53.2	68.1	55.6

출처: 교육과학기술부. 학교건강검사 표본조사 결과 각년도.

통계량은 평균으로 요약되어 발표되었다.

〈노년부양비 및 노령화지수〉

> 2010년 현재 생산가능인구(15~64세) 6.6명이 노인 1명을 부양하고,
> 2030년에는 3명이 노인 1명을 부양해야 할 것으로 전망

출처: 통계청.

2010년 노년부양비는 15.0이며, 이는 생산가능인구 6.6명이 노인 1명을 부양하는 것과 같은 의미이다. 현재의 저출산이 지속될 경우 '20년에는 생산가능인구 5명이 1명을, '30년에는 3명이 1명을 부양해야 할 것으로 전망하고 있다. 한편, 2010년 노령화지수는 67.7로 유소년인구(0~14세) 100명당 65세 이상 인구가 68명으로 '16년에 이르면 노령화지수가 100.7로 고령인구가 유소년인구를 초과할 것으로 전망된다.

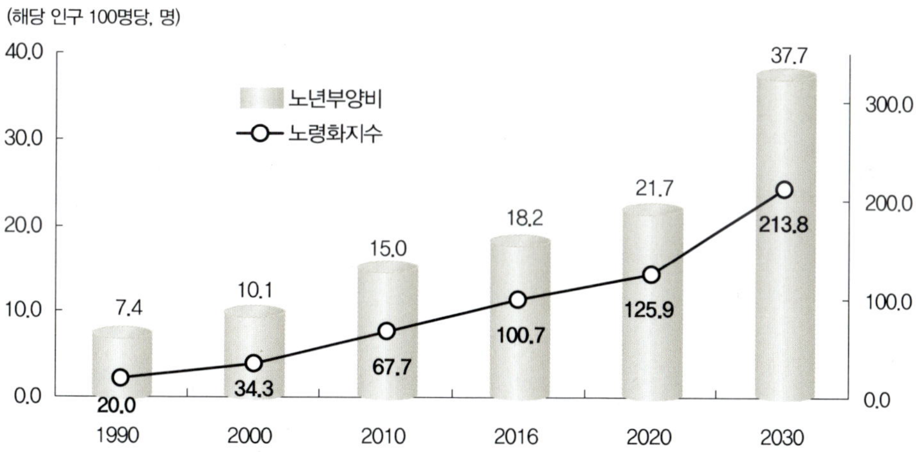

▌그림 2-1▌ 노년부양비 및 노령화지수

▌표 2-5▌ 노년부양비 및 노령화지수 (단위: 해당 인구 100명당 명, 명)

	1990	2000	2010	2016	2020	2030
노년부양비[1]	7.4	10.1	15.0	18.2	21.7	37.7
노령화지수[2]	20.0	34.3	67.7	100.7	125.9	213.8
노인 1명당 생산가능인구(명)[3]	13.5	9.9	6.6	5.5	4.6	2.7

출처: 통계청. 장래인구.

주: 1) 노년부양비 = (65세 이상 인구 / 15~64세 인구) × 100

2) 노령화지수 = (65세 이상 인구 / 0~14세 인구) × 100

3) 노인 1명당 생산가능인구 = 15~64세 인구 / 65세 이상 인구

보통 비율과 지수 등이 통계량으로 많이 쓰이게 된다. 예를 들어, 노령화지수는 유년인구에 비하여 노년인구가 어느 정도인지 백분율로 표시한 것이다. 이는 각각의 인구 통계량을 보는 사람을 고려하여 알기 쉽게 표현해 주는 기법으로 전세계적으로 같은 기준이 제시되면, 국가 간 비교도 가능하게 된다.

국제 비교

우리나라 국민 1인당 명목소득은 2만 달러 정도이지만 의식주에 드는 비용이 낮아 구매력을 고려한 실제 생활수준은 3만 달러대로 선진국 수준에 근접했다는 분석이 나왔다.

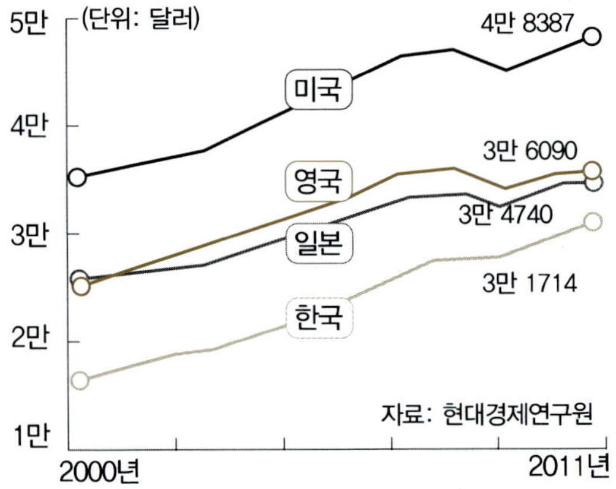

▌그림 2-2▌ 각 나라의 구매력 평가 일인당 GDP 추이

출처: 서울신문(2012. 06. 14).

현대경제연구원은 '명목소득은 2만 달러, 생활수준은 3만 달러–실질구매력으로 본 한국의 생활수준'이라는 보고서를 발표했다. 보고서는 경제협력개발기구(OECD)가 지난해 발표한 2008년 기준 구매력평가 부문별 주요 생필품 가격을 비교해 한국의 '의·식·주·복지·문화'의 소비가격 수준을 평가했다. 우리나라 의류 및 신발 가격은 구매력평가 기준으로 OECD 평균보다 10% 낮다. OECD 평균을 100으로 놓았을 때 의류 및 신발가격은 90으로 미국(83)보다 높지만 영국(103), 일본(154)보다 낮은 수준이다. 반면 식료품 가격은 OECD 평균보다 3% 높다. 미국은 85, 일본은 164, 영국은 105다. 세부 항목별로 보면 우리나라는 곡류(89)를 제외하고 고기(164), 우유·치즈·계란

(122), 과일 · 야채 · 감자(120) 등이 모두 OECD 평균을 웃돌았다.

한국의 주택, 수도, 전기, 연료비는 구매력평가 기준으로 OECD 평균보다 47% 낮았다. 특히 수도, 전기, 연료비는 53으로 영국(118), 미국(93), 일본(91)에 크게 못 미쳤다. 그러나 명목기준 주거 임대료는 방 세 개짜리 월세 아파트를 기준으로 우리나라가 2602달러로 영국(2144달러), 일본(1791달러)보다 높았다. 보고서는 "2011년 기준 우리나라의 1인당 국내총생산(GDP)은 2만 2778달러로 세계 34위로 평가돼 선진국과 차이가 있지만 구매력평가를 기준으로 한 GDP는 3만 1714달러(25위)로 일본, 영국 등 선진국 수준에 근접했다."고 평가했다.

어떻게 이런 통계가 제시되어 우리 생활에 이정표를 주는지 궁금하지 않은가?

연 | 습 | 문 | 제 <<<

1. 통계와 통계량을 구분하여 설명해 보라.

2. 우리나라의 부동산정책과 관련된 세 가지 이상의 통계를 찾아보고, 최근 통계량을 제시해 보라.

3. 우리나라의 사교육정책과 연관된 통계를 찾아보고, 통계 작성 목적을 찾아 기술해 보라.

4. 평균이 어느 경우에 대표값으로 부적절한지 예를 들어서 설명해 보라.

5. 아르바이트 대학생이 조사한 시중에 운행하고 있는 배기량 1500cc 승용차 10대의 휘발유 1 l 당 주행거리(단위: km)는 다음과 같았다. 아래 통계량 값을 구하라.

8.9	9.6	9.7	9.7	9.7	9.8	9.9	9.9	10.3	10.5

1) 평균
2) 표준편차
3) 범위
4) 중앙값

6. 상위 10%, 하위 25%에 해당하는 값이 얼마인지 관심을 가지는 경우가 있다. 백분위수, 십분위수, 사분위수 등은 이러한 목적으로 계산하는 통계량이다. 정의상 p 백분위수는 이 값보다 작은 관측치가 p%가 있고 이 값보다 큰 관측치가 (100−p)%가 되도록 만드는 값을 말한다. 50백분위수는 중앙값(중위수)과 같다.
만일 100, 200, 300, 400, 500, 700, 1000 이렇게 일곱 개의 숫자가 있다고 하면 25%에 해당하는 값과 75%에 해당하는 값은 얼마일까?

Chapter 3

Statistics Mentor

모집단과 표본

Chapter 3

Statistics Mentor

모집단과 표본

▌그림 3-1▐ 카드섹션 "꿈☆은 이루어진다"

[그림 3-1]은 붉은악마가 2002년 한일월드컵 때 대한민국과 독일전에서 카드를 이용하여 감동적으로 응원했던 사진이다. 자세히 보면 글씨를 만들어 내는 세세한 카드 구성은 그리 정확해 보이지 않는다. 빨강색 바탕과 하얀색 글씨로 표현하였는데 글자의 일부분이 빨강색이거나 바탕에 하얀색이 번져서 표현되고 있다. 그러나 그 글씨를 읽는 데는 전혀 무리가 없다. 얼마나 준비했을까? 감동을 주기에 충분하다고 보인다.

정확하게 글씨가 표현되기 위해서는 정확한 위치 선정과 높이가 필요할 것이다. 하지만 대규모인데다 사람이 하는 일이라서 필연적으로 오차가 존재한다. 기획이 잘못될 수도 있고, 카드를 들어야 하는데 불가피한 상황이라 못 들었을 수도 있고, 가만히 있어야 하는데 카드를 든 사람도 있을 것이다. 하지만 이러한 많은 오차에도 불구하고 의미 전달이 정확히 되었다는 점에 주목하자.

통계는 표본으로 전체를 예측하려는 속성 때문에 필연적으로 오차를 수반한다. 표본오차처럼 미리 계산 가능한 경우도 있는 반면에, 관리되지 않으면 오히려 더 심각한 비표본오차도 존재한다. 이 오차를 잘 관리하면서 의미 전달이 정확한 통계를 생산하는 것이 중요하다. 그것은 표본을 어떻게 추출하는지, 조사를 어떻게 관리하는지를 포함한 전 과정에서 핵심적인 사항으로 통계의 신뢰성을 판단하는 요소가 된다.

1 모집단의 개념

모집단(Population)이란 통계를 활용하려는 사람이 마음에 두고 있는 전체를 의미한다. "나는 특정 커피숍을 한 번 이상 방문한 사람들을 대상으로 특정 커피숍에 대한 선호도를 알아보고 싶다."라고 생각했다면, 우리나라에서 특정 커피숍을 한 번 이상 방문한 경험이 있는 사람 전체가 모집단이 된다.

모집단은 우리가 조사하려는 전체 범위이다. 따라서 이론적으로는 모집단을 어떻게 규정하느냐가 가장 중요한 문제이다. "그것이 모집단 전체의 의견이냐?"라는 질문에 "예." 혹은 "아니오."라고 확실하게 대답할 수가 있어야 한다. 그런데 실무적으로는 모집단 전체의 의견을 구할 수 있는가? 거의 불가능하다. 대한민국 초등학생들에 대한 완전한 무상급식에 대한 의견을 물으려면 거의 전 국민에게 물어보아야 한다. 이유는 그들이 세금을 내기 때문이다. 확실하게 줄여서, 우리나라에서 세금을 매년 내는 사람들에게만 물어보려고 해도 전 국민의 절반 정도인 이천만 명이 넘는다.

중고등학교의 따돌림 문제가 얼마나 심각한지를 알고 싶다고 하면, 중고등학생 전체를 모집단으로 해야 하므로 수백만 명이 된다. 로또의 사회적 영향에 대한 조사도 수백만 명 이상의 모집단이 되고, 특정 대학교의 졸업생의 의견도 수만 명에서 수십만 명이 된다.

다시 말해서, 대한민국의 거의 모든 문제에서 우리는 모집단 전체에 대한 조사를 한다는 것은 비용과 시간 때문에 실제적으로 어렵다. 현재 우리나라에서 진행되고 있는 전수조사는 인구주택총조사 등 3~4종에 불과하다. 그나마 인구주택총조사도 2015년부터 등록 센서스로 바꾸어 행정자료를 활용하되, 20%의 표본조사로 세세한 항목을 물어보는 형태로 시행한다.

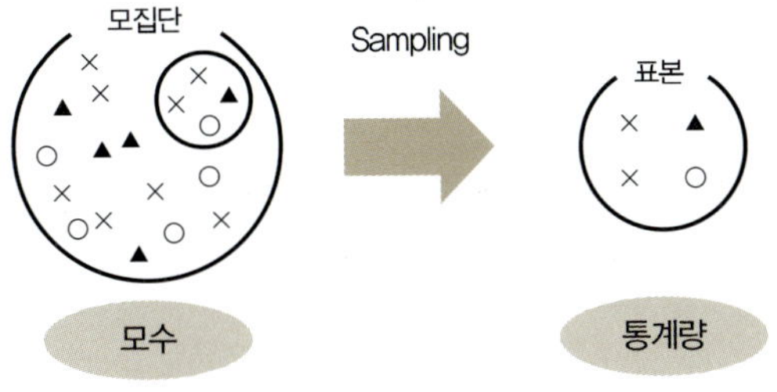

그림 3-2 모집단과 표본

2 모집단의 중요성

모집단은 통계학에서 가장 중요한 개념 중 하나이다. 이유는 무엇인가? 통계학이란 모집단의 기본적인 특성들을 규명하는 이론과 실무의 총합이다. 모집단을 어떻게 정의하느냐에 따라서 우리가 알려고 하는 결과가 다르게 나올 수 있다.

여론조사에서 종종 틀리는 경우가 나오는데 그것이 모집단에 대한 충분한 이해가 부족해서 나타나는 결과이다. 국회의원 선거와 시장과 군수를 선출하는 지방자치단체 선거를 할 때 선거가 끝나면 각 방송사들이 서로 다투어서 출구조사를 한다. 그런데 어떤 경우에는 출구조사의 결과가 실제 투표결과와 많으면 수십 퍼센트 정도 차이가 난다. 여론조사의 최고급 전문가들이 모여서 최고의 기술과 시스템으로 하는데 왜 이렇게 차이가 많이 날까?

투표를 할 모집단을 확실하게 규정하지 못하는 것이 가장 큰 원인이다. 우리나라에서 보통 투표율은 50~70퍼센트 정도이다. 거의 수십 년 동안 기권한 유권자들은 사실상 모집단에서 제외되어야 한다. 그런데 여론조사를 할 때는 적극투표층, 일반투표층, 투표기권층이 혼합되어 있어서 전체 국민을 상대로 하고, 실제 투표결과는 적극투표층의 거의 전부와 다수 일반투표층의 선택으로 결정이 난다.

그러면 우리는 이러한 경우에 어떻게 모집단을 규정해야 하는가? 선거조사는 거의 전부 시간을 다투므로 전화로 한다. 전화를 걸어서 받으면 "지난 10년 동안 투표를 하셨습니까?" 그리고 "이번에 투표를 하시겠습니까?" 마지막으로 "어느 후보를 지지하십니까?"라고 연달아 질문을 해서 모든 질문에 응답하는 사람들이 실제로 모집단이 되어야 한다. 물론 그렇게 한다고 하더라도 실제로 투표장에 안 나타나는 사람들도 있는데 그것은 현재로서는 어찌할 수가 없다.

모집단을 정확하게 규정하는 것이 중요한 점은 이제 알았다. 그런데 실제는 그렇게 현실적으로 간단하지가 않다는 것에 문제가 있다. 우리나라에서 주택보급률 조사를 하면 보통 100퍼센트가 넘게 나온다. 다시 말해서, 가구당 누구나 집이 있다는 것이다. 그런데 실제 자가보유율은 60~70퍼센트 정도이다. 어떻게 이렇게 차이가 많이 날까? 물론 두 채 이상의 다주택자가 많아서인데, 실제로 집을 두 채(단독, 아파트 기타) 이상 보유한 사람은 몇 십만 가구가 되나 거의 대부분은 2~3채이다. 열 채 이상을 가진 가구는 매우 적다.

다주택자가 많아서 자가보유율이 떨어지는 경향도 있지만, 그 이외에도 사람이 살지 않는 주택들이 주택보급률 조사에 포함되어 있다는 것이다. 다시 말해서, 우리나라 전체 주택의 모집단이 실제보다 부풀려져 있다는 것에 문제가 있다. 사람들이 살지 않는 집이 많고, 아파트 준공 후에 분양이 되지 않은 집들도 주택보급률에 포함이 되어 있고, 전국 도서지역에서 실제로 거주가 불가능한 집들도 있다고 한다. 우리나라 전체 주택의 모집단을 규정할 때는 이와 같이 거주가 실제로 불가능하거나 혹은 현재 비워 있는 집들은 전부 제외를 해야 하는데 이것이 그렇게 쉽지 않다. 전국의 모든 집들(1,700만 채가 넘는)을 모두 전수조사해야 한다. 일일이 방문해서 누가 사는지를 확인해야 하는데, 이것은 인구주택총조사를 할 때 한 번 정도는 할 수 있어도 그 이후에는 실제로 비용과 인력의 문제로 쉽지 않다. 조사 기간 사이에 거주 패턴이 바뀌거나 사람이 살던 집이 폐허로 변해가는 것을 일일이 조사할 수가 없어서 주택보급률의 모집단 추정이 어려운 것이다.

모집단을 규정하는 이유는 모집단에서 샘플을 추출해서 모집단의 특성을 파악해 보려는 것이다. 다시 말해서, 모집단에서 모집단을 잘 닮은 일부를 뽑아서 조사하고는 그 결과가 모집단의 결과와 비슷한지를 알아보려는 시도이고, 통계학에서 아주 오랜 기간 동안 이론이 정리되었고 실제로 진행되고 있다는 점이다. 모집단에서 추출하는 것을 표본이라고 한다.

3 표본의 개념

표본(Sample)이란 모집단에서 추출한 일부의 구성요소(Element)를 의미한다. 표본의 수가 얼마나 되어야 우리가 표본에서 찾아낸 결과가 모집단의 결과와 유사하다고 할 수 있는가? 이 문제는 통계학이 발전된 이후에 연구자들을 지속적으로 괴롭혀 온 가장 중요한 이슈 중 하나이다.

전국 대학생들이 등록금에 대해서 어떻게 생각하는지를 알고 싶다. 전국 대학생들은 약 400만 명 정도 된다. 그러면 그 400만 명 중에서 절반인 200만 명을 뽑으면 결과를 믿을 수 있는가? 200만 명에 대한 설문조사도 힘들다. 그러면 아예 줄여서 400만 명의 10%인 40만 명을 조사해야 하는가? 그것도 많다.

그러면 도대체 어떻게 하는가? 얼마 정도를 추출해야 하는가?

전문가들이 내린 결론은 "천 개 내외면 어느 정도 결과를 믿을 수 있다."라는 것이다. 문제는 400만 명 중에서 천 개를 뽑아서 나온 결과가 400만 명과 어느 정도 일치하느냐의 정도이다. 그러면 전세계 인구 약 70억 이상이 핵폭탄에 대한 의견도 천 명으로 될까? 아니 좀 많아야 할 것이다. 그러면 만 명?

하지만 비유적으로 10명이 먹을 국을 끓여서 간을 보는 양과 100명이 먹을 국을 끓여서 간을 보는 양이 다를까? 그렇지 않다. 인구 약 3억 2천만 명의 미국에서도 여론조사는 천 명 내외로 시행하고, 5천만 명으로 추론되는 대한민국에서도 천 명 내외로 수행한다. 왜 그런가? 오차에 비밀이 있다. 통계량이 비율(예를 들어, 지지율 등)이라면, 천 명 정도의 표본을 추출할 때 계산 가능한 표본오차는 최대 ±3.1%포인트가 된다. 만일 표본오차를 줄이려면 표본을 더 추출해야 한다. 하지만 표본 만 명의 표본오차가 많이 줄어드는 것은 아니라서 실익이 없을 뿐이다.

표본의 숫자보다 더 중요한 것은 표본을 어떤 방식으로 추출해야 하는가이다. 표본을 확률적으로 뽑으면 천 명 정도로도 충분한데, 비확률적으로 뽑으면 천 명 아니 만 명이라도 결과는 신뢰할 수 없다. 어떻게 표본을 뽑는 것이 적절한지를 다시 설명하게 될 것이다.

일단 우리나라에서 보통의 사회적인 문제들(경제, 정치, 사회, 문화, 예술 등)에 대한 의견을 조사할 때라고 가정하자. 신문·방송과 거의 모든 학술조사의 결과에서 표본의 숫자를 보면 조금씩 다르다. 적으면 수백 명에서 많으면 수천 명이다. 그런데 자세히 보면 만 명이 넘는 경우는 거의 없다. 거의 천 명 내외이다.

다음으로 표본크기를 결정할 때 중요하게 고려해야 할 사항은 조사하기 전 자료의 분석계획이다. 이 조사에서 필요로 하는 것이 모집단 전체에 대한 모수추정인지 아니면 모집단 내의 작은 부분집단에 대한 통계를 작성하는 것인지에 따라 표본크기를 결정하는 방법에서 차이가 생긴다. 예를 들어, 어떤 연구자가 우리나라 성인을 대상으로 투표성향을 조사한다고 가정할 때 이 조사에서 우리나라 전체에 대한 신뢰성 있는 통계작성을 목적으로 할 수도 있지만, 각 시도별로 어떤 차이가 있는지 알고자 하는 것이 더 중요할 수 있다. 여기서 각 시도별로 신뢰성 있는 통계자료가 필요하다면 단순히 우리나라 전국에 대한 신뢰성 있는 통계자료의 작성에 요구되는 표본보다 훨씬 많은 수의 표본이 필요할 것이다.

연구자들이 논의할 때 학술적인 것이면 오백 명 내외, 현실적인 것이면 천 명 내외라고 한다. 일단 이것을 받아들이고, 이 정도의 표본으로도 전체 모집단의 숫자가 몇 만이든, 몇 천만 명이든 간에 표본의 결과가 모집단의 결과와 비슷할 것이라고 유추할 수 있다는 개념을 받아들여야 한다.

4 표본의 이론적 추출방법

1) 확률표본과 비확률표본의 차이

어느 정도 규모의 표본을 추출하느냐가 중요한 것이 아니라, 어떻게 추출하느냐가 더 중요하다면, 어떻게 추출해야 천 명 정도에서 나온 결론을 수백만 명의 의견과 비슷하다고 할 수 있는가?

표본을 추출하는 방법은 크게 두 가지 방식이 있다. 하나는 확률표본(Probability Sample) 방식이고, 다른 하나는 비확률표본(Nonprobability Sample)이다. 확률표본 방식으로 뽑으면 표본의 결과와 모집단의 결과가 거의 유사하다는 결론에 도달할 수가 있다. 물론 확률표본 방식으로 추출한다고 해서 표본의 결과가 모든 경우에 모집단의 결과와 거의 비슷하다는 것은 어폐가 있다. 그러나 확률적인 방법으로 표본을 뽑으면 그럴 가능성이 높아진다는 것이다.

그러면 비확률표본 방식으로 추출하면 표본의 결과와 모집단의 결과가 일치한다고 볼 수 없는가? 이론적으로는 답이 "그렇다."이다. 비확률표본으로 표본을 추출하면 표본의 결과와 모집단의 결과를 비교하는 것 자체가 문제가 될 수도 있다.

그러면 현실에서 거의 모든 경우에 확률표본 방식을 사용하는가? 정치여론조사나 사회의견조사 등 중요한 현실조사는 대부분 그렇게 한다. 비용도 많이 들고 까다로운 방법이다. "누가 국회의원이 될 것인가?"는 200여 개의 지역구에서 상당수의 경우에 예상한 대로 선출이 된다. 물론 박빙의 경우 틀리는 경우도 있다.

학교에서도 확률적으로 표본을 추출하는가? 교수들이나 연구자들은 거의 모든 경우에 비확률적인 표본방법을 사용한다. 학문의 논리를 검증하는 데는 확률표본의 방식과 상관 없이 비확률표본으로도 충분하다는 것이 일반적인 논리이다.

알 듯하면서도 모를 것 같은 개념이다. 쉽게 표현하면 다음과 같다.

현실적으로 다음 대통령이 누가 될 것인가는 투표권이 있는 모집단의 구성원들 누구나가 다 뽑힐 확률이 동일한 방식으로 물어보아야 상당히 신뢰할 수 있는 결과를 얻을 수 있다. 그러나 이론적인 개념에 관한 것인 "고객만족을 하는 백화점과 고객만족을 하지 않는 백화점 중에서 어느 백화점에 더 가고 싶습니까?" 이 질문을 백화점에 한 번 이상 가는 거의 전 국민들에게 동일한 확률로 뽑아야 하는가? 이것은 그냥 누구에게나 물어보아도 명확할 수가 있다.

비슷하게 "귀하는 경제가 나쁜 것을 원하십니까? 경제가 좋은 것을 원하십니까?" 이것도 명확한 결과가 나온다. 학술적이고 이론적인 것은 몰랐던 개념들을 추출해서 개념에 대한 의견을 묻는 것이다.

요약하면, 현실에서는 "누가 대통령이 될 것인가?"와 같은 질문은 사람을 물어보는 질문이고, 이론에서는 "고객만족이 좋으냐?"는 질문은 개념을 물어보는 질문이다. 통계학 연구자들이 내리는 결론은 '사람에 대한 조사'는 확률적으로 하고, '개념에 대한 조사'는 비확률적으로 해도 수용이 가능하다는 것이다. 그래서 현실에서는 주로 확률적인 방법을 쓰고, 학교에서는 비확률적인 방식을 쓰기도 한다.

2) 확률표본의 개념

확률표본이란 모집단의 구성요소들이 표본에 뽑힐 확률이 동일한 방식으로 선발하는 것을 의미한다. 예를 들어서, 우리나라에서 스마트폰 소지자들이 모바일쇼핑을 하는 성향에 대한 조사를 할 때 어떻게 뽑는 것이 확률표본이라는 말인가? 이천만 명이 넘는다는 전국의 스마트폰 소지자들의 번호를 구해서 모든 번호에게 일련 번호를 주고는 난수표(Random Number Table)에서 읽는 숫자를 따라서 뽑으면 확률표본이 된다. 난수표는 무엇인가? 난수표는 미리 작성된 표로서 위에서 아래로 읽거나, 아래에서 위로 읽거나, 왼쪽에서 오른쪽으로 읽거나, 오른쪽에서 왼쪽으로 읽거나, 위로 올라가는 대각선으로 읽거나, 아래로 내려가는 대각선으로 읽거나 모든 숫자들이 뽑힐 확률이 동일한 것이다.

꼭 난수표를 활용해야 하는가? 아니다. 복권당첨 방송에서 보면 공을 섞어서 나오는 숫자대로 당첨자를 선발한다. 그것도 확률표본 방식이다. 만약 복권당첨에서 비확률표본 방식으로 선발하면 뽑히는 사람은 미리 정해질 수가 있다. 거액이 걸린 복권당첨에서 모든 복권들이 선발될 확률이 다르다고 하면 사회적으로 큰 문제가 될 것이다.

확률표본의 핵심 개념이 '무작위(Random)'이다. 무작위란 누군가의 조작에 의한 것이 아니고, 그냥 자연 그대로 일어나는 사회현상이라는 것이다. 표본이 추출될 때 사전에 조작된 어떤 룰 없이 그냥 자연스럽게 누구나가 다 뽑힐 동등한 확률을 가지고 있다면 그것은 확률표본이다.

그러면 비확률표본이란 무엇인가? 이것은 모집단의 구성요소들이 뽑힐 확률이 동일하지 않다는 것이다. 예를 들어서, 20대 미혼남녀의 결혼비용에 대한 조사를 하는데 잘 사는 사람들이 많이 뽑히게 되면 예상하는 결혼비용이 올라갈 것이다. 어떻게 잘 사는 사람들을 많게 할 수 있는가? 잘 사는 동네에서 많이 뽑으면 그렇게 될 가능성이 높아진다.

3) 확률표본을 뽑는 방법들

모집단의 구성요소들 누구나가 동일하게 선발될 확률을 가진 확률표본 방식에는 크게 네 가지가 있다. 그것들은 단순확률표본(Simple Random Sample), 군집확률표본

(Cluster Random Sample), 층화확률표본(Stratified Random Sample), 체계확률표본(Systematic Random Sample)이다. 이 네 가지 방법 모두는 확률표본 방식이므로 모수통계학에서 가장 중요한 것들이다.

첫째, 단순확률표본이 앞에서 언급했던 것처럼 모든 구성요소들에게 단순하게 무작위 방식으로 난수를 배정한 후에 그중 일부를 표본으로 뽑는 방법이다. 이름 그대로 단순해서 이 방법만 사용하는 예는 거의 없고, 다른 방법들과 혼용하여 사용되는 경우가 많다.

둘째, 군집확률표본이란 먼저 군집으로 분류한 후에 군집을 확률적인 표본으로 뽑는 방법이다. 예를 들어, 미래의 서울특별시장이 어떠한 비전을 가진 사람이 되어야 하는가와 같은 질문을 한다고 가정하자. 서울시의 각 동으로 일단 분류를 한 다음, 서울시의 성향을 잘 반영하는 세 개의 동을 표본 추출하여 그 동을 모두 조사하는 방법이다. 하지만 군집 내에 숫자가 많으면 표본의 수가 많아져서 각 군집에서 단순확률표본 또는 체계확률표본 방식으로 다시 추출하는 방법을 쓰기도 한다.

셋째, 층화확률표본이란 층별로 나눈 후에 다시 단순확률표본을 뽑는 방법이다. 세대별로 인터넷에 대한 의견조사를 하려고 할 때는 10대, 20대, 30대, 40대, 50대, 60대, 70대로 구분한 후에 그 안에서 단순확률표본을 추출하는 방식이다.

넷째, 체계확률표본이란 순서에 따라서 확률적으로 뽑는 방법이다. 예를 들어서, 할인점에 오는 사람들이 구매하고 싶은 물건이 무엇인지를 천 명에게 물어보려고 한다. 할인점에 하루에 약 2만 명이 들어온다면, 2만 명을 천으로 나누어 매 20번째의 사람마다 물어보면 된다는 것이다. 초기점을 결정하기 위하여 할인점의 신입사원 중에서 가장 나이가 어린 사원에게 무슨 숫자를 좋아하냐고 물어보았더니 럭키 세븐을 불렀다. 그러면 할인점에서 조사원들이 입구에 서서 맨 처음 일곱 번째로 들어오는 사람에게 의견을 물어본다. 그 다음에는 7에다가 20을 더한 27번에게 물어본다. 그 다음에는 47번, 67번 이런 식으로 매 20번마다 물어보면 마지막에 천 명이 될 것이다.

확률표본 방법들은 시대상을 반영하기도 한다. 과거에는 전화여론 조사를 할 때 가정집 전화번호를 합법적으로 접촉을 해서 조사하니까 표본의 결과와 실제로 차후에 나타난 결과가 동일하다고 가정할 수 있었다. 그런데 핸드폰이 일반화되고 최근에는 스마트폰의 열풍이 거세어 가정집 전화번호로 하는 조사는 더 이상 신뢰를 얻기 힘들어졌다. 이런 비판이 잦아들자 가정집 전화와 스마트폰을 혼용하는 방식이 도입되어 여론조사에 활용되고 있다.

확률표본 방법들은 실제로는 모집단의 특성에 따라 혼용되어 사용한다. 전국적으로 표본추출을 하기 위해서 전국의 시・군 지역에서 일정 수를 단순 임의 추출한 다음 그 지역의 행정단위 군집을 단순 임의 추출하고 다음에는 각 행정단위로부터 가구를 체계표본으로 추출하는 방법을 예로 들 수가 있다. 이런 추출법을 통상적으로 다단계-군집 표본추출법(Multi-Stage Sampling)이라 한다. 갤럽과 같은 조사기관이 전국적인 조사에서 많이 쓰는 기법이다.

4) 비확률표본을 뽑는 방법들

비확률표본의 방법들은 다양하다. 그러나 이 방법들은 표본의 결과를 모집단의 결과에 추론을 하지 못한다는 치명적인 단점이 있다. 비확률표본 방법들은 앞에서 설명했던 네 가지 방법 이외에 모집단에서 표본을 뽑는 거의 모든 방법들이다.

가장 많이 쓰이는 방법이 편의표본(Convenience Sample)이다. 아무에게나 물어보는 것이다. 길거리에 있는 사람들이나 자기가 아는 사람에게 물어보는 방법이다.

"다음의 대통령 후보로 누가 나올까요?" 이 질문은 아무에게나 물어보아도 거의 비슷한 결과가 나올 것이다. 대통령 후보로 나올 정도면 유명한 정치가들이어야 한다. 다선의 국회의원, 도지사나 광역시장 출신, 그리고 국무총리나 장관을 한 사람들 중에서 나올 것으로 예상된다. 이것은 대한민국의 성인 남녀 천 명을 아무렇게나 뽑아서 물어보아도 결과가 거의 비슷하다. 편의표본으로 해도 별 문제가 없다.

그러나 "다음의 대통령 후보들 중에서 누가 당선될까요?"라는 질문은 편의표본으로 하지 않는다. 이것은 확률표본으로 물어보아야 한다.

판단추출법(Judgment Sample)은 조사자가 주관적인 지식과 경험에 의해 모집단을 가장 잘 대표한다고 여기는 표본을 주관적으로 선정하는 방법이다. 교육과학기술부의 수능담당 부서에서 우리나라 전체 학생들의 평균 성적을 알아보기 위해서 전체 학생들의 성적을 대표한다고 생각되는 몇 학교를 나름대로 선택했다면 이것이 바로 판단표본이 된다.

할당추출법(Quota Sampling)은 조사목적과 밀접하게 관련되어 있는 조사 대상자의 연령이나 성별과 같은 변수값에 따라서 모집단을 부분집단으로 구분하고, 모집단의 부분집단별 구성비율과 표본의 부분집단별 구성비율이 유사하도록 표본을 선정하는 방법이다. 가령 어느 병원의 서비스 만족도를 조사하고자 한다면 기존의 자료에 의거하여 환자 연령별, 과별, 성별 비율을 알아본 다음 그 비율에 따라 표본을 연령별, 과별, 성별로 할당하는 방법이다. 일단 각 속성별로 표본의 크기가 정해지고 나면 조사원은 정해진 크기대로 표본을 선정하는데 동일한 속성 내에서 누구를 표본으로 선택할 것이냐는 전적으로 조사원이 결정하도록 하는 방법이다. 할당추출은 비용이 적게 들고 손쉽기 때문에 단기간에 조사해야 하는 경우에 맞다. 하지만 경우에 따라 심각한 오차가 발생할 수도 있다.

눈덩이 추출법(Snowball Sample)은 접근이 곤란한 특정 집단에 대한 조사에서 사용되는 방법이다. 먼저 해당 집단에 속하는 것으로 사전에 알고 있는 사람들을 대상으로 사람들을 소개받아서 조사를 진행한다. 이와 같은 소개과정을 통하여 표본이 눈덩이처럼 점점 커지게 된다. 예를 들어, 오토바이 폭주족들의 의식을 조사하거나 우리나라 외국인 근로자를 대상으로 기업체에 대한 인식을 조사하는 경우라면 모집단 리스트의 작성이 쉽지 않아 눈덩이 추출법을 이용하면 비교적 쉽게 응답자를 찾을 수 있다.

5 표본의 현실적 추출방법

앞에서 설명한 이론적인 표본추출방법 중에서 현실적으로 가장 많이 쓰이는 것은 편의표본이다. 편의표본이 많이 쓰이는 이유는 확률표본을 써서 뽑는 것이 비용과 시간, 그리고 노력 면에서 상당한 노력이 소요되기 때문이다. 국가에서 시행하는 통계조사, 공직자를 뽑는 선거조사, 국가의 큰 정책에 영향을 주는 여론조사를 할 때는 당연히 확률표본추출방법을 사용한다. 그러나 그 이외의 조사 대부분은 편의표본을 쓴다.

통계학을 처음 공부하는 사람들은 이상하게 생각하는 경우가 많다. 통계학이란 모집단을 대변할 수 있는 표본을 뽑아서 그 표본의 통계량들을 가지고서 모집단의 통계량을 추정해서 결론을 내리는 활동이다. 그러면 모집단에서 잘못 뽑혀진 표본의 결과는 모집단의 특성을 잘 반영하지 못할 것이 아닌가 하는 의문이다.

이러한 의문은 타당하다. 그런데 통계학의 논리는 모집단의 특성과 별 상관없이도

표본을 어느 정도 뽑으면 모집단의 특성이 반영된다고 한다. 가장 핵심적인 개념은 대수의 법칙(Law of Large Numbers)이다. 대수의 법칙이란 모집단에서 비교적 많은 표본을 뽑으면 표본특성은 모집단의 특성에 근접해 간다는 논리이다.

또 다른 논리는 통계학이란 "차이가 없느냐 혹은 있느냐?"라는 차이분석과 "관계가 없느냐 혹은 있느냐?"라는 관계분석이 핵심이다. 남자와 여자의 키 차이가 없느냐 혹은 있느냐라는 큰 것을 분석할 때는 세세한 사항은 별로 영향을 안 줄 수도 있다는 것이다. 대한민국의 성인 남자의 모집단에서 표본을 뽑고, 대한민국의 성인 여자의 모집단에서 표본을 뽑아서 남녀 간의 키가 차이가 없느냐 혹은 있느냐를 편의표본으로 뽑은 몇 백 개의 표본으로 해도 크게 문제가 되지 않는다는 것이다. 물론 세세한 것들은 차이가 날 수도 있지만, 우리는 통계를 그렇게 작은 차원에서 분석하는 것이 아니라 큰 규모로 차이분석과 관계분석을 수행한다는 것이다.

현실적으로 모집단의 목록을 구하기 어렵고, 쉽게 조사가 가능한 편의표본을 사용하는 경우가 매우 많다. 대학이나 연구소의 거의 모든 조사는 편의표본을 쓰고 있다. 단, 표본의 정확도가 아주 민감한 조사의 경우(대통령선거, 국책방향선거)에는 확률표본 방법을 써야 한다.

6 표본을 통한 모수의 추정

모수(Parameter)란 모집단의 특성치(통계량)를 의미한다. "우리나라에서 65세 이상 되신 어르신들이 느끼는 애국심은 5점 만점에 몇 점이나 될까?" 어르신들 수백만 명의 애국심을 알려고 한다면, 실제로 범위를 정한 수백만 명 이상의 분들이 생각하고 있는 애국심 총점수의 평균이 모수이다.

모집단을 전수조사하지 않고, 표본 천 개 정도 뽑아서 어떻게 알 수 있는가? 모수는 모집단 전체를 조사하지 않고서는 영원히 알 수가 없다. 아니 다 해도 알 수가 없다. 비용과 시간의 문제도 그렇지만 오차 때문이다. 어르신 중 한 분이 자신의 애국심에 대해 거짓말을 했다고 하면 다 조사한들 정확한 값이겠는가? 그렇다면 무슨 작업이 필요할까? 천 명의 표본에서 뽑은 결과를 가지고 모집단의 평균이 포함될 확률을 구하는 것이다. 예를 들어, 이 정도 범위 안에 모집단의 모수가 포함될 확률이 95%가 될 것이다라는 추측이다. 정확한 의미는 똑같은 조사를 100번 했을 때 95번 정도는 이 범위 안에 포함된다는 것이다.

앞에서 통계학의 두 가지 목적이 있다고 설명했다. 하나는 기술적 통계학이고, 다른 하나는 추론적 통계학이다. 기술적 통계학은 천 명에게서 계산한 평균이 5점 만점에 4.2라는 것이고, 추론적 통계학은 모수가 3.8에서 4.6 사이에 포함될 확률이 95% 정도 된다는 것이다. 그것은 통계적인 오차와 크게 관련이 있다.

1) 표본오차와 비표본오차

통계적으로 오차(Error)란 무엇인가? 오차란 진실한 값(True Value)과 잘못 측정된 실제 값(Actual Value)의 차이이다. 진실한 값은 영원히 모르지만 진실한 값과 비슷한지(비교적 좋은 결과) 혹은 진실한 값과 아주 어긋나는지(비교적 나쁜 결과)를 이론적으로는 어느 정도 파악이 가능하다. 통계적인 오차에는 계산 가능한 표본오차(Sample Error)와 계산이 불가능한 비표본오차(Nonsample Error)가 있다.

오차는 작으면 작을수록 좋다.

표본오차란 표본을 선출하는 것과 관련되어 나타나는 오차를 의미하고 확률표본으로 뽑을 때만 계산 가능하다. 또한 표본오차는 표본의 크기가 작으면 커지고, 표본의 크기가 커지면 줄어든다.

비표본오차(Nonsample Error)란 표본을 뽑는 방식과 상관없이 나타나는 오차이다. 예를 들어보자. 우리들은 소득과 교육에 매우 민감하다. “귀하의 가구당 소득은 얼마입니까?” 하면 실제보다 더 높여서 대답할 가능성이 많다. “귀하의 최종학력은 무엇입니까?” 하고 물어보면 제대로 답할지 의문이다. 또 응답자의 의견을 물어볼 때 제대로 답했는데도 잘못 기입하는 경우도 있다. 이것은 표본을 확률적으로 추출하였느냐, 아니냐와 별 상관없이 나타난다.

비표본오차는 응답자의 의도적인 왜곡, 조사원의 무심한 태도, 무응답에 대한 조작적인 기입 등과 관련되어 있다. 비표본오차는 표본의 크기가 작으면 적고, 표본의 크기가 크면 커진다. 천 명의 표본에서 뽑은 결과는 수백만 명에게 물어보는 것보다 당연히 표본오차는 크나, 반대로 비표본오차는 천 명에게서 물어보는 것보다 수백만 명에게 물어볼 때 더 커질 수가 있다. 따라서 모집단 전체를 다 조사한다고 해서 표본보다 더 우월한 결과(진실에 더 가까운 결과)를 얻는다는 보장이 없다.

2) 표본결과와 모수추정

표본에서 뽑은 결과가 조사를 하기 전에도 알 수 없고, 표본을 뽑은 후에도 알 수 없는 영원한 미지수인 모수를 정확하게 맞춘다는 것은 신이 아닌 이상 불가능하다. 표본의 결과를 확신하고 또 확신한다고 해도 그것이 찾고자 하는 모수를 모르는데 어떻게 할 것인가?

그래서 생긴 개념이 그러면 표본의 결과가 모르는 모수를 포함하면 되지 않는가이다. 모수가 무엇인지는 모르지만, 모수를 포함할 수 있는 유력한(확률이 높은) 구간을 만든다면 "아하, 조사가 어느 정도 잘 되었구나!"라는 감각을 가질 수 있을 것이다. 그러나 표본의 결과가 모수를 포함하고 있을 확률이 상당히 낮다면 결과를 신뢰하기 힘들어질 것이다.

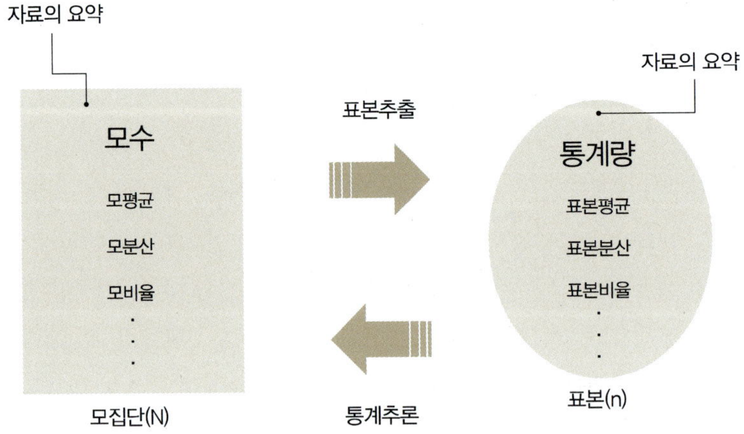

▌그림 3-3▐ 표본추출과 통계추론 도해

통계학의 추론절차는 크게 두 가지로 분류한다. 통계적 추론(Statistical Inference)과 가설검정(Hypothesis Testing)이다. 통계적 추론이 추정을 하는 것이고, 가설검정은 추론의 결과가 맞는 것인지를 검증하는 것이다. 이와 같은 절차들을 거쳐서 앞으로 표본의 결과가 모집단의 결과와 동일한지 아닌지를 검증해 볼 수 있다.

7 현실 속의 모집단과 표본

문화체육관광부에서 우리나라 국민들의 생활방식, 여가 수요와 관련한 특성, 실태 등의 파악을 위해 실시하는 국민여가활동조사의 표본추출방법이다.

모집단은 인구주택총조사에서 파악된 일반조사구 중 기숙시설 등 특수한 시설을 제외한 모든 가구의 만 15세 이상 가구원으로 한다. 먼저 권역별·지역별로 층화하여 33개 층으로 설정하였다. 여가를 지내는 패턴이 다를 것이라 예상되어 층화를 고려한 것이다. 약 3,000명의 표본크기를 결정한 다음, 33개 층별로 비례배분을 실시하여 진행하였다. 비례배분은 전체 표본 수를 정했으면, 많은 곳에서 그 비율만큼 많이 추출하고 적은 곳에서 적게 추출하는 방법이다. 다음은 그 조사결과의 일부이다.

2010년 국민의 여가시간은 평일 4시간, 휴일 7시간이며, 전체 국민의 절반 이상(50.3%)이 여가시간이 부족하다고 응답하였다.
2010년 15세 이상 우리나라 국민들의 하루 평균 여가시간은 평일 4시간, 휴일 7시간으로, 2008년의 평일 3시간, 휴일 6.5시간보다 평일 여가시간이 1시간, 휴일 여가시간이 0.5시간 증가하였다. 현재의 여가시간이 충분한지의 질문에 대하여 여가시간이 부족하다(32.9%)와 매우 부족하다(11.1%)의 비율은 50.3%로 나타나 전체 국민의 절반 이상이 여가시간이 부족함을 나타냈다.
여가생활을 위해 지출하는 월평균 여가비용은 16만 8천 원이며, 국민의 66%가 여가비용이 부족하다고 생각하였다.
2010년 국민이 여가생활을 위해 지출하는 한 달 평균 여가비용은 16만 8천 원 정도로서, 2008년의 월평균 여가비용 13만 9천 원보다 2만 9천 원 정도가 증가하였으나, 희망하는 월평균 여가비용 26만 6천 원에 비해서는 10만 원가량 낮은 것으로 나타났다. 현재의 월평균 여가비용에 대해 부족하다(56.8%)와 매우 부족하다(9.2%)의 비율이 66.0%로 나타났다.
주된 여가활동으로는 TV 시청, 신문·잡지 보기, 목욕, 낮잠, 산책 등과 같은 '휴식'을 취한다는 비율이 36.2%로 가장 높게 나타났다. 그러나 희망하는 여가활동으로는 '관광'이 36.2%로 가장 높게 나타났다.
출처: 문화체육관광부.

그림 3-4 국민여가생활조사의 결과 일부

또 하나의 예를 들어보자. 통계청은 우리나라의 초・중・고교 학생들이 받고 있는 사교육의 비용, 참여율, 유형 등을 파악하여 사교육비 경감 및 공교육 내실화 등을 위한 교육정책 추진에 활용하려고 '사교육비 조사'를 시행하고 있다. 이 조사의 표본규모 및 표본추출 방법은 다음과 같다.

1) 표본규모: 전국 초・중・고교 1,081개 학교의 학부모 약 46,000명
2) 추출방법: 시도별 및 학교급별로 층화한 후,
   ① 학급 수를 크기 척도로 표본학교를 확률비례 계통 추출
   ② 표본학교 내 각 학년별로 표본학급을 랜덤 추출
   ③ 표본학급 내 모든 학생의 학부모를 조사한다.

이처럼, 현실에서는 다양한 확률표본 추출 방법이 혼용(층화, 확률비례, 랜덤, 체계 등)되어 사용된다.

연 | 습 | 문 | 제 <<<

1. 표본조사가 전수조사에 비하여 어떤 장점이 있는지 다섯 가지 정도를 생각해 보라.

2. 실제 표본조사의 사례를 찾아보고 표본을 어떻게 추출하였는지 기술해 보라.

3. 여론조사기관의 최근 발표 사례를 스크랩하고 표본을 몇 개나 추출하였는지 제시해 보라.

4. 확률추출법의 장단점에 대하여 설명하라.

5. 표본크기와 표본오차의 관계에 대하여 설명하라.

Chapter 4

Statistics Mentor

분 포

Chapter

4 분포

Statistics Mentor

A 집단에는 (9, 9, 9, 10, 11, 11, 11)이 있고, B 집단에는 (8, 10, 10, 10, 10, 11, 11)의 자료가 각각 있다고 가정해 보자. 두 집단 모두 일곱 개의 자료로 구성되어 있고, 평균이 10이고 표준편차가 1이다. 그래프로 그려보면 [그림 4-1]과 같다.

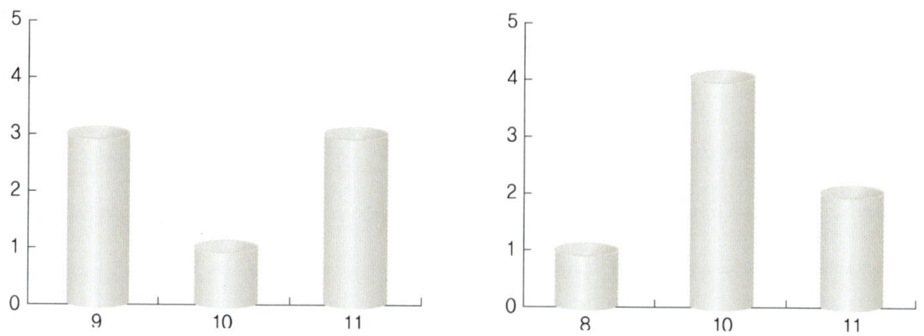

그림 4-1 두 집단의 분포

평균과 분산이 동일한 두 집단의 자료라도 분포는 다를 수 있다. 자료의 명확한 분석을 위해서는 평균과 표준편차뿐만 아니라 분포를 이해할 필요가 있고, 또 자료의 분포를 알아야 합리적인 예측이 가능하다.

1 확률분포의 개념

확률분포(Probability Distribution)란 확률을 나타내는 분포를 의미한다. 확률(Probability)이란 우리가 어떤 사상이 일어날 가능성에 대해서 주관적으로 부여하는 숫자이다. 확률은 0에서부터 1까지로 구성되어 있다. 확률이 0이란 것은 "그러한 일은 이 지구상에서는 절대로 일어나지 않을 것이다."를 의미한다. "한국에서 태어난 내가 미국 대통령이 될 확률은 0이다."라는 말은 맞다. 이유는 미국법에는 미국 영토 내에서 태어나서 미국 국적을 가진 사람만이 미국 대통령에 출마할 수가 있다고 한다. 그러한 일은 안 일어난다는 것이다.

반대로 확률이 1이란 것은 그 일은 확실히 된다는 것이다. "우리는 언젠가는 죽을 것이다." 이 말은 확률이 1이다. 인류 역사상 지구에서 태어난 모든 사람들은 자신의 수명(주로 100세 이하, 아무리 오래 살아도 150세 이하)이 다하면 언젠가는 저 세상으로 가는 것이다. 취약계층이나 교수나 정치인이나 유명한 소설가도 전부 사망할 확률이 1이다.

확률이 0인 경우와 확률이 1인 경우는 이 세상에 별로 없다. 나머지의 경우는 거의 모두가 0과 1 사이이다. 확률이 0에 가까우면 우리는 그 일이 거의 발생하지 않을 것이라고 믿고, 확률이 1에 가까우면 그 일이 상당히 발생할 것이라고 믿는다.

우리의 인생사에서 나타나는 거의 모든 현상이 확률영역에 속한다. 그래서 불확실한 세상이라고 말을 하는가 보다. 대학 졸업 후에 원하는 직장에 취직하는 것, 좋은 배우자를 만나는 것, 행복한 생활을 하는 것과 같이 거의 모두 확률의 영역에 속한다. 물론 본인의 노력 여하에 따라 확률이 높거나 낮을 수 있을 것이다.

분포(Distribution)란 자료 값들을 그림으로 표현한 형태이다. 표본을 뽑아서 표본에서 관측된 값들을 그림으로 그린 것을 산점도(Scatter Plot)라고 부른다. 읽힌 점들을 찍어서 표시한 것이다. 이러한 것이 분포를 형성한다.

2 확률분포의 종류

확률분포는 확률을 나타내는 분포의 형태를 의미한다. 분포에다가 확률을 부여한 것이다. 통계학에서 확률은 확률분포에 근거해서 계산을 하게 된다. 통계적 추정과 가설검정이 모두 확률분포에 의해서 진행되고 또한 차이분석과 관계분석도 확률분포에 의해서 수행된다. 확률분포에서 주로 살펴보는 사항은 형태, 평균, 분산 등이다.

두 가지 형태의 분포가 있는데 하나는 이산분포(Discrete Distribution)이고, 다른 하나는 연속분포(Continuous Distribution)이다. 이산분포란 떨어져 있는 숫자들을 의미하는데, 예를 들면, 한 개의 동전을 던질 때 앞면이 나올 확률이 0.5이고, 뒷면이 나올 확률 또한 0.5이다. 앞면과 뒷면 이외에 어떤 경우도 존재하지 않고 두 가지 경우를 확률로 표현할 수 있다. 이와 같이 경우와 확률을 나열한 것이 이산분포이다. 대표적으로 이항분포가 있다.

연속분포란 이어진 선으로 나타나는 것으로서 어떠한 일이 발생할 확률이 곡선 밑의 면적으로 나타나는 형태이다. 확률분포는 면적을 적분하면 1이 되는데 확률은 구간의 면적으로 표현된다. 예를 들어, 어느 집단의 평균 키가 160cm에서 180cm가 될 확률은 0.83이라고 표현되는 것이다. 가장 많이 쓰이는 연속분포는 정규분포이다.

1) 이항분포

모든 가능한 결과가 두 가지이고 이 실험이 반복되는 경우(베르누이 시행이라고 함)를 생각해 보자. 공장에서 우량품과 불량품을 구별하는 것, 유권자에게 후보에 대한 찬성과 반대를 물어보는 것 등을 예로 들 수 있다. 여러 번 반복되어 불량품의 개수나 찬성하는 사람 수 등 성공 횟수의 분포를 이항분포라고 한다.

성공확률이 p인 베르누이 시행을 n번 독립적으로 반복 시행할 때 성공의 횟수 X가 x일 확률은 다음과 같다.

$$P(X=x)=\binom{n}{x}p^{x}(1-p)^{n-x},\ x=0,\ 1,\ 2,\ \cdots,\ n$$

이항분포의 평균(기대값)은 $E(X)=np$이고 분산은 $Var(X)=np(1-p)$이다. 실제로 사용할 때는 n이 큰 경우이므로 계산이 힘들어져서 정규분포로 근사하여 계산한다. 간단한 예제를 살펴보기로 한다.

예제 4-1

어느 자동차 회사의 영업사원이 고객을 만나 자동차를 팔 확률이 20%라고 한다. 10명의 고객을 만날 예정인데 세 사람이 자동차를 살 확률은 얼마인가?

(풀이) 팔거나 혹은 못 팔거나 둘 중의 하나가 결과로 출현하고 이를 열 번 반복하니 이항분포를 고려할 수 있다. $P(X=3)=\binom{10}{3}0.2^3(1-0.2)^7$을 계산하면 0.2013이다. 여기서, $10C_3=\frac{10!}{3!7!}$로 계산한다. 참고로 $3!=3\times2\times1$이다.

예제 4-2

선다형 문제가 10문제 있다. 한 문제는 네 가지 답 중 하나가 옳은 답이라고 한다. 짐작으로 답할 때 네 개가 정답일 확률은?

(풀이) 정확히 네 개만 정답이어야 하므로 정답일 확률 0.25를 고려하여 이항분포를 생각해 보자. $P(X=4)=\binom{10}{4}0.25^4(1-0.25)^6=0.146$이다. 여기서 $10C_4=\frac{10!}{4!6!}$로 계산한다.

예제 4-3

어떤 야구팀이 경기에서 이길 확률이 2/3이다. 이 팀이 네 경기를 할 때 두 번 이상 이길 확률은?

(풀이) 전체 확률 1에서 한 번도 못이길 경우와 한 번만 이길 경우를 계산하여 빼주면 이 팀이 두 번 이상 이길 확률을 계산할 수 있다. 한 번도 못 이기는 경우는 $P(X=0)=\binom{4}{0}\left(\frac{2}{3}\right)^0\left(\frac{1}{3}\right)^4$이고 한 번만 이길 확률은 $P(X=1)=\binom{4}{1}\left(\frac{2}{3}\right)^1\left(\frac{1}{3}\right)^3$이다.

정답은 $1-(\left(\frac{1}{3}\right)^4+4\times\frac{2}{3}\times\left(\frac{1}{3}\right)^3)$ 이고 약 0.1로 계산할 수 있다.

2) 정규분포

정규분포(Normal Distribution)는 확률분포 중에서 가장 대표적이면서 거의 모든 현상을 표현한다고 할 수 있다. 예를 들어, 키, 몸무게, IQ 등은 정규분포를 가정할 수 있는 자료이다. 하지만 모든 자료가 정규분포를 따르는 것은 아니며, 정규분포를 따르지 않는다고 해서 이상한 것은 아니다. 정규분포 역시 하나의 확률분포일 뿐이다.

정규분포는 좌우 대칭이고 봉우리가 하나이며 종 모양의 밀도곡선이다. 모든 정규분포는 전체적으로 같은 형태를 갖고 있다. 특정 정규분포에 대한 정확한 밀도함수는 평균(μ)과 표준편차(σ)에 의해 결정된다. 평균은 좌우 대칭 곡선의 중앙에 위치하며 중앙값과 같다. 표준편차를 고정하고 평균을 변화시키면 전체적인 형태의 변화없이 위치만 변한다. 표준편차는 정규분포함수의 산포를 조절한다. 오른쪽 끝은 플러스 무한대를 향하고, 왼쪽 끝은 마이너스 무한대를 향한다.

정규분포 밀도함수를 살펴보면 중앙에 있는 평균으로부터 양방향으로 갈수록 처음에는 점점 가파르게 내려가다가 다시 점점 완만하게 내려감을 알 수 있다. 이렇게 곡선의 변화가 발생하는 변곡점들은 평균으로부터 표준편차의 거리만큼 양쪽으로 떨어져 위치한다. 생각해 보라. 보통(평균에 가까운) 사람들이 많고 특이한(평균에서 멀리 떨어진) 사람이 적은 구조가 많이 쓰이지 않겠는가?

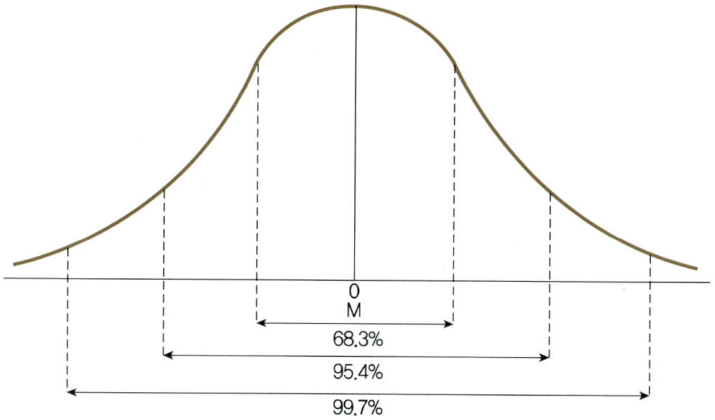

▌그림 4-2▌ 정규분포의 68, 95, 99 법칙

정규분포는 평균을 중심으로 양쪽으로 표준편차의 약 여섯 배 정도 이내에 99.7% 정도가 포함되고 있다고 규정한다. 다시 말해서, 관측치의 대부분이 포함된다는 것이다. 주의할 것은 좌우 대칭이고 종 모양을 취하는 밀도함수라고 해서 모두 정규분포는 아니라는 점이다. 정규분포 밀도함수는 특별한 식으로 정확하게 표현된다. 즉, 어떤 점 x 에서 밀도함수의 높이는 다음과 같이 주어진다.

$$f(x)=\frac{1}{\sigma\sqrt{2\pi}}e^{-\frac{1}{2}(\frac{x-\mu}{\sigma})^2},\quad -\infty < x < \infty$$

곡선에 대한 함수식이 전적으로 평균(μ)과 표준편차(σ)에 의해 명확히 결정된다는 것을 알 수 있다.

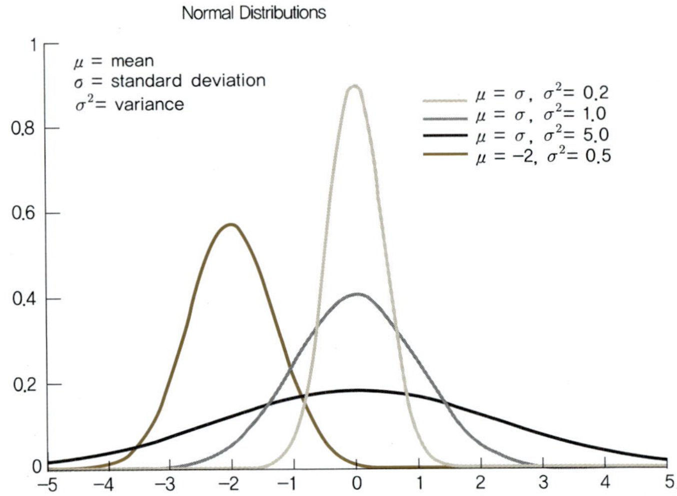

▌그림 4–3▌ 평균과 표준편차에 따른 정규분포

특히 평균이 0이고 표준편차가 1인 경우를 표준정규분포라 한다. 우리가 궁극적으로 필요한 것은 이것 하나뿐이다. 그리고 이러한 표준정규분포를 따르는 확률변수를 특히 Z라 하면, 임의의 평균과 표준편차를 가지는 정규분포 확률변수 X와 확률변수 Z와는 다음과 같은 관계가 성립한다.

$$Z=\frac{X-\mu}{\sigma}$$

어떤 평균 및 표준편차를 가진 정규분포라 하더라도 표준화하면 평균이 0이고 표준편차가 1이 된다. 표준화는 각기 다른 평균과 표준편차를 가지고 있는 확률변수를 하나의 확률변수로 계산 가능하도록 만들어 준다. 대학수학능력시험에서 각 과목의 난이도와 위치를 알기 위한 표준화 점수의 사용은 중요한 예가 될 수 있다.

예제 4-4

어떤 학생이 국어 점수는 75점을 맞고, 수학 점수는 80점이었다. 국어의 학급평균은 60점, 표준편차는 10점이고, 수학의 학급평균은 90점, 표준편차가 5점이었다. 이 학생은 어느 과목을 더 잘했는가?

(풀이) 국어의 표준화점수 $= \frac{75-60}{10} = 1.5$, 수학의 표준화점수 $= \frac{80-95}{5} = -2$이다. 따라서 표준화점수가 높은 국어 점수를 더 잘 맞았다고 판단할 수 있다.

예제 4-5

통계학개론 시험점수가 정규분포를 이루고 평균이 80점, 표준편차가 10점이라고 하면, 어떤 학생이 70점에서 90점 사이에 있을 확률은 얼마인가?

(풀이) 평균이 80, 표준편차가 10이므로 $\frac{70-80}{10} < Z < \frac{90-80}{10}$을 계산하면 Z는 −1에서 1사이가 된다. [그림 4-4]를 참조하면 $P(-1 < Z < 1)$는 약 68.3%이다. 만일 Z가 −2에서 2사이로 계산이 되었다면 약 95.4%이다. 95%가 되려면 −1.96에서 1.96 사이에서의 면적이다.

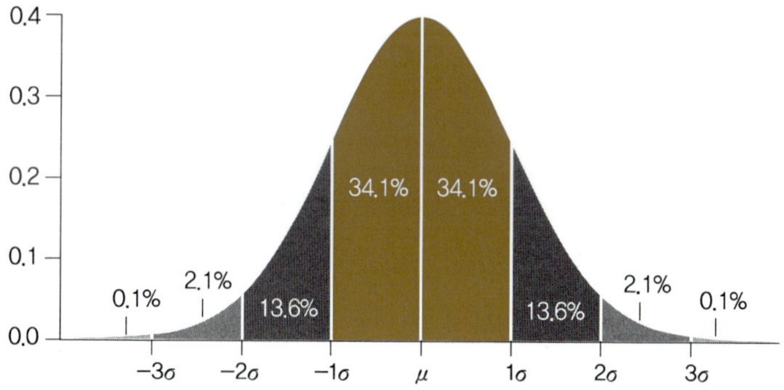

[그림 4-4] 정규분포의 구간별 면적

예제 4-6

평균수익이 정규분포를 따른다고 가정하면, 어떤 기업의 1년 평균수익이 500만 원이고 표준편차가 20만 원이라고 하자. 평균수익이 520만 원이 넘을 확률은?

(풀이) $P(Z > \frac{520-500}{20})$을 계산하면 $P(Z > 1)$이 되어 $0.5-0.3413=0.1587$로 계산이 가능하다. 왜냐하면 대칭인 오른쪽 부분이 0.5라는 사실을 알고 Z=1인 오른쪽 면적이 0.3413이라는 것을 정규분포표에서 찾을 수 있기 때문이다. 연속분포에서는 한 점에서의 확률은 0이기 때문에 등호는 고려하지 않아도 된다. 즉, 부등호에 =이 있든지 없든지 확률 계산이 동일하다는 의미이다.

3) 기타의 분포들

통계학의 수많은 확률분포 중에서 연속분포가 거의 대부분이다. 연속분포의 대표가 정규분포로서 이 세상에서 발생하는 거의 모든 일들의 확률분포이다. 연속분포가 압도적인 데 비해서 이산분포는 별로 없다. 이산분포의 대표는 앞에서 설명한 이항분포와 포아송분포(주로 대기행렬이론에서 사용됨)이다.

연속분포에는 정규분포 이외에도 F분포와 t분포가 있다. F분포와 t분포는 정규분포와 연관되면서 통계적 연산에 직접적으로 관련이 된다. 이외에도 지수분포(주로 수명분포에 사용됨), 감마분포(PERT/CPM에서 사용됨) 등이 있다.

3 정규분포가 아닌 경우에도 정규분포의 논리가 사용 가능한 이유

이 세상의 모든 분포가 정규분포는 아니다. 그런데 통계학의 거의 모든 이론들은 정규분포를 근거로 해서 개발되었다. 그러면 만약 모집단이 정규분포가 아닌데도 정규분포의 이론들을 활용할 수 있는가? 평균을 추론한다면 얼마든지 가능하다. 비율, 총합, 분산도 평균의 응용이므로 마찬가지 이야기가 된다. 비율은 1과 0으로 구성하여 평균을 계산하면 비율이 되므로 평균 추론이라고 할 수 있고, 총합도 평균에 자료 수를 곱하면 되므로 역시 평균의 함수이다. 분산 역시 제곱합의 평균이라고 생각할 수 있다.

중심극한정리(Central Limit Theorem)는 통계학에서 정규분포에 근거한 추정과 검정을 할 수 있게 해주는 중요한 통계학적 이론이다. 모집단의 분포는 다양할 수가 있는데(다시 말해서, 정규분포가 아닐 수도) 표본을 여러 번 추출하여 각각 평균을 계산하면, 그 표본평균의 분포는 정규분포를 따른다는 것이다. 또한 비록 표본을 한 번 뽑더라도 추출된 표본수가 어느 정도만 넘으면 정규분포를 사용할 수 있다. 그렇다면 표본숫자가 얼마가 되어야 하는가는 논란이 있을 수 있으나, 보통은 30개 이상 정도만 되어도 표본평균은 정규분포에 근사한다.

그러나 반드시 이러한 기준을 적용할 필요는 없다. 만약 모집단의 분포가 정규분포에서 매우 이탈된 모양을 하고 있다면(쌍봉 모양을 한다든지 대칭이 아니고 기울어져 있는 경우), 표본평균의 분포가 정규분포를 하기 위해서는 표본의 크기가 30보다 훨씬 커야 한다. 반대로 모집단이 대칭형의 분포를 가지고 있다면 n이 30이 안 되더라도 정규분포에 매우 근사한 분포를 하고 있을 것이다. 물론 모집단의 분포가 정규분포라면 중심극한정리에 의존하지 않더라도 표본평균의 표본추출분포는 n의 크기에 상관없이 무조건 정규분포이다.

> 중심극한정리: 평균이 μ이고 표준편차가 σ인 분포를 가지고 있는 모집단에서 표본추출된 표본의 표본평균 $\overline{X}$의 표본추출분포는 표본의 크기 n이 충분히 크다면($n \geq 30$) 평균이 μ이고 표준편차가 $\sigma/\sqrt{n}$인 정규분포로 근사시킬 수 있다.

A 대학에서는 학생들의 쾌적한 수업을 위해서 학교 내 의자를 체중과 체형에 맞게 개조하려고 한다. 그들은 우선 모든 학생들의 평균 체중(μ)을 추정해 보기로 하였다. 모든 학생의 체중을 일일이 측정하는 것은 어려움이 있어 단순임의추출에 의해 100명의 체중을 관측한 결과, 표본평균 $\overline{x}=65$(kg)와 표본표준편차 $s=10$(kg)을 얻었다. 즉 표본평균 $\overline{x}=65$(kg)은 모평균 μ의 추정치이다.

동일한 모집단에서 표본을 독립적으로 반복해서 추출하여 표본평균 $\overline{X}$의 도수분포를 얻을 수 있는데 이를 통계량 $\overline{X}$의 표본분포라 한다. 이 표본분포로부터 $\overline{X}$의 확률적 형태를 알 수 있다.

학생 모집단의 평균체중 μ가 64kg이라고 가정하자. 그리고 이 모집단으로부터 단순랜덤 표본을 독립적으로 반복 추출하여 표본평균 $\overline{X}$의 표본분포를 얻었다고 하자. 이 분포는 근사적으로 평균이 64kg이고 표준편차가 1kg인 정규분포의 형태를 가진다. 즉, 크기 100인 단순랜덤표본으로부터 구한 표본평균 $\overline{X}$가 63과 65 사이의 값(표본분포의 1표준편차 이내)일 확률이 68.4%이고, 62와 66 사이의 값(표본분포의 2표준편차 이내)일 확률이 95.4%, 그리고 61과 67 사이의 값(표본분포의 3표준편차 이내)일 확률이 99.7%이다.

표본평균 $\overline{X}$가 모평균 μ로부터 2kg 이내에 있을 확률이 95.4%라는 것은 표본을 반복해서 추출할 때 반복추출 횟수 중 95.4%는 모평균 μ로부터 2kg 이내에서 표본평균 $\overline{X}$가 그 값을 가진다는 의미이다. 따라서, 표본평균 $\overline{x}=65$로부터 2표준편차만큼 떨어진 두 값을 계산하면

$$65-(2)(1)=63, \quad 65+(2)(1)=67$$

이다. μ는 모르는 값이긴 하지만 63과 67 사이의 값일 가능성이 높다고 하겠다. 그러나 μ는 고정된 상수이므로, μ가 63과 67 사이에 있을 확률이 95.4%라고 할 수는 없다. 실제로는 μ가 65와 67 사이에 있든지 그렇지 않든지 둘 중의 하나이다.

통계량으로부터 계산되는 구간이 모수를 포함할 확률은 표본을 무한히 반복해서 추출할 때 모수를 포함하는 구간의 상대도수로 해석하는 것이 일반적이다. 즉, 1회의 표본추출로부터 얻어진 모수에 관한 구간에 확률적 의미를 부여할 수는 없지만, 가령 100회의 표본추출로부터 얻어진 100개 구간의 일정비율은 모수를 실제로 포함할 것이고, 이 비율의 극한값을 이 구간이 모수를 포함할 확률로 정의할 수 있다. 이러한 구간을 신뢰구간(Confidence Interval)이라고 하고, 이러한 구간이 모수를 포함할 확률을 신뢰수준(Confidence Level)이라고 한다. 신뢰구간 중에서 어떤 것들은 모수를 포함하나, 어떤 것들은 모수를 포함하지 않는다. 만약 표본추출을 계속함으로써 이러한 신뢰구간을 더욱 많이 구해보면 모수를 포함하는 구간의 상대도수의 극한값은 95.4%가 될 것이다.

예제 4-7

X를 기댓값 E(X)와 분산 Var(X)를 가지는 확률변수라고 하면 표본평균의 분산은 어떻게 되는가?

(풀이) 표본평균의 분산(Var($\overline{X}$))은 Var(X)/n이 된다. 만일 표본평균의 표준편차를 구하려면 제곱근을 씌워주면 될 것이다.

예제 4-8

모평균이 100, 모표준편차가 20인 어느 무한 모집단에서 크기 100인 단순임의표본을 얻었다. 이때 표본평균의 평균($E(\overline{X})$)과 표본평균의 표준편차($\sqrt{Var(\overline{X})}$)는 얼마인가?

(풀이) $E(\overline{X})$는 모집단의 평균과 일치하므로 100이다. Var($\overline{X}$)는 [예제 4-7]에서 보았듯이 Var(X)/n이 되어 400/100이 되어 4가 된다. 여기에 제곱근을 해주면 표준편차가 되므로 2가 답이다. 표본평균의 표준편차를 표준오차라고 부른다. 20/10으로 바로 계산해도 쉽다.

예제 4-9

통계조사 시 한 가구조사에 소요되는 시간을 측정하기 위하여 64가구를 임의 추출하여 조사한 결과 평균 소요시간이 30분, 표준편차는 8분이었다. 전체 가구를 조사하는데 소요되는 평균시간에 대한 표준편차를 구하라.

(풀이) $8/\sqrt{64}=1$이 답이다.

예제 4-10

위의 예제에서 모표준편차는 8분이라고 가정하고, 평균 소요시간이 33분 이상일 확률을 구하라.

(풀이) $P(Z > \frac{33-30}{8/\sqrt{64}})$을 계산하면 $P(Z>3)=0.015$이다. 약 1.5%라고 답한다.

예제 4-11

위의 예제에서 평균시간에 대한 95% 신뢰구간을 구하라. 단 $Z_{0.025}=1.96$이다.

(풀이) $30 \pm 1.96 \times 8/\sqrt{64}$을 계산한다. (28.04, 31.96)이 95% 신뢰구간이다.

4 정규분포의 현실적인 응용방법

환경성과지수(Environmental Performance Index)는 각국의 환경개선 정도를 계량화한 지수로 국가별 환경개선 노력을 평가하는 지표이다. 미국 예일대·컬럼비아대학에서 처음 발표하고, 현재는 세계경제포럼(WEF)에서 발표하고 있다.

산정 방식은 10개 범주의 25개 평가항목을 두고, 각 항목별로 가중치를 부여한다. 항목별 목표의 달성수준을 100점 만점으로 환산해서 표준정규분포를 사용하여 각 국가별 상대값을 산정한다. 예를 들어, 온실가스 배출량이라고 하면 100점 만점으로 하여 국가별로 나열한 다음, 표준화를 통하여 순서를 정한다. 이를 종합하여 국가별 순위를 측정하게 된다. 참고로 우리나라는 2010년에 163개국 중 94위를 기록한 바 있다. 변화된 순위 등 자세한 사항은 e-나라지표(http://www.index.go.kr)의 환경성과지수를 참조하기로 한다.

100점 만점의 점수를 놓아두고, 굳이 표준정규분포로 환산하는 이유는 무엇일까? 항목별로 난이도가 다르기 때문에 이를 보정해 주는 것이다. 예를 들어, 온실가스 배출량을 줄이는 작업이 매우 어렵고 환경개선사업을 하는 것은 쉽다고 하면, 이들의 난이도를 조절하여 상대적으로 비교가 가능하도록 한 것이다. 수학능력시험의 표준화 점수도 같은 예이다.

정규분포가 유용한 또 하나의 현실적 사례는 이항분포는 조건을 만족하면 정규분포로 계산할 수 있다는 점이다. 이항분포에서 시행 횟수 n이 커지면 확률을 계산하는 과정이 매우 복잡하여 평균과 분산을 구하기가 어렵다. 이러한 경우 n이 충분히 크고, p가 0에 가까우면 포아송 분포(Poisson distribution)를 이용하여 그 근사값을 계산할 수 있다. 그러나 p의 값에 관계없이 n이 충분히 커지면 이항분포는 연속형 분포인 정규분포로 근사하게 된다. 즉, 이항분포는 n이 클 때 평균이 np이고, 분산이 npq인 정규분포에 가까워진다.

연 | 습 | 문 | 제 <<<

1. 한 농구선수의 자유투 성공률은 지난 시즌에 80%로 집계되었다. 이 선수가 중요 경기에서 12번의 자유투 중 5번을 실수했다. 이 결과를 이항분포에 비추어 설명하라.

2. 신생아가 남아일 확률은 P=0.52라고 가정하자. 한 종합병원에서 1,290명이 출산했을 때, 남아인 신생아 수를 확률변수 x로 하고 이항분포를 따른다고 하면 평균 남자 신생아 수와 표준편차를 구하라.

3. 우리나라 국민의 80%가 "현재의 경제 상황이 어렵다."에 동의한다고 한다. 만일 유권자 100명을 선택하여 경제상황이 어렵다고 생각하는 비율을 $\hat{p}$ 라 하자.
   1) $\hat{p}$ 의 분포는 어떻게 되는가?
   2) $\hat{p}$ 이 90%가 넘을 확률을 구하라.

4. Z가 표준정규분포를 따를 때 다음의 확률을 구하라.
   1) $P(Z < 1.96)$
   2) $P(-1.96 < Z < 1.96)$
   3) $P(Z > 1.96)$

5. 확률변수 X가 평균이 70, 표준편차가 10인 정규분포를 따를 때 다음의 확률을 구하라.
   1) $P(X < 94.3)$
   2) $P(X > 57.7)$
   3) $P(57.7 < X < 94.3)$

6. 한 회사의 기계 수명이 평균이 110, 표준편차가 10인 정규분포를 따를 때 다음의 확률을 구하라.
   1) 기계의 수명이 90일 미만일 확률은?
   2) 기계의 수명이 110일에서 115일 미만일 확률은?
   3) 기계의 수명이 120시간이 넘을 확률은?

연 | 습 | 문 | 제 <<<

7. 통계학 시험결과 평균이 63점, 분산이 100인 정규분포를 따른다고 한다.

1) 50점 미만의 학생은 몇 %인가?
2) 상위 10% 학생에게 A학점을 준다면 몇 점이 넘어야 A학점을 받을 수 있겠는가?

8. 대학교재의 20%가 30,000원 이상이라고 한다. 그리고 모든 대학교재 가격의 표준편차가 4,000원이라고 알려져 있다. 모든 대학교재의 가격이 정규분포를 따른다고 가정하면 모든 대학교재의 평균은 얼마인가?

9. Z를 표준정규분포 확률변수라 하자. 다음의 확률을 구하라.

1) $P(-1.5 \leqq Z \leqq 1.5)$
2) $P(0 < Z \leqq 1.96)$
3) $P(-\infty < Z < 1.5)$
4) $P(-1.53 < Z < -0.50)$
5) $P(-2.15 < Z < 1.67)$
6) $P(2.5 < Z < \infty)$
7) $P(0 < Z < z) = 0.45$가 되는 z값은?

10. 확률변수 X가 정규분포를 따르고 평균이 20, 분산이 16이라고 하면 다음 확률을 계산하라.

1) $P(9.5 < X < 18)$
2) $P(X < 6)$
3) $P(14 < X < 32)$
4) $P(X < 10)$

11. 어느 투수의 투구 속도는 평균이 138km/h이고 표준편차가 5km/h라고 한다. 투구 속도의 분포가 정규분포를 따른다고 가정하고, 어느 순간 던진 투구의 속도가 다음과 같이 될 확률을 계산하라.

1) 128km/h 미만
2) 145km/h 이상
3) 140km/h에서 145km/h 사이

연 | 습 | 문 | 제 <<<

4) 이 투수의 최고 투구속도는 얼마인가? (1% 미만의 투구를 고려하라.)

12. 어느 대기업에서 근무하는 직원들의 평균임금은 2,500천 원이고 표준편차는 700천 원이다. 이 기업에서 임의로 선택한 n명 직원의 평균임금에 대한 표준편차(표준오차)를 계산하라.

1) $n=30$

2) $n=75$

3) $n=300$

4) n값이 증가함에 따라 표준오차의 값은 감소하는가, 증가하는가?

13. 200g짜리 어떤 과자는 실제로 평균이 195g이고 표준편차가 3g인 정규분포를 따른다고 한다. 이 과자 25봉지를 선택하여 무게를 달았을 때 평균이 정해진 무게보다 1% 더 작게 될 확률을 계산하라.

14. 최근 들어 전세값이 폭등하고 있다. 어느 지역에서 33평형 아파트의 전세가격의 분포는 평균이 2억이고 표준편차가 1,500만 원인 오른쪽으로 치우쳐진 분포를 따른다고 가정하자. 이 지역에서 33평형 아파트 100가구를 선택하고 조사하여 평균 전세값을 $\overline{X}$라 한다면 표본평균 $\overline{X}$가 전체 평균가격에서 500만 원 이내의 차이가 있을 확률을 계산하라.

15. 우리나라 도시가계 평균소득(월)은 2,900천 원이다. 도시가계 소득의 표준편차가 500천 원이라 가정하자. 도시에서 임의로 400가구를 조사하여 월소득의 평균을 $\overline{X}$라 하면 $\overline{X}$의 평균과 그것의 표준편차(표준오차)를 구하라.

Chapter 5

Statistics Mentor

통계적 추정

Chapter

5 통계적 추정

Statistics Mentor

1 통계적 추정의 의의와 목적, 중요성

인류의 역사는 인간의 본질이나 현상 등에 관련된 의문에서 출발하여 열정 또는 호기심으로 해답을 끊임없이 추구해 온 연혁이라 할 수 있다. 경제나 사회 등 많이 알고 싶은 여러 현상에 대하여 관련된 정보나 자료를 토대로 우리가 알고자 하는 바를 추론하게 된다. 조금 더 통계적으로 말하면, 관심 모집단으로부터 표본을 추출하고 이정보를 이용하여 모집단에 대한 추측이나 결론을 내리는 과정이 필요한데 이를 통계적 추정이라고 한다. 경험적 관측값(표본)에 근거하여 결론(모집단의 특성)을 유도하는 과정으로 성격상 귀납적 방법을 사용한다.

통계적 추정(Statistical Inference)은 통계적으로 관심이 있는 대상에 대해서 의미가 있는 추론을 하는 것이다. 모집단에서 표본을 추출해 통계량을 계산하면 그 통계량의 값이 실제로 모집단의 정확한 수치를 대변하는지를 판단하기가 쉽지 않다. 그 이유는 통계적 추정량이 가지는 한계 때문이다.

모집단에서 표본을 추출할 수 있는 방법들은 여러 가지가 있다. 또한 그중에서 실제로 뽑히는 표본도 다양하다. 서로 상이한 표본들에서 나타나는 수치들이 전부 다 다르다. 그 다른 것들 중에서 어떤 것을 믿을 수 없고, 어떤 것을 신뢰할 수 있는지를 구분하는 것은 상당히 어렵다.

통계학은 통계량에 관한 일반적인 원칙들을 나타내는 이론들의 집합이다. 하나의 논리적인 틀 안에서 다양한 이론들이 서로 얽히면서 통계학을 활용하는 사람들에게 통찰력을 제공하는 학문이다.

통계적 추정에 관해서는 상당히 일반화된 원칙들이 있다. 이 원칙들을 하나씩 따라가게 되면 그 결과에 대해서 충분한 신뢰를 할 수가 있다.

2 점추정과 구간추정

1) 점추정의 의미와 치명적인 한계

추정에는 두 가지 방식이 있다. 하나는 점추정(Point Estimation)이고, 다른 하나는 구간추정(Interval Estimation)이다. 점추정은 하나의 값으로서 추정하는 방법이다. 이 방법은 현실적으로 믿기가 힘들다.

예를 들어 우리나라 전체 대학생들의 애국심을 측정해 보고자 한다. 리커트 5점 척도로 대학생들이 국가에 대한 사랑이 어떤지를 알아보려는 것이다.

휴학생을 포함해서 전국의 대학생들은 어림잡아 400만 명 정도에 달한다고 한다. 그들 중에서 4,000명을 뽑았다. 보통은 1,000명 정도만 뽑아도 되는데, 이번에는 비용이 충분해서 4,000명을 뽑았다고 하자. 그들에게 5점 척도(1점: 애국심이 완전히 없다, 2점: 애국심이 거의 없다. 3점: 애국심이 약간 있다, 4점: 애국심이 상당히 있다, 5점: 애국심이 완전히 있다)로 애국심을 물어보았다.

4,000명의 대답의 평균을 내어보니까 3.75가 나왔다. 그러면 우리는 대략 400만 명 정도의 모집단의 애국심도 실제로 3.75라고 믿을 수 있을까?

문제는 모집단의 실제 수치를 모른다는 사실이다. 모집단의 정확한 수치를 알 수만 있다면(어떤 방법을 사용하더라도) 하나의 점으로 추정한 3.75라는 수치에 대한 어느 정도의 신뢰성을 부여할 수가 있을 것이다. 그러나 실제로는 모르고, 그 모집단의 수치가 점으로 나타난다는 것에 대한 확신을 가질 수가 없다. 따라서 점추정치는 불안한 추정값이다.

2) 구간추정의 의미와 활용하는 중요한 이유들

구간추정이란 구간으로서 모집단의 정확한 수치를 추측해 보는 것이다. 구간의 최소치와 최대치가 만드는 범위가 있다. 범위가 넓으면 구간추정의 결과를 상당히 믿을 수 있을 것이다. 예를 들어서, 앞의 표본평균이 3.75일 때 구간추청의 최소치를 2.5라고 하고, 구간추정의 최대치를 5라고 하면 아마 상당한 신뢰를 가질 수 있을 것이다. 대한민국 국적의 대학생이 애국심이 전혀 없거나 아주 낮은 경우는 거의 없을 것이라고 보고, 적어도 절반 이상만 된다면 설정한 구간 내에 실제의 모집단의 모수가 포함될 것이라고 주관적으로 확신할 수 있다.

그러나 구간추정에서 넓은 범위란 상대적으로 신뢰성이 떨어지는 것이다. 좁게 잡아서 그 안에 모수가 들어간다면 상당히 신뢰를 할 수가 있는데, 넓게 들어간다면 믿기가 힘들다. 구간추정에서 정확성도 중요하지만 신뢰도도 중요한 것이다. 생각해 보라. 초등학생 6학년 여학생의 키를 추측하는데 60cm에서 200cm 사이라고 예측한다면 예측이 필요하겠는가?

구간추정이 점추정보다 더 우월하다는 것은 어느 정도 인정된 사실이다. 이유는 직관적으로 명확하다. 하나의 점으로서 추정을 하는 것보다는 넓은 구간으로 추정을 하는 것이 훨씬 더 모수를 포함할 가능성이 높다. 이유는 구간은 점의 복합체이기 때문이다.

3) 믿을 수 있는 추정량의 조건들

추정을 하는 개념, 기법, 방식을 추정량(Estimator)이라고 부른다. 좋은 추정량이 되기 위해서는 보통 다음의 세 가지 조건들(불편성, 효율성, 일치성)이 있어야 한다. 불편성(Unbiasedness)이란 표본분포의 평균이 모수의 실제 값과 같다는 것이다.

예를 들어서, 현재 네 명의 학생들로 모집단이 구성되어 있는데 그들의 키가 다음과 같다고 하자.

164, 172, 180, 170

위 네 명의 학생의 평균(다시 말해서, 모집단 네 명의 평균)은 171.5이다. 이중에서 두 명씩의 표본을 비복원 방식으로 추출한다면 모든 가능한 경우와 이들의 평균은 다음과 같다.

표 5-1 가능한 표본에서의 평균

표본	평균
(164, 172)	168
(164, 180)	172
(164, 170)	167
(172, 180)	176
(172, 170)	171
(180, 170)	175

그리고 이 여섯 개의 표본 평균을 가지고 평균을 구하면 171.5이다.

모집단의 평균이 171.5이고, 모집단에서 두 개씩을 뽑아서 집단을 여섯 개로 만들고 그 여섯 개 집단에서 평균을 내면 모집단의 평균과 동일한 171.5다. 모든 사례에서 동일한 결과를 얻을 수 있다. 모든 가능한 경우의 표본평균의 평균은 모집단의 평균과 동일하다는 것이 불편성의 한 예이다. 따라서 평균은 불편성을 만족하는 좋은 추정량이다.

효율성(Efficiency)이란 불편성을 가지고 있는 추정량 중에서 분산이 작은 추정량을 의미한다. 분산이 작다는 것은 상대적으로 흩어져 있는 정도가 적다는 것이다. 원래 분산이란 각 자료에서 평균을 뺀 것의 곱을 전부 합해서 표본의 숫자로 나눈 것이다. 따라서 효율성이란 불편추정량 중에서 폭이 가장 적은 추정량을 의미한다. 폭이 좁으므로 비교적 신뢰도가 높다고 할 수 있다.

일치성(Consistency)이란 표본의 크기가 점점 커져서 모집단의 전체와 비슷해져 가면 표본추정량이 모수와 일치하게 된다는 것이다. 일반적으로는 이러한 경향을 거의 다 가진다. 모집단이 이상하게 왜곡되어 있지 않다면 모집단의 전체 구성요소에 비해서 표본의 숫자가 점점 더 커지면 모집단의 모수와 표본의 표본통계량이 일치하게 되는 경향이 있다. 평균은 일치추정량이다.

평균은 불편성, 효율성, 일치성을 모두 갖고 있는 좋은 추정량이다.

3 구간추정의 방식

구간추정이란 모집단에서 뽑은 표본을 계산한 값으로 모수를 추정하는 방법이다. 일단 표본의 통계량을 구하고 나서 그 통계량에다가 적절한 숫자를 더해서 구간을 정하는 것이다. 그러면 무슨 숫자를 더하는가?

1) 정규분포를 이용한 구간추정의 논리

정규분포는 모평균의 신뢰구간을 추정하는 경우에 모집단의 표준편차를 알고 있을 때 보통 많이 사용된다. 그러나 대부분의 경우에 우리가 모집단의 평균을 추정하는 상황이므로 모집단의 표준편차를 사전에 안다는 것은 사실상 힘들다. 모집단의 표준편차를 모르게 되면 보통 나중에 설명할 t 분포를 사용해야 한다. 그러나 표본의 숫자가 30개가 안될 경우에는 t 분포를 사용하는 것이 가장 적절하지만, 표본의 숫자가 늘어서 30개를 넘게 되면 t 분포는 정규분포를 닮아 간다고 알려져 있다. 보통 조사를 하면 표본이 수천 개에서 적어도 수백 개 혹은 대학에서도 보통 300개 정도가 보통인데 이렇게 되면 모표준편차를 몰라도 t 분포가 아니라, 정규분포를 써도 별 문제가 없다.

그러면 우리는 구체적으로 구간추정을 어떻게 하는가?

다음의 예를 들어서 설명해 보자. 우리나라에 약 1,700만 정도의 가구가 있다고 하는데(가구 수는 이혼, 분가, 해외이주 등으로 자주 변한다.) 그들 전체 모집단의 가구당 소득은 얼마인가? 설명한 대로 이것을 정확하게 아는 것은 거의 불가능하다.

또한 1,700만 가구 중에서 월급을 받는 직업을 가진 가구, 자영업 가구, 불로소득으로 영위하는 가구, 실업상태에 있는 가구, 정부보조금을 지원받는 가구 등 다양하게 나타날 것이다. 1,700만 가구 중에서 우리가 약 1,000가구를 뽑았다고 가정하고, 그 가구들의 월평균 가구소득을 계산했더니 370만 원이었다. 평균의 표준편차($\frac{s}{\sqrt{n}}$)는 30만 원이었다. 그러면 우리나라 전체 가구의 월평균 수입액은 얼마가 될 것인지를 구간추정 해보자.

소득이 정규분포를 따른다고 하자. 실제로는 따르지 않을 것이다. 왜냐하면 많이 버는 가구의 구조와 적게 버는 가구의 구조가 대칭이라고 보기 어렵기 때문이다. 그렇지만 정규분포를 따르지 않아도 표본이 많으니까 표본평균의 분포는 정규분포로 가정할 수 있다.

어떤 사람이 이렇게 질문할 수 있다. 정확도가 약 3분의 2정도(다시 말해서, 약 67퍼센트의 확률)로 실제 1,700만 가구의 모수가 들어갈 구간은 얼마 정도인가?

앞에서 보았듯이 평균에서 마이너스 1(표준편차 한 개)과 플러스 1(표준편차 한 개)로 된 구간은 다음과 같이 구할 수 있다.

$$370-1(30)=340, \quad 370+1(30)=400$$

대략 340만 원에서 400만 원 사이에 전체 모집단의 약 68.3% 정도가 포함될 것이다. 그런데 그 사람이 약 67%라고 했으니 아마 삼백사십 몇 만 원에서 삼백구십 몇 만 원 사이에 들어갈 것이다.

그러면 거의 확실하게 모수(월평균 소득액)가 포함될 구간을 구해 보라고 하면 어떻게 될 것인가? 앞에서 −3에서 +3의 표준편차 사이에 전체 모집단의 약 99.7%가 들어간다고 했다. 99.7%는 거의 모두다. 10,000개 중에서 9,970개가 들어가는 것이므로 전체와 거의 비슷하다. 그러면 우리는 어떻게 99.7%의 확률을 가진 구간을 구할 수 있는가?

그것은 왼쪽으로 평균에서 마이너스 3(표준편차 세 개만큼) 떨어진 곳에서부터 평균에서 플러스 3(표준편차 세 개만큼) 떨어진 곳까지의 구간이다.

앞에서 평균이 370이고, 표준편차는 30이었다.

$$370-3(30)=370-90=280, \quad 370+3(30)=370+90=460$$

1,700만 가구의 월평균 소득액은 대략 280만 원에서 460만 원 정도일 것이라고 99.7%는 확신할 수 있다.

수치적으로 설명하면 다음과 같다. 모평균이 μ인 모집단으로부터 단순확률표본 x_1, x_2, $\cdots$, x_n을 추출하였을 때 표본평균을 $\overline{X}$, 표본표준편차를 s라 하자. 만약 표본의 크기 n이 충분히 큰 경우($n \geq 30$)에 모평균 μ에 대한 신뢰수준이 95%인 신뢰구간은

$$\overline{X} \pm 1.96 \times s / \sqrt{n}$$

으로 주어진다. 일반적으로 신뢰수준이 변하면 그에 따른 신뢰구간도 달라진다. 예를 들어, 90% 신뢰수준하에서의 신뢰구간은

$$\overline{X} \pm 1.645 \times s / \sqrt{n}$$

이며, 99% 신뢰수준하에서는

$$\overline{X} \pm 2.58 \times s / \sqrt{n}$$

으로 주어진다.

여기서 신뢰수준을 높이면 그에 따른 신뢰구간의 길이가 넓어짐을 알 수 있다. 즉, 신뢰수준 95%에서의 신뢰구간의 길이는 $2 \times 1.96 \times s / \sqrt{n}$ 이다. 신뢰수준 99%에서는 그 길이가 $2 \times 2.58 \times s / \sqrt{n}$ 이다. 반대로 신뢰수준이 낮아지면 신뢰구간의 길이는 짧아진다. 신뢰구간의 길이가 짧을수록 추정하려는 모평균 μ에 대한 보다 정확한 추정을 얻게 되지만 그만큼 추정에 대한 확신의 정도(신뢰수준)는 낮아지는 손해를 감수해야 한다. 그렇다면 신뢰수준도 높이고 신뢰구간의 길이도 짧은 신뢰구간을 얻을 수는 없는가?

신뢰구간의 공식을 잘 살펴보면 표본의 크기 n을 크게 함으로써, 즉 더 많은 표본자료를 획득함으로써 두 가지 모두를 달성할 수 있음을 알 수 있다.

예제 5-1

49명의 평균연령이 $\overline{X}=36$이고, 표준편차가 $s=3$일 때 평균연령에 대한 90%의 신뢰구간은

$$\overline{X} \pm 1.645 \times s / \sqrt{n} = 36 \pm 1.645 \times 3 / \sqrt{49} = (35.3, 36.7)$$

로 계산된다. 여기서 만약에 신뢰수준을 90%에서 95%로 변화시킨다면 얻어진 신뢰구간은

$$36 \pm 1.96 \times \frac{3}{\sqrt{49}} = (35.16, 36.84)$$

이다. 따라서 위의 사실로부터 신뢰수준을 증가시키면 신뢰구간의 길이는 넓어지므로 추정값의 정밀도는 떨어진다. 결론적으로 고정된 표본의 크기에서 신뢰수준이 높아질수록 신뢰구간의 길이는 넓어진다.

2) 모집단의 표준편차를 모르는 경우에 평균에 대한 신뢰구간 추정

모집단의 평균을 모르면서 평균을 포함하는 신뢰구간을 추정하려고 한다. 이때 모집단의 표준편차는 당연히 알 수가 없다. 모집단의 표준편차를 모를 때에 표본표준편차를 이용하고, t 분포(t distribution)를 사용해서 모평균의 신뢰구간을 추정하는 것이 보통이다.

일반적으로 t 분포는 정규분포보다 작은 형태로서 평균이 0이고, 좌우 대칭이다. 자유도(Degree of Freedom)에 따라서 t 분포의 모양이 결정된다.

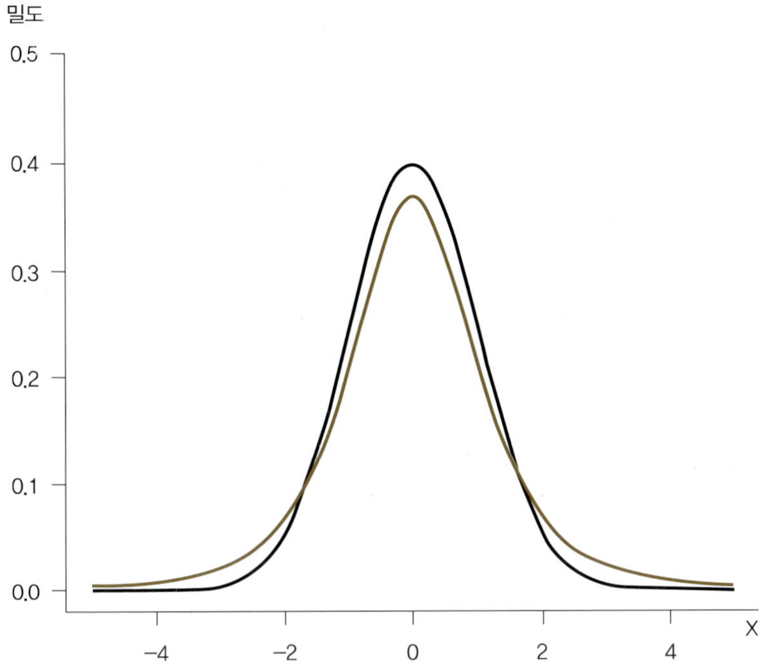

그림 5-1 정규분포(봉우리가 높은 분포)와 t 분포

보통 t 분포의 자유도는 n−1로 결정되는데 여기서 n이란 표본의 숫자를 의미한다. 표본숫자가 25이면 자유도는 25−1로 24가 된다. 여기서 자유도란 통계량을 구하는 계산 값들 중에서 자유로운 값을 의미한다. 예를 들어서, 세 개의 자료를 뽑았는데 그것들의 평균이 10이라고 한다. 그런데 두 개의 자료들의 값들이 12와 7이라는 것을 사전에 알고 있다고 하자. 그러면 마지막 값은 쉽게 알 수 있다.

10 곱하기 3해서 30인데 여기에서 현재 알고 있는 두 개의 값들인 12와 7을 빼면 남는 값은 저절로 11이 된다. 세 개의 자료가 있을 때 두 개의 값만 알면 나머지 한 개는 저절로 정해진다. 따라서 세 개가 있을 때 자유로운 값을 가지는 숫자는 두 개이다. 자유도가 2이다. 자유도는 그냥 앞에서 설명한 것처럼 표본수에서 한 개를 뺀 것으로 정의하면 t 분포에서는 아주 쉽게 이해가 된다.

통계학에서 t 분포는 표본이 보통 적을 때(대략 30개 이하일 때) 주로 쓰인다. 모집단의 표준편차를 모르고 있는 경우에라도 표본의 숫자가 늘어가면, t 분포는 정규분포를 닮아가게 되어 정규분포를 써도 값이 근사하게 된다.

3) 구간추정에 관련된 사례와 계산문제들

예제 5-2

100개의 표본, 표본평균은 16, 표본분산은 25일 때 95% 양측 신뢰구간은? 단, P(<Z> 1.96)=0.025이고 P(Z>1.645)=0.05이다.

(풀이) $16 \pm 1.96 \times \dfrac{5}{\sqrt{100}} = 16 \pm 0.98$이다. 양측구간을 구해야 하므로 1.96을 사용한다.

예제 5-3

한 택시회사에서는 고객이 전화를 한 뒤 요청한 곳에 택시가 도착하기까지의 소요시간을 100번 조사했다. 그 결과 표본평균은 13.3분이었고, 표준편차는 4.2분이었다. 소요시간이 정규분포를 따른다고 가정하고, 모평균에 대한 95% 양측 신뢰구간을 구하라. 단, P(Z>1.96)=0.025이고 P(Z>1.645)=0.05이다.

(풀이) $13.3 \pm 1.96 \times \dfrac{4.2}{\sqrt{100}} = 13.3 \pm 0.8232$이다.

예제 5-4

1,000개의 제품 중에서 400개를 임의로 추출하여 무게를 측정하였더니 평균은 25이고 표준편차는 4.99였다. 모평균의 95% 신뢰구간을 추정하면?

(풀이) $\overline{X} \pm 1.96 \times s/\sqrt{n}$ 을 이용하기로 한다. $25 \pm 1.96 \times 4.99/20$을 계산하면 24.5 < 모평균 < 25.5이다.

예제 5-5

정규모집단에서 임의로 15개의 표본을 추출하여 표본평균은 72, 표본표준편차는 3.2를 얻었다. 5% 유의수준에서 신뢰구간은? 단, 자유도가 14일 때 P(t>1.761)=0.05, P(t>2.145)=0.025이다. 또 P(Z>1.96)=0.025, P(Z>1.645)=0.05이다.

(풀이) 소표본이므로, t 분포를 이용하기로 한다. $72 \pm 2.145 \times \dfrac{3.2}{\sqrt{15}}$ 를 계산한다.

4 구간추정과 관련된 세 가지 관심사들

구간추정은 통계학에서 가설검정과 함께 상당히 중요한 개념이다. 모집단의 모수를 추정한다는 것은 아주 유쾌한 일이다. 실제는 알 수도 없는 모집단의 모수가 이러한 범위 내에 포함될 확률이 어느 정도라는 개념이다. 그러나 많은 학생들이 구간추정과 관련해서 의문을 가지는 것들이 있다. 그러한 의문들에 답을 해보면 다음과 같다.

1) 구간추정은 어떻게 하는가

구간추정은 통계학의 차이분석과 직결되는 개념이다. 앞에서 통계학에는 차이분석과 관계분석이라는 두 가지 중요한 목적들이 있다고 설명했다. 여기에서 차이분석이란 두 개 혹은 다수 집단 간의 평균이 차이가 나는지를 검토해서 결론을 내리는 것이다.

구간추정은 집단 간의 차이가 없는지 혹은 있는지를 검증하는 가장 중요한 도구이다. 예를 들어서, 두 개의 집단이 있다고 하자. 남녀 대학생들이 한 달에 스마트폰으로 정보검색을 몇 시간 하는지에 차이가 있는지를 보려고 한다. 전국의 대학교에서 남학생 500명과 여학생 400명을 표본으로 뽑았다. 남학생 숫자와 여학생 숫자가 다른 것은 별 문제가 되지 않는다. 왜냐하면 평균을 측정하는 것이므로 남학생 500명의 검색시간의 평균을 계산하고, 여학생 400명의 검색시간의 평균을 계산하면 평균은 표본숫자가 달라도 비교가 가능하다. 예를 들어서, 다음과 같은 결과가 나왔다고 하자.

남학생의 검색시간 평균은 17.6시간 평균의 표준편차는 0.4
여학생의 검색시간 평균은 14.3시간 평균의 표준편차는 0.3

앞에서 플러스 2표준편차에서 마이너스 2표준편차의 구간에 95.4%가 들어간다고 했다. 그러면 이번에도 95.4%의 확률에서 남학생의 검색시간의 모수를 포함하는 구간을 설정해 보면 다음과 같다.

17.6 − 2(0.4) = 17.6 − 0.8 = 16.6, 17.6 + 2(0.4) = 17.6 +0.8 − 18.4

남학생 모집단의 평균검색시간의 구간은 16.6에서 18.4라고 간주할 수 있다. 여학생도 같은 확률수준(95.4%)으로 검색시간의 구간을 설정해 보면 다음과 같다.

14.3 − 2(0.3) = 14.3 − 0.6 = 13.7, 14.3 + 2(0.3) = 14.3 +0.6 = 14.8

여학생의 검색시간 구간은 13.7에서 14.8이다. 남학생과 여학생의 검색시간의 구간 추정된 결과는 다음과 같다.

남학생 모집단의 평균 검색시간의 구간은 16.6에서 18.4라고 간주할 수 있다.
여학생의 검색시간 구간은 13.7에서 14.8이다.

남학생의 검색구간 하단이 16.6이고, 여학생의 검색구간 상단이 14.8이다. 두 개의 구간은 겹치지 않는다. 우리는 무슨 결론을 내릴 수 있는가?

결론: 400만 명의 남녀 대학생 중에서 남학생 500명과 여학생 400명을 표본으로 추출해서 계산한 평균검색 시간에는 남녀 간에 차이가 있다. 남학생이 여학생보다 검색시간이 더 길다고 95.4%의 신뢰수준에서 이야기할 수 있다.

2) 표본을 어떻게 뽑느냐에 따라 구간추정의 결과는 달라지는가

모집단의 모수를 추정하려면 기본적으로는 확률표본추출을 하는 것이 바람직하다. 확률표본이란 앞에서 설명한 것처럼 모집단의 모든 구성요소들이 동일한 확률로 선발될 가능성을 가져야 한다는 것이다.

확률표본으로 뽑으면 물론 결과는 각각 다르게 나올 수 있다. 아니 실제로 다르게 나온다. 그러나 어떻게 결과가 나오든지 간에 각각의 구성요소들이 모두 동일하게 선발된 확률을 가졌으므로 이 결과를 통계적으로 신뢰하는 것이다.

예를 들어서, 전국의 대학생이 400만 명이라고 하자. 여기에서 4,000명을 뽑으려고 한다. 그러면 모든 대학생들이 뽑힐 확률이 얼마가 될까?

4,000/4,000,000이면 된다. 천분의 일의 확률로 모든 대학생들이 뽑힐 수가 있다면 이것은 확률표본 추출법에 해당한다. 이렇게 뽑힌 표본의 평균과 표준편차를 계산하면 앞에서 말한 것과 같은 절차를 거쳐서 구간추정을 할 수 있다.

그러면 만약에 확률표본으로 추출하지 않는다면 구간추정을 할 수가 없는가? 구간추정은 할 수 있다. 그리고 실제로는 통계를 사용하는 거의 모든 현장에서는 확률표본으로 추출하지 못하고 비확률표본방법으로 뽑는다. 그냥 편하게 추출한다고 편의표본추출(Convenience Sampling)이라고 부른다.

이렇게 뽑으면 구간추정을 못하는가? 할 수 있다.

그러면 이렇게 뽑아서도 앞에서 이야기한 것과 같은 95.4%의 신뢰수준으로 남녀 대학생 간의 검색시간 평균을 비교하라고 하면 할 수는 있는가? 할 수는 있을 것이다. 그러나 문제는 비확률표본으로 추출하면 어느 한 구석에서 나올 수가 있으므로 결과를 신뢰하기가 힘들다는 문제가 생긴다.

다시 말해서, 앞에서 남학생들은 거의 전부 검색을 오래하는 학생들 중에서 500명을 뽑고, 여학생들은 검색을 많이 하지 않는 학생들 중에서 400명을 뽑았다. 그래서 결론이 남녀 간의 차이가 있다라고 하면, 결과를 믿기가 힘들 수도 있다. 그러나 보통 믿는다고 하고 사용하고 있다.

3) 구간추정의 정확도와 오차는 어떻게 알 수 있는가

통계적으로 정확도와 오차는 거의 같은 개념이라고 볼 수 있다. 통계학은 확률을 다루는 개념이다. 완전히 그 일이 발생한다면 확률은 1이다. 그런데 표본을 추출하는 과정에서 오차가 있을 수 있고, 또한 표본과 상관없이 질문을 하고 그리고 질문을 명시하는 과정에서 오차가 생길 수 있다.

앞에서 이야기한 것처럼, 표본을 뽑는 과정과 관련해서 생긴 오차를 표본오차(Sampling Error)라고 부르고, 표본과 상관없이 질문하고 응답을 받아서 적고 하는 과정에서 생기는 오차를 비표본오차(Nonsampling Error)라고 부른다. 이 두 가지 오차는 통계에서 항상 나타난다.

오차가 낮으면 정확도가 높고, 오차가 높으면 정확도가 낮아야 한다. 왜냐하면 정확도란 완전히 확실한 것(1)에서 오차를 뺀 것으로 정의가 되기 때문이다.

정확도=1 – 오차

오차에는 표본오차와 비표본오차 두 가지가 있다. 따라서

정확도=1 – 표본오차 – 비표본오차

이다. 그런데 여기에서 문제가 생겼다. 표본오차는 통계적으로 어느 정도 계산이 가능한데, 비표본오차는 검증 자체가 어려운 경우가 대부분이므로 계산이 거의 불가능하다.

예를 들어서, 앞의 사례처럼 검색시간을 물어보려고 한다.

"귀하는 스마트폰으로 검색을 보통 한 달에 몇 시간 하십니까?" 이 질문과 비슷하게 물어보아야 한 달의 검색 평균이 나온다. 그런데 한 달에 내가 몇 시간 검색하는지를 적어 놓았는가? 검색 시작할 때 적고, 검색 끝나면 다시 적는가? 지하철에서, 학교에서, 야구장에서 수시로 검색을 한다면 과연 응답이 정확할까?

또한 "검색시간이라는 것이 스마트폰을 잡을 때부터를 포함하는지 아니면 순수하게 검색만 한 것을 말하는지, 혹은 중간에 잠깐 고개를 돌린 시간을 빼야 하는지?"

이와 같은 비표본오차는 수없이 많다. 통계학 전문가들이 이것을 사항별로 얼마나 비표본오차가 있을 것이라고 예측하는 것 자체가 무리다. 비표본오차는 제외하기로 한다.

4) 무엇이 남는가

정확도는 1에서 표본오차를 뺀 것이다. 표본오차란 무엇인가? 표본을 뽑는 과정에서 생기는 오차이다. 확률표본으로 뽑아도 오차가 생길 수 있는가? 물론 있다. 아무리 확률표본으로 뽑는다고 해도 신이 아닌 이상 약간의 문제가 생길 수 있다.

일단 비확률표본으로 뽑는 경우에는 표본오차가 얼마가 될지를 예측하기가 힘들다. 그래서 확률표본으로 뽑는 경우만 표본오차를 계산하려고 한다.

여기에서 알파(α, 유의수준, 주로 0.05)라는 개념이 생겼다. 아주 쉽게 이야기해서,

5%의 오차를 우리가 허용할 수 있다고 간주하는 것이다. 0.05라면 정확도는 얼마가 되는가? 1 – 0.05 = 0.95다. 쉽게 말해서 95%의 신뢰수준이라고 표현할 수 있다. 이것은 정확한 개념은 아니나 통계를 어렵게 생각하거나, 처음 배우는 사람들에게 이해를 빠르게 하려고 그렇게 표현한 것이다.

TV와 신문에서 "95%의 신뢰수준에서 결과는 얼마이다."라고 발표할 때가 그것이다. 5%는 혹시 틀릴 수도 있다는 것이다. 물론 통계는 정확성을 추구하므로 틀리는 것을 원하지 않는다. 그러나 실제로는 틀렸는지, 안 틀렸는지도 우리는 알 수가 없다. 왜? 모집단의 모수를 영원히 알 수가 없기 때문이다. 우리는 우리가 주관적으로 믿고 싶은 정도인 95% 정도에서 결과를 살펴보자는 것이다. 실제로는 같은 조사를 100번 정도 하면 95번은 이 구간에 포함된다는 뜻의 극한 개념을 가진다. 현실적으로 100번은 할 수도 없고 막상 하더라도 큰 의미는 없다.

5) 현실 속의 신뢰구간

여론조사에서의 지지율

여론을 완벽하게 알려면 모든 사람을 대상으로 설문조사를 하는 것이 최선이다. 그러나 실제로 모든 사람을 조사하기는 대단히 어려워서, 대개는 표본으로 몇 명에 대해 조사한 다음 전체의 결과로 추정하는 것이 보통이다. 이 역시 정규분포를 이용한 추정과 같은 방식으로 이루어진다. 어떤 여론조사에서 1,000명 가운데 200명이 후보 A를 지지했다고 하자. 이때, 이 후보의 지지율이 정확히 20%라고 할 수 있을까? 실제 지지율은 거의 1%이면서 용케도 후보 A를 지지하는 사람을 긁어모아 20%라는 비율이 나올 수도 있고, 반대로 실제 지지율은 거의 99%인데도 후보 A를 지지하지 않는 사람 위주로 악의적으로 조사 대상을 선정했을 가능성도 없지는 않다. 그러나 이런 여론조사는 전혀 무의미하므로, 불특정 다수를 선정하여 조사를 진행하게 된다. 이 경우 20%라는 지지율은 실제로는 18% 정도인데 우연히도 후보 A의 지지자가 조금 더 선정되어 나온 결과일 수도 있고, 실제 지지율은 21%인데 우연히도 후보 A의 반대자가 조금 더 선정되어 나온 결과일 수도 있다.

이렇게 실제와 다른 결과가 우연히 일어날 확률을 구할 수 있다면, 후보의 실제 지지율을 짐작하는 데에 큰 도움이 될 것이고, 이를 바탕으로 선거 전략을 수정할 수도 있다. 후보 A에 대한 실제 지지율을 p라 하면, 이것은 전체 유권자에 대한 지지자의 비율이 p라는 뜻이다. 이제 관점을 바꾸어, 모든 사람이 후보 A를 비율 p만큼 지지하고 있다고 하자. 이렇게 생각하면, 앞의 1,000명에 대한 여론조사는 후보 A가 p만큼의 비율로 나오는 동전 1,000개를 던지는 것과 마찬가지로 생각할 수 있다. 즉, 일어날 확률이 p인 사건을 1,000번 시행하는 이항분포이다. n이 충분하므로 정규분포로 근사하여 평균이 1,000×p이고 표준편차가 $\sqrt{1{,}000\times p\times(1-p)}$가 된다. 실제 지지율이 p이므로 여론조사에서는 대략 1,000×p명이 후보 A를 지지할 것이다. 그러나 점추정치는 정확히 맞춘다고 보기 어려워, 대신에 구간을 정하면 확률이 훨씬 높아 보일 것이다. 1,000명 중 몇 명이 지지할지에 관련하여 신뢰도 95%인 구간을 생각해 보면, 다음과 같다.

$$1{,}000\times p \pm 1.96\times\sqrt{1{,}000\times p\times(1-p)}$$

이제 이 식을 p에 대하여 풀면, 여론조사의 결과로부터 실제 지지하는 사람이 어느 정도인지를 95% 신뢰수준에서 추정한 것이 된다. 그 결과는 다음과 같다.

$$0.2 \ \pm\ 1.96\times\sqrt{\frac{0.2\times0.8}{1{,}000}} = 0.2 \ \pm\ 0.0248$$

여론조사의 결과인 20%와 비교하면 ±2.48%p 정도의 오차가 있는 셈이다. 바꿔 말하면, 실제 지지율과 여론조사의 결과인 20%의 차이가 2.48%보다 더 클 확률이 5% (신뢰수준은 95%) 정도라는 뜻이다.

사람에 따라서는 5%의 확률은 별 것 아니라고 생각할 수도 있고, 반면 어떤 사람은 얼마든지 일어날 수 있는 확률이라고 생각하는 사람도 있다. 그에 따라 공약도 바뀌고, 선거 전략도 바뀌고, 심지어 후보가 바뀌기도 한다. 합리적인 것은 표본조사의 절차와 방법이 과학적인 경우에 5%에 집착하기보다 95%에 집중하여 신뢰하는 것이다.

표본추출의 아이디어

신뢰수준과 모표준편차가 주어지고, μ의 신뢰구간 추정치의 최대오차(E)가 미리 주어지면, 이 최대오차에 해당되는 표본의 크기 n은

$$n = \frac{z^2\sigma^2}{E^2}$$

이다. 왜냐하면 신뢰수준 95%에서 신뢰구간은 $\overline{X} \pm 1.96 \times \sigma/\sqrt{n}$ 으로 주어지고, 표본오차에 해당하는 $1.96\times \sigma/\sqrt{n}$ 을 E라 한다면 n에 대해서 정리할 수 있기 때문이다. 만약 모표준편차 σ를 모를 때는, 임의로 정한 크기의 예비 표본을 추출하여 표본표준편차(s)를 구한다. 위 공식에서 σ 대신에 s를 사용하여 표본의 크기 n 을 결정한다.

어느 대학교 신입생의 평균체중 μ에 대한 95% 신뢰구간 추정치의 최대오차를 1Kg으로 하려고 한다. s=4.256이라고 가정하고 표본의 크기를 구한다. 추정치의 최대오차 E는 1이고, 또한 95% 신뢰수준에 대한 z 값은 1.96이다. 따라서 최대오차에 해당되는 표본의 크기는

$$n = \frac{z^2 s^2}{E^2} = \frac{(1.96^2)(4.256^2)}{1^2} = 69.585 \approx 70$$

이다. 그러므로 필요한 표본의 크기는 70명이다. 신뢰구간을 활용하여 표본의 크기를 결정하는 것은 일반화된 방법이다.

▌표 5-2▌ 비율을 추정하여 발표하는 경우의 표본크기와 최대허용 표본오차

표본의 크기	최대허용 표본오차(%)
100	9.8
300	5.7
500	4.4
1,000	3.1
1,500	2.5
2,000	2.2
4,000	1.5

연 | 습 | 문 | 제 <<<

1. 어느 회사 제품의 평균 무게를 추정하기 위하여 49개의 제품을 임의로 추출하여 조사한 결과 평균이 6,200g이고 표준편차가 140g이었다. 이 제품의 평균 무게에 대한 95.4% 신뢰구간은 얼마인가? (신뢰계수는 2라고 가정하라)

2. 어떤 도시의 유권자 중 400명을 임의로 추출하여 여론조사를 하였다. 찬성은 240명이었고 나머지는 모두 반대하였다. 찬성자 비율을 95.4% 신뢰구간으로 추정하면? (신뢰계수는 2라고 가정하라)

3. 어떤 공장에서 생산된 나사못을 랜덤으로 49개 추출하여 길이를 측정한 결과 평균이 21이었다. 표준편차가 2라고 가정하면 나사못의 평균 길이의 99% 신뢰구간을 구하라.

4. 모표준편차 $\sigma = 16$인 모집단으로부터 100개 표본을 추출하여 얻은 표본평균은 $\overline{X} = 143$이다.

1) μ의 99% 신뢰구간을 구하라.
2) μ의 95% 신뢰구간을 구하라.
3) μ의 90% 신뢰구간을 구하라.
4) 위에서 구한 신뢰구간의 폭이 신뢰수준이 감소함에 따라 감소하는가? 이유를 설명하라.

5. 모표준편차 $\sigma = 6$인 모집단으로부터 표본을 추출하여 얻은 표본평균 $\overline{X} = 78$이다.

1) 표본의 크기를 n=36이라 가정할 때, μ의 95% 신뢰구간을 구하라.
2) 표본의 크기를 n=81이라 가정할 때, μ의 95% 신뢰구간을 구하라.
3) 표본의 크기를 n=100이라 가정할 때, μ의 95% 신뢰구간을 구하라.
4) 위에서 구한 신뢰구간의 폭이 표본의 크기가 증가함에 따라 감소하는가? 이유를 설명하라.

연 | 습 | 문 | 제 <<<

6. 다음 자료는 어떤 도시에 거주하는 자가용 운전자 40명을 임의로 뽑아 1년간 달린 주행거리를 조사한 결과이다. (단위: 1,000Km)

17	22	13	15	19	16	22	14	27	20	26	14	25	20	21
16	20	14	20	21	22	23	23	30	22	19	14	20	18	15
18	12	23	17	17	27	24	24	25	22					

1) 이 도시에 거주하는 자가용 운전자의 1년간 달린 평균 주행거리의 90% 신뢰구간을 구하라.
2) 이 도시에 거주하는 자가용 운전자의 1년간 달린 평균 주행거리의 99% 신뢰구간을 구하라.

7. 다음은 어느 대학교 신입생 중에서 랜덤 추출한 15명을 대상으로 최대 폐활량을 조사한 결과이다. 단 이 대학교 신입생들의 최대 폐활량은 정규분포를 따른다고 가정한다.

132	133	191	108	167	169	154	203	190	133	196	130	187	163

1) 이 대학교 신입생의 최대 폐활량 평균의 95% 신뢰구간을 구하라.
2) 앞에서 최대 폐활량 평균에 대한 추정치의 최대오차는 무엇인가?

Chapter 6

Statistics Mentor

가설검정

Chapter

6 가설검정

Statistics Mentor

통계의 위력은 가장 기본적인 자료를 빠짐없이 확인하고 기록하는 데서 시작된다. 50년 이상 속옷시장 선두자리를 지켜온 일본의 W사. 품질로도 판매량으로도 일본시장 최고의 자리를 지켜오고 있다. 우주복 소재였던 와이어, 형상기억 소재를 최초로 속옷에 응용하는가 하면, 소비자들의 호응을 이끌어 낼 수 있는 제품을 가장 앞서 발견해 내며 시장점유율을 확장해 왔다. 무려 40여 년 전부터 사람의 신체를 측정하고, 변화를 연구하는 기관을 설립해 운영한 것이 성공의 비결이었다. 소비자의 요구와 시장변화에 가장 앞서 대응하기 위한 전략으로 이곳에서 세밀하게 측정된 기초 자료를 바탕으로 새로운 제품이 개발된다.

매년 집단으로 계측을 실시하고, 지금도 반드시 사람의 손으로 직접 측정한다. 연구소 설립 초기엔 손과 줄자로 재는 게 유일한 측정법이었다. 그런 가운데도 무려 158곳에 이르는 신체 부위를 정확하게 측정했고 컴퓨터 측정이 가능해진 현재에는 3만 5천 명에 대한 자료가 쌓였다. 40여 년간 진행된 기초자료 측정과정을 통해 새로운 사실을 발견했다. 18~20세 사이, 그 다음 24세~26세 그리고 마지막 36~38세 이 세 번의 나이에서 사람의 몸이 크게 변화한다는 사실을 알 수 있었다고 한다. 여성의 신체에 대한 정밀한 관찰로 각 세대에 걸쳐 가장 평균적인 몸의 형태를 찾아낼 수 있었던 것이다. 이렇게 얻어진 세대별 평균 체형은 각 세대에게 가장 적합한 제품을 개발하는 기초 자료로 활용되고 있다(세상을 움직이는 숫자의 과학, KBS, 2009).

1 가설검정의 개념과 중요성

1) 가설검정이란 무엇인가

통계학에서 추정과 검정은 두 개의 가장 중요한 절차라고 할 수 있다. 앞장에서 설명한 통계적 추정과 6장에서 설명할 가설검정이 현실에서 우리가 알고 싶어 하는 것이 맞는지를 확인하는 가장 핵심적인 방법론이다.

앞장의 통계적 추정은 모수를 찾는 과정이라고 표현할 수 있다. 우리나라에서 마을버스를 타는 사람들의 평균 승차시간이 얼마인가를 알아보려고, 표본을 뽑아서 모집단 평균이 포함될 것으로 예측되는 구간을 설정하는 것이 통계적 추정이다.

가설검정이란 모수에 대해서 특정한 가설을 설정하고 그 가설이 적합한지 아닌지를 따져나가는 과정이다. 우리가 세운 가설은 그 자체로는 확실하다고 말할 수가 없다. 모집단의 모수에 대해서 특정한 가설을 설정하고 그 가설을 모집단에서 표본을 뽑아서 검정을 해보려는 것이다.

가설검정(Hypothesis Testing)이란 통계적 가설을 세우고, 그 가설이 맞는지 틀리는지를 검증하는 절차이다.

먼저 가설이란 무엇인가? 가설이란 우리가 어떤 현상에 대해서 생각하는 형태를 표현한 것이다. 예를 들면, "우리나라에서 남성은 여성보다 평균 키가 더 클 것이다."라는 생각을 어느 사람이 했다고 가정하자. 이것은 그냥 생각일 뿐이다. 물론 이러한 생각은 어느 정도의 근거는 있어야 한다. 그 사람이 동네에서 걸어다니는 사람들을 보니까 남성이 여성보다 키가 더 큰 것 같더라 하는 생각에서 가설을 만들 수도 있다. 혹은 어느 신문에서 보니까 남성이 여성보다 역사적으로 키가 더 크다는 기사가 나왔을 때, 이것을 한 번 확인해 보고 싶다는 생각이 들면 이것을 가설로 쓰는 것이다.

가설은 주로 "교육적 추측(Educated Guess)"에서 나온다. 교육적 추측이란 스스로 공부를 했거나(위에서 동네에서 관찰한 것) 외부의 정보를 받았거나(신문에 난 기사를 보았거나)와 같이 자신의 생각 혹은 타인의 생각에서 추측해서 하나의 질문 형태를 만드는 작업이다. 교육적 추측을 하게 되면 가설을 세울 수가 있다.

그러나 이것은 말 그대로 가설(Hypothesis)일 뿐이다. 그것이 맞는지 혹은 틀리는지는 검정해 보아야 한다. 검정의 결과가 나오기까지는 가설을 제시된 형태대로 받아들일 수가 없는 것이다.

범죄와 관련해서도 통계학이 많이 사용되고 있는데, 어떤 범죄 용의자가 검찰에 의해서 기소가 되었을 때도 일종의 가설의 형태이다. '검찰이 이 사람을 범죄혐의로 기소할 때 언급한 범죄항목(예를 들어서, 공금횡령)'이 가설이다. "이 사람은 공금횡령을 한 것 같습니다."라는 가설을 법정에서 검사가 증거를 들이대고 피의자가 반대증거를 제시하면서 변호사와 함께 공방을 해서 판사가 결론을 내리게 된다. 판사가 결론을 내릴 때까지는 피의자는 무죄이다. 그리고 판사가 무죄를 확정하면 진짜 무죄가 되고, 판사가 유죄를 판결하면 유죄로 결론이 나고 피의자는 항소가 가능하다. 전문가들이 법정에서 다양한 증거들을 통계적으로 요약해서 제공하는 경우도 종종 있다.

2) 가설검정은 왜 중요한가

가설은 일종의 '설'이다. 우리는 통계학이라는 과학적인 접근방법을 활용해서 가설이 사실인지 혹은 아닌지를 결론내리는 작업을 해야 한다. 통계학의 접근방법이 사람들의 믿음을 얻지 못한다면 우리는 결과를 받아들일 수가 없다. 그러나 다행스럽게도 불과 300년 남짓한 역사를 가진 통계학은 수많은 선각자들의 노력 덕택에 상당한 과학성을 입증해 왔다. 통계학의 논리에 따라서 해양조사도 하고, 우주선도 쏘아올리고, 범죄형량도 결정한다.

가설검정의 목적은 우리가 알고 싶어하는 것이 사실인지 아닌지를 통계적으로 잘 정리된 절차에 따라서 확인해 보는 것이다. 두 개(혹은 세 개 이상들)의 평균이 차이가 있는가? 혹은 두 개(혹은 세 개 이상들)의 변수들이 관계가 있는가? 하는 것을 검정하는 것이다.

대한민국의 남성과 여성의 키 차이가 난다는 것이 확실하게 될 때까지는 키의 차이가 없는 것이다. 일단 "남성과 여성은 평균키가 동일하다"라는 가설을 세우고, 그리고 그 가설의 반대인 "남성이 여성보다 키가 더 크다"라는 가설을 또한 세운다. 그리고 남성모집단과 여성모집단에서 각각 일정 숫자의 표본을 뽑는다. 앞에서 여러 번 설명했듯이 적으면 한 백 개 정도의 남녀 표본을 각각 뽑고, 많으면 천 명 혹은 그 이상의 표본도 뽑는다.

여기에서 뽑히는 남녀의 숫자가 반드시 동일할 필요는 없다. 남성은 123명을 뽑고, 여성은 152명을 뽑아도 별 문제가 안 된다. 왜 그럴까? 뽑힌 남성의 평균키를 계산하고 또한 여성의 평균키를 계산하는 것이다. 평균은 표본숫자에 영향을 받지 않는 통계량이다. 평균이 자료 전체를 사용하므로 극단값에 영향을 받는다는 것과는 다른 의미로서 전체 표본의 숫자가 많아서 영향을 받는 것은 아니라는 뜻이다. 그러나 통계를 이용할 때 심리적으로 꼭 동일하지는 않더라도 비슷한 정도로 뽑으려는 경향들이 많다. 다시 말해서, 남성은 123명을 뽑았는데, 여성은 980명을 뽑는 것과 같은 행위는 잘하지 않는다. 비교적 비슷하게 뽑으려는 경향이 있다.

표본을 뽑아서 표본의 평균을 각각 측정하고 나서 평균 차이가 나는지를 앞장에서 언급했던 통계적 추정절차를 거쳐서 평균의 신뢰구간을 설정한다. 통계적 추정에서 산출된 신뢰구간을 가지고서 남성과 여성의 평균키가 같은지 혹은 다른지에 대한 가설검정을 하게 된다. 통계적 추정과 가설검정은 여기에 연결되면서 우리가 믿을 수 있는 결과를 도출하는 데 동시에 사용된다.

가설검정이 제대로 되어야 신뢰할 수 있는 통계적 의사결정을 할 수가 있다. 통계적 추론에서 표본의 평균과 표준편차를 구해서 그것을 가지고 신뢰구간을 설정한다. 가설검정에서 정해진 규칙에 따라서 검정통계량을 구한 후에 귀무가설의 채택 혹은 거부를 결정한다.

2 가설검정의 구성요소

1) 가설의 형태

가설검정에는 크게 두 가지 가설이 있다. 귀무가설(Null Hypothesis)과 대립가설(Alternative Hypothesis)이다. 귀무가설이란 모집단의 특성과 관련해서 내리는 기본적인 가설이다. "차이가 없다" 혹은 "관계가 없다"라는 형식으로 모집단 간의 차이와 관계에 대해서 기본적으로 내리는 가설이다. 대립가설이란 귀무가설을 기각한 후에 모집단의 특성과 관련해서 "차이가 있다" 혹은 "관계가 있다"라는 형식으로 모집단 간의 차이와 관계에 대해서 내리는 가설이다.

귀무가설을 기각하지 못하면 귀무가설을 채택해야 한다. 그런데 귀무가설을 채택하게 되면 우리는 무엇을 알 수 있는가? "차이가 없다"라는 것을 확인해서 무엇을 하나?

미국과 한국은 차이가 없다.
남자와 여자는 차이가 없다.
직장인과 실업자는 차이가 없다.
공부 잘하는 사람과 공부 못하는 사람은 차이가 없다.
오래 사는 사람과 일찍 세상 떠나는 사람은 차이가 없다.

"차이가 없다"는 것을 알아서 우리의 인생살이에 도움이 되는가? 이와 마찬가지로, "관계가 없다"라는 것을 알아서 무슨 도움이 되는가?

대통령과 장애우는 관계가 없다.
빌 게이츠와 한국의 여배우는 관계가 없다.
마약하는 것과 건강은 관계가 없다.
스마트폰 활용하는 것과 취업하는 것은 관계가 없다.
돈을 잘 버는 것과 새로운 생활을 하는 것은 관계가 없다.

"관계가 없다"는 것은 이 세상에 수없이 많다. 이것과 저것도 관계가 없고, 저것과 그것도 관계가 없다는 것을 알 필요도 없다. 통계학을 이용하는 목적은 차이가 있는 것을 발견하려는 것이고 또한 관계가 있는 것을 알려는 것이다. 따라서 우리는 귀무가설을 기각시키고 대립가설을 채택하려는 경향을 상당히 가지고 있다. 결론적으로 가설검정이란 대립가설을 지지하기 위해서 진행하는 통계적 검증 절차라고 할 수 있다.

귀무가설: 검증하려는 것들 간에는 차이가 없다.
대립가설: 검증하려는 것들 간에는 차이가 있다.

귀무가설: 검증하려는 것들 간에는 관계가 없다.
대립가설: 검증하려는 것들 간에는 관계가 있다.

또한 가설검정에는 단측검정과 양측검정이라는 개념이 있다.

단측검정이란 한 개가 다른 것보다 크다는 것을 입증하려는 것이다. 이것이 저것보다 더 크다라는 경우에는 정규분포의 한쪽 끝에서 0.05 수준으로 입증하는 경우가 보통이다.

양측검정이란 한 개와 다른 것이 다르다라는 것을 검증하는 것이다. 한 개가 다른 것보다 클 수도 있고 혹은 한 개가 다른 것보다 작을 수도 있다. 이러한 경우에는 0.05/2로 나누어서 한쪽이 0.025 수준이고, 다른 한쪽이 0.025 수준으로 양측검정이 되는 것이다.

2) 통계적 오차

가설검정과 관련해서 오차가 생길 수 있다. 오차가 생기는 기본적인 원인은 우리가 모집단에서 일부의 표본을 뽑기 때문이다. 앞에서 설명했던 것처럼 통계적인 오차가 나타나는 원인들에는 크게 두 가지가 있다. 하나는 표본과 관련해서 생기는 원인이고, 다른 하나는 표본과 상관없이 생기는 원인이다.

표본과 상관해서 생기는 원인이란 모집단에서 확률표본추출방법으로 표본을 뽑더라도 뽑힌 표본에서 구해진 평균이 모집단의 평균을 대표하지 못하는 경우가 생길 수 있다. 우리는 실제로 모집단 속에 잠재되어 있는 대표적인 모수인 모집단 평균을 거의 영원히 알 수가 없는 상태에서 확률로 뽑은 표본에 의지하게 된다. 그러나 현실에서는 확률로 뽑지 못하는 비확률 표본추출방법들(대표적인 것이 편의표본)이 많이 사용된다. 따라서 표본과 관련해서 생기는 원인은 우리가 기본적으로 근절할 수 없다.

표본과 상관없이 생기는 원인도 있는데 이것은 표본들에게 질문을 하는 형태나 응답을 받아 집계를 하는 과정에서 생기는 착오와 같은 것들이다. 이러한 표본과 상관없이 생기는 원인은 통계적인 계산이 지극히 힘들어서 보통의 통계적 추정과 가설검정에서는 무시하는 것이 일반적이다.

표본과 관련되어서 생기는 원인 중에서 가장 큰 오류는 가설이 사실인데도 불구하고 표본에서 뽑은 결과로서 기각시키는 것이다. 참인 현상을 거짓이라고 결론 내리는 것이다. 이것이 가장 심각한 오류이다.

가설검정은 크게 귀무가설을 채택할 것이냐 혹은 귀무가설을 기각할 것이냐로 분류가 된다. 귀무가설이 사실이면 채택하고, 거짓이면 기각하면 된다. 아주 명쾌하다. 그러나 표본에서 나온 결과로 잘못 생각해서 "귀무가설이 사실인데도 거짓이라고 판정 내리는 결과"가 나오면 치명적인 문제에 봉착하게 될 것이다.

이것이 보통 알파(α)라고 불리는 오류이다. 이것은 사실을 기각하는 것이므로 문제가 된다. 통계학에서 제1종 오류인 알파를 보통 0.05로 간주하고 문제를 푸는 경우가 많다. 제1종 오류를 범할 확률을 보통 유의수준(Significance Level)이라고 부른다.

유의수준은 보통 0.05로 하는데 이것은 귀무가설이 사실인데도 채택하지 않을 확률을 의미한다. 유의수준을 결정하게 되면 가설검정을 하는 분포표(주로 표본이 30개를 넘을 경우에는 정규분포표를 사용하고, 표본이 30개보다 적을 경우에는 t 분포표를 사용)에서 적절한 값을 찾아내어 가설검정에서 중요한 도구로 사용된다.

제1종 오류인 알파는 원칙적으로 완전히 제거할 수는 없다. 통계학이 모집단에서 표본을 추출하여 작업하는 한에서는 표본이 모집단의 모수를 완전히 동일하게 대변하는 경우(지극히 발생 가능성이 낮은) 이외에는 항상 어느 정도 나타난다.

단지 표본 숫자가 많아지면 가장 치명적인 제1종 오류는 줄어드는 것으로 알려지고 있다. 표본의 숫자가 많아진다는 것은 표본이 모집단의 현상을 닮아갈 가능성이 커진다는 것이다.

3) 검정통계량

모수에 대해서 설정된 귀무가설과 대립가설 중에서 어느 것이 맞는지를 가설검정하려면 모집단에서 뽑은 표본에서부터 통계량을 구해야 한다. 모집단에서 추출된 표본에서 계산된 통계량을 검정통계량(Test Statistic)이라고 부른다. 검정통계량이란 귀무가설과 대립가설의 검정을 위해서 표본에서 추출된 표본통계량을 의미한다. 주로 모평균에 대한 검정일 경우에는 표본평균이 검정통계량 계산에 사용된다.

검정통계량이란 표본에서 뽑아서 계산한 통계량이다. 이렇게 계산된 것과 표에서 찾은 값을 비교해서 가설검정을 실시한다. 검정통계량은 모집단에서 뽑힌 표본에서 계산된 하나의 수치이다. 가설검정에서 귀무가설이 채택될지 혹은 기각될지를 결정하는데 사용되는 계산된 통계량을 의미한다.

4) 임계치

임계치(Critical Value)란 귀무가설을 채택하거나 혹은 기각하는데 사용되는 기준점을 의미한다. 가설검정이란 가설이 맞는지 혹은 틀리는지를 결정하는 방식이다. 우리가 표본에서 계산한 검정통계량의 값을 보고서 귀무가설이 맞는지 혹은 틀리는지를 결정하는 기준수치가 필요하다. 이것이 임계치이다.

5) 결정규칙

결정규칙(Decision Rule)이란 검정통계량과 테이블수치를 비교해서 어느 쪽이 더 크거나 적으면 귀무가설을 채택하고, 어느 쪽이 더 적거나 더 크면 귀무가설을 기각하는 것을 의미한다.

사전에 유의수준을 감안한 임계치를 결정하고 나서 이것과 검정통계량을 비교하게 된다. 사전에 결정한 채택영역에 검정통계량이 해당하면 귀무가설을 채택한다. 반대로 사전에 결정한 기각영역에 검정통계량이 해당하면 귀무가설을 기각한다. 가설검정의 기본태도는 귀무가설(H_0)에 대한 뚜렷한 반증이 없으면 귀무가설을 고수하는 것이다.

통계적 가설검정에 의한 결론은 절대적일 수 없고 불확실한 요인을 내포하게 된다. 특히 귀무가설을 채택하게 되는 경우는 귀무가설을 기각 못했을 따름이지, 귀무가설이 반드시 옳다는 의미는 아니다. 따라서 귀무가설을 채택한다기보다는 귀무가설을 기각할 수 없다는 표현이 더욱 적합하다. 많은 경우에 귀무가설이 틀리다는 약간의 증거는 있지만, 귀무가설이 확실히 틀려서 대립가설을 채택할 만한 뚜렷한 증거를 갖지 못할 때 귀무가설을 기각하지 못한다고 표현한다. 즉, 통계적 가설검정의 결론은 유의수준 α에서 "귀무가설을 기각한다"(같은 의미로서 "대립가설을 채택한다" 또는 "귀무가설을 기각하지 못한다")라는 표현을 사용한다.

6) 단측검정 혹은 양측검정

가설검정은 t 분포나 정규분포를 사용하는데, t 분포나 정규분포는 양쪽으로 플러스 무한대와 마이너스 무한대로 가는 분포를 표시하는 곡선이다. 귀무가설과 대립가설의 형태에 따라서 단측검정이냐 혹은 양측검정이냐로 구분된다.

단측검정이란 어느 한쪽으로 쏠려서 생기는 검정을 말한다. 다시 말해서, 귀무가설이 모평균이 무엇보다 크다 혹은 작다로 표현되면 보통 대립가설은 반대로서 무엇보다 작다 혹은 크다로 표시된다. 이렇게 되면 t 분포나 정규분포의 한쪽에서만 기각역이 생기게 된다.

양측검정이란 플러스 무한대 쪽과 마이너스 무한대 쪽 양쪽으로 생기는 검정을 말한다. 예를 들면, 귀무가설이 모평균이 무엇과 같다로 표현되면 대립가설은 모평균이 무엇과 다르다로 표현된다. 이것은 양쪽에서 기각역이 생기게 된다.

보통 유의수준을 0.05로 하는 것이 보통인데, 단측검정의 경우에는 한쪽으로 0.05의 유의수준이 나타나고, 양측검정의 경우에는 0.05를 2로 나누어서 0.025의 유의수준이 나타난다. 유의수준은 t 분포표나 정규분포표에서 임계치를 찾아내는 데 있어서 결정적인 기준이 된다.

3 가설검정의 사례

1) 소규모 샘플의 가설검정의 사례

어느 가전업체에서 자사의 냉장고 수명이 20년이라고 광고를 하였다. 광고를 본 소비자들이 깜짝 놀랐다. 보통 냉장고라는 것이 한 10년쯤 쓰면 바꾸는 것이 보통인데, 20년이나 쓸 수 있다니? 그 가전회사로 많은 전화가 왔다. "20년 동안 쓴다는 말이 정말입니까?" "20년 동안이나 성능이 그대로 유지됩니까?" 이러한 전화에 그 가전업체는 자신 있게 대답했다.

"정말입니다. 20년 동안 사용해도 전혀 문제가 없습니다."

어느 소비자단체에서 소비자 권익을 위해서 그 가전회사의 냉장고를 유형과 가격별로 전부 뽑아서 20개를 구입했다. 20개의 냉장고에 대한 엄밀한 성능테스트를 했더니 평균이 18.25년이 나왔고, 표준편차가 2.1년이었다.

이러한 표본통계량을 가지고 냉장고의 수명이 20년이라는 광고를 믿을 수 있는가?

귀무가설과 대립가설은 다음과 같이 설정되었다.

- 귀무가설: 모평균은 20년이다.
- 대립가설: 모평균은 20년보다 작다.
  (20년보다 큰 경우는 없다고 가정함)

유의수준의 선택: 보통 쓰이는 0.05로 한다. 표본이 20개이므로 t 분포를 쓰고, t 분포표를 찾아보면 자유도 19일 때 0.05에 해당하는 값은 ±1.73이다. 작은 경우의 가설검정이므로 −1.73 왼편의 t 분포 면적이 0.05라고 할 수 있다.

검정통계량의 계산은 다음과 같다.

검정통계량은 t=(표본평균 − 모평균)/표본표준편차이고 자유도는 19(=20−1)이다.

표본표준편차는 $2.1/\sqrt{20}$ 이다. 계산된 t 값은 다음과 같다. $t=\frac{18.25-20}{2.1/\sqrt{20}}=-3.72$ 이다. 검정통계량 값(-3.72)은 임계치(-1.73)보다 작으므로 귀무가설을 기각한다. 즉, 신뢰수준 95%에서 냉장고의 수명은 20년보다 작다. 냉장고의 수명이 20년이라 할 수는 없다.

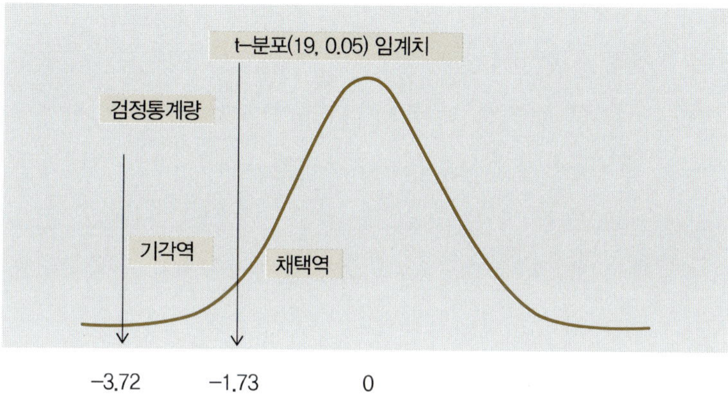

▌그림 6-1▐ t 분포에서의 가설검정

예제 6-1

작년도 대졸 초임의 모평균은 200만 원이라고 한다. 금년도 대졸 신입사원 표본 16명을 조사한 결과 평균이 206만 원, 표준편차는 10만 원이었다. 금년도 대졸 초임이 유의수준 5%에서 작년도와 같은지 가설검정하라.

(풀이) 양측검정이므로 귀무가설(H_0): 초임 모평균=200, 대립가설(H_1): 초임 모평균 ≠ 200로 설정할 수 있다. 검정통계량 값은 $\frac{206-200}{10/\sqrt{16}}=2.4$로 계산할 수 있다. 비교해야 하는 값으로 기각임계치 t(15, 0.025)=2.131을 t 분포표에서 찾을 수 있다. 검정통계량 값이 임계치보다 크므로 귀무가설을 기각한다. 즉, 초임의 모평균은 200만 원이라고 할 수 없다.

2) 대규모 샘플의 가설검정의 사례

어떤 자동차 회사에서 연비가 16km라고 주장하고, 소비자단체에서는 16km가 되지 않는다고 주장하였다.

$$H_0:\ \mu = 16\text{km} \qquad H_1:\ \mu < 16\text{km}$$

어떤 가설을 선택할지 결정 규칙을 정하기로 한다. 소비자단체에서 자동차 30대를 임의로 추출하여 평균 주행거리를 계산하였다. 문제는 $\overline{X}$가 얼마일 때 특정한 결정을 내릴 것인가이다. $\overline{X}=15.8$이고 모집단의 표준편차 $\sigma=1.5$라고 하면 귀무가설이 사실일 때 $\overline{X}$의 값이 15.8보다 작게 될 확률을 구할 수 있다. 왜냐하면, 중심극한정리에 의해서 $\overline{X}$의 분포를 알기 때문이다. 이것이 바로 p-value이다. $\mu=16$이고 평균의 표준편차는 $\sigma/\sqrt{n}$에 의해 0.27로 계산되었다.

$$P(\overline{X} \leqq 15.8) = P\left(Z \leqq \frac{15.8-16}{0.27}\right) = P(Z \leqq -0.74) = 0.2296$$ (표준정규분포표를 이용)

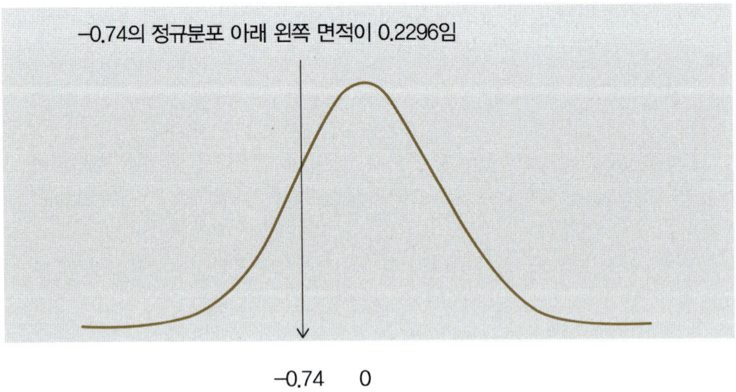

▌그림 6-2▐ 정규분포에서의 가설검정

귀무가설이 사실이면 $\overline{X}$의 값이 15.8보다 적거나 같을 확률은 0.23 정도이다. 이는 귀무가설이 사실이 아니라는 확실한 증거가 되지 못한다. 반면에, 만일 $\overline{X}=15$이고 모집단의 표준편차 $\sigma=1.5$라고 하면 확률은 0.0001이다.

귀무가설이 사실일 때 $\overline{X}$의 값이 15보다 적거나 같을 확률은 0.0001 정도이다. 그렇다면 둘 중에 하나이다.

① 귀무가설이 거짓이다.

② 귀무가설이 사실이지만, 15가 나타나기는 매우 어렵다.

확률은 작더라도 존재하므로, 어떤 기준을 제시하게 되는데 이를 유의수준으로 정한다. 유의수준은 보통 0.05를 사용한다. p-value는 자료를 바탕으로 계산한 유의수준이라고 말할 수 있다.

3) 유의확률(p-value)

검정의 결과 귀무가설의 기각역(Critical Region: 결론적으로 귀무가설을 기각하게 되는, 즉 대립가설을 선택하게 되는 기준 영역)은 주어진 유의수준(0.05)에 따라 달라진다. 이러한 가설에 대한 선택의 경계선을 유의확률(Significance Probability) 또는 p-value라고 한다. 가설검정의 결과는 거의 모든 컴퓨터 패키지에서 p-value로서 나타난다.

일반적으로 유의확률은 실제로 주어진 자료로부터 계산된 검정통계량 값보다 H_0가 옳은 상태에서, 더욱 "극단적인 값"을 얻을 확률이다. 이때 극단적인 값이라 함은 H_0가 옳은 상태에서 기대되는 것으로부터 매우 멀리 떨어진 값을 얻게 됨을 말한다. 따라서 유의확률 값이 작으면 작을수록, 그만큼 관찰된 검정통계값이 H_0가 옳은 상태에서 드물게 나타나는 값이라는 뜻으로 자료에도 그만큼 H_0를 기각할 증거가 많음을 뜻하게 된다. 이런 의미에서 유의확률은 귀무가설과 자료와의 적합도로도 해석할 수 있다.

유의확률의 엄밀한 정의는 "자료에 바탕하여, 검정통계량을 계산했을 때 귀무가설을 기각할 수 있는 최소의 유의수준"이다. 하지만, 실제적인 적용은 다음과 같이 한다. 즉, p-value가 미리 주어진 유의수준 α보다 작거나 같으면 유의수준 α에서 귀무가설을 기각하고, p-value가 미리 주어진 유의수준 α보다 크면 유의수준 α에서 귀무가설을 기각하지 못한다.

예를 들어, 유의확률이 0.037이면 유의수준 5%에서 귀무가설을 기각할 수 있지만, 유의수준 1%에서는 귀무가설을 기각할 수 없다는 의미이다.

유의확률 ≤ 유의수준 → (그 유의수준에서) 귀무가설 기각
유의확률 > 유의수준 → (그 유의수준에서) 귀무가설 기각 못함

유의확률은 자료에도 의존되지만, 대립가설의 형태에도 의존된다. 특히, 양측검정에서의 유의확률은 일반적으로 단측검정에서의 유의확률 두 배가 된다. 그런데 SPSS 같은 통계패키지의 결과는 대부분 양측검정의 유의확률을 출력하므로, 단측검정인 경우는 출력 유의확률을 2로 나누어 주어야 한다.

예제 6-2

예제 6-1의 문제에서 p-value를 구해보기로 한다.

(풀이) 검정통계량 값은 $\frac{206-200}{10/\sqrt{16}}=2.4$로 계산되었으므로, 자유도가 15인 t 분포에서 2.4보다 클 확률을 구한다. 정확하게 구하려면 패키지를 사용해야 하나 t 분포표에서 0.05와 0.01 사이에 검정통계량 값(2.4)이 존재하는 것으로 보아 0.05보다는 작을 것을 확신할 수 있다. 유의수준 5%와 비교하면 유의확률 값이 더 작으므로 귀무가설을 기각한다. 즉, 초임의 모평균은 200만 원이라고 할 수 없다.

4 SPSS를 이용한 가설검정

서울 두 지역의 환경시설유치에 대한 주민 의견을 조사한 가상 자료이다. 지역별로 15명을 무작위로 추출한 총 30명의 확률 표본이다.

번호	나이	성별	지역	아이의 수	연봉 (단위: 천원)	의견	나이 범주	성별 변환
1	61	Female	강동	2	62,000	1	elderly	2
2	37	Male	강동	2	52,000	5	middle_aged	1
3	32	Female	강동	3	81,400	1	young	2
4	65	Female	강동	2	49,600	1	elderly	2
5	40	Male	강동	3	47,700	4	middle_aged	1
6	32	Female	강동	1	59,900	4	young	2
7	38	Female	강동	2	39,000	2	middle_aged	2
8	48	Male	강동	1	61,500	2	middle_aged	1
9	40	Male	강동	1	44,500	3	middle_aged	1
10	44	Male	강동	2	45,200	3	middle_aged	1
11	57	Female	강동	2	36,700	4	middle_aged	2
12	21	Female	강동	2	54,300	2	young	2
13	49	Male	강동	1	62,100	4	middle_aged	1
14	34	Male	강동	0	78,000	3	young	1
15	38	Male	강동	1	43,300	1	middle_aged	1
16	35	Male	송파	1	65,400	5	middle_aged	1
17	35	Male	송파	0	63,200	3	middle_aged	1
18	33	Female	송파	3	46,300	5	young	2
19	45	Male	송파	1	45,900	5	middle_aged	1
20	57	Male	송파	1	48,100	4	middle_aged	1
21	38	Female	송파	0	58,100	3	middle_aged	2
22	37	Female	송파	2	56,000	1	middle_aged	2
23	42	Female	송파	2	53,400	1	middle_aged	2
24	49	Male	송파	0	43,200	5	middle_aged	1
25	52	Male	송파	1	44,100	3	middle_aged	1
26	27	Male	송파	3	45,400	2	young	1
27	40	Male	송파	0	37,700	1	middle_aged	1
28	63	Male	송파	2	53,900	1	elderly	1
29	48	Female	송파	2	31,000	4	middle_aged	2
30	40	Male	송파	0	59,000	4	middle_aged	1

출처: 통계마인드(2010). 통계교육원.

두 지역 모두에서 연봉 평균이 과연 6천만 원이라고 할 수 있을까? 30명의 자료로 모집단을 유추하는 것이므로 필연적으로 가설검정이 필요하다. [그림 6-3]은 SPSS의 실행 모습이다. 오른쪽 하단의 '프로세서 준비완료'라는 메시지가 있어야 사용이 가능하다. 만일 다른 메시지가 표시되면 라이선스를 확인해 보아야 한다.

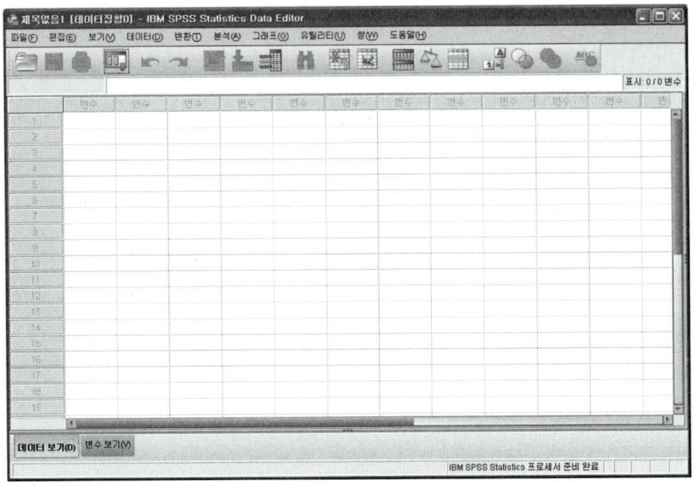

▌그림 6-3▌ SPSS의 실행모습

자료를 불러들이기 위해서 [파일] ⇨ [열기] ⇨ [데이터]를 선택한 후 파일(환경시설유치의견.xls)이 있는 위치를 찾아 [그림 6-4]처럼 업로드한다.

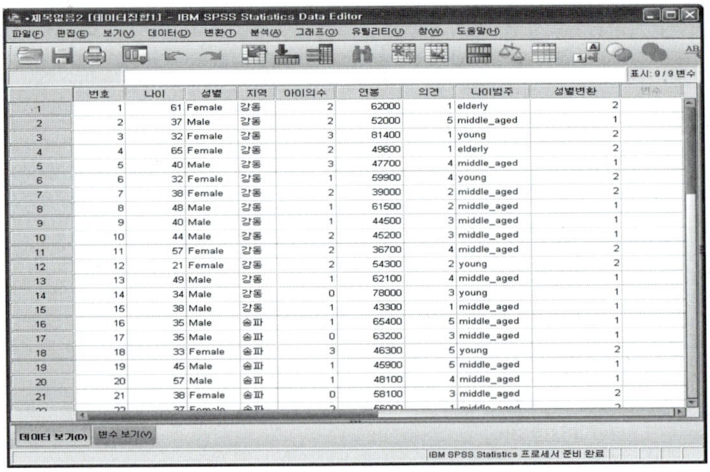

▌그림 6-4▌ 자료를 불러들인 모습

30명의 자료가 정확하게 불러들였는지 확인한 다음 [파일] ⇨ [다른 이름으로 저장]을 선택하여 "파일명.sav"로 저장한 후 작업을 시작한다. 여기서는 "환경시설유치의견.sav"로 저장하였다.

먼저, 연봉 변수에 대한 기술통계량을 출력해 보기로 한다. [분석] ⇨ [기술통계량] ⇨ [기술통계]를 선택한다. [그림 6-5]는 기술통계 대화상자이고 분석대상 변수인 연봉을 오른쪽으로 이동하였다.

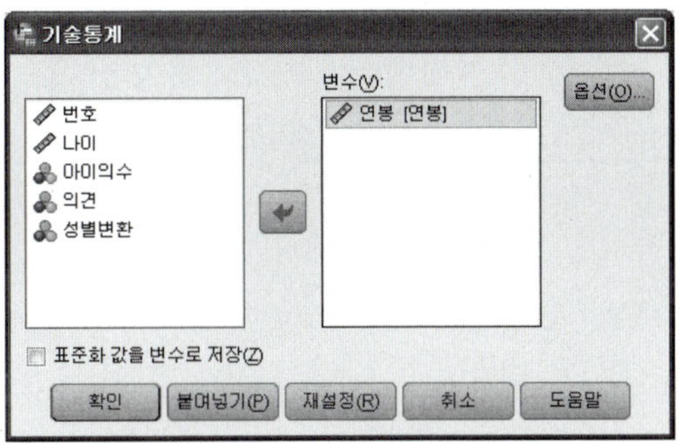

▌그림 6-5▐ 기술통계 대화상자

[확인]을 선택하면 [그림 6-6]과 같은 결과를 출력창에 출력해 준다. 연봉의 최소값, 최대값, 평균, 표준편차가 디폴트로 출력되고 있다.

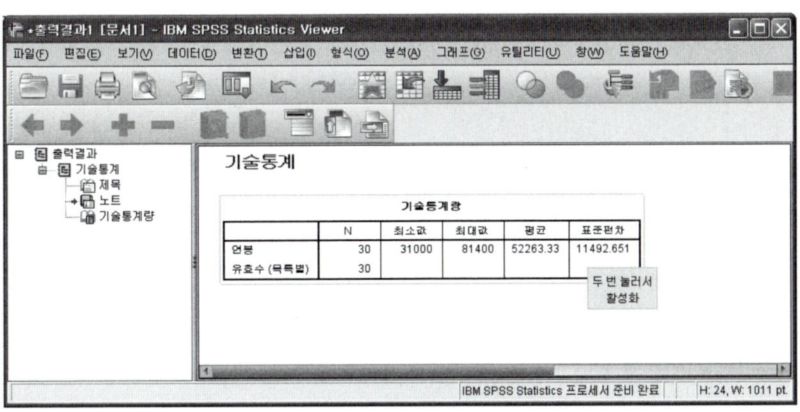

▌그림 6-6▐ 기술통계 실행결과

연봉 분포를 히스토그램으로 표현하기 위하여 [그래프] ⇨ [레거시 대화상자] ⇨ [히스토그램]을 선택한 후 [그림 6-7]처럼 선택해 준다.

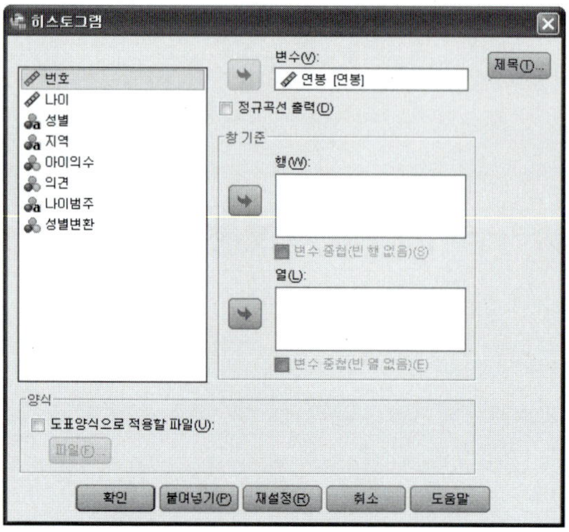

▌그림 6-7▌ 히스토그램 대화상자

[그림 6-8]은 연봉변수의 분포 출력 결과이다. 연봉변수를 몇 개의 간격으로 나누어 도수를 그린 결과이다. 4천 5백만 원에서 5천만 원 사이에 가장 많은 일곱 명이 분포하고 있음을 알 수 있다.

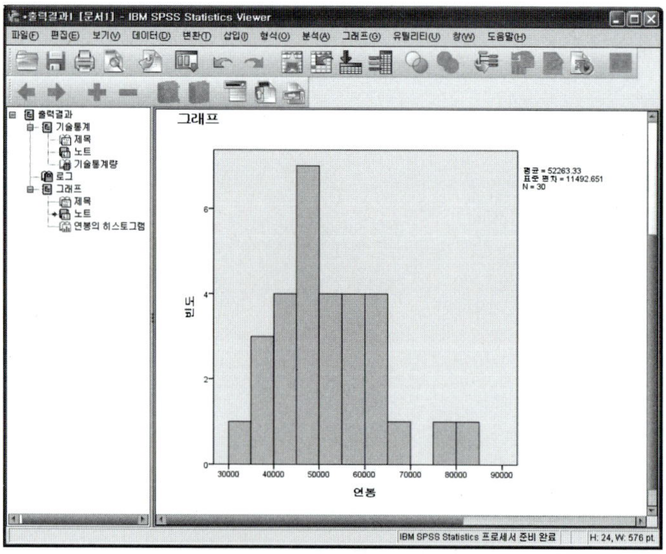

▌그림 6-8▌ 연봉의 히스토그램

연봉 평균이 과연 6천만 원이라고 할 수 있는가를 검정하기 위하여 [분석] ⇨ [평균비교] ⇨ [일표본 T검정]을 선택한다. [그림 6-9]처럼 대화상자를 완성한다.

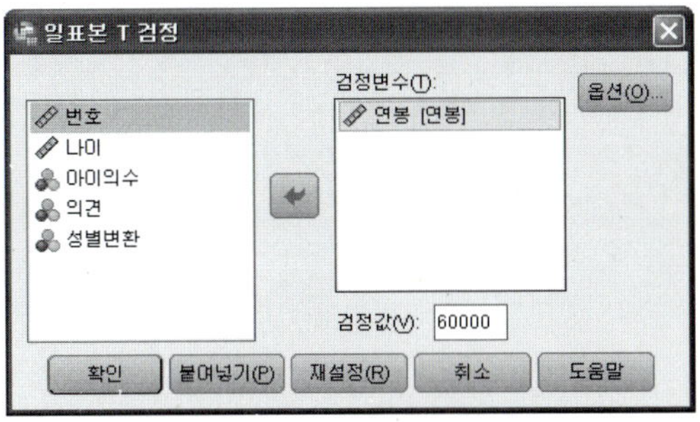

그림 6-9 일표본 T 검정 대화상자

[그림 6-9]에서 확인 단추를 눌러주면 [그림 6-10]의 결과를 볼 수 있다. p-값은 0.001로 귀무가설(연봉 평균=5천만 원)이 기각되어 대립가설(연봉 평균≠5천만 원)이 채택됨을 알 수 있다.

일표본 통계량

	N	평균	표준편차	평균의 표준오차
연봉	30	52263.33	11492.651	2098.261

일표본 검정

	검정값=60000					
	t	자유도	유의확률 (양쪽)	평균차	차이의 95% 신뢰구간 하한	차이의 95% 신뢰구간 상한
연봉	−3.687	29	.001	−7736.667	−12028.09	−3445.24

그림 6-10 일표본 T 검정 결과

5 현실 속의 가설검정

제약업체들이 카피약 판매 허가를 받기 전에 실제 사람에게 투여하여, 오리지널 약과 동일한 성분으로 만들어진 카피 약물이 동등한 약효를 나타내는지 여부를 통계학적 방법으로 증명하는 것을 생물학적 동등성(BioEquivalence: BE) 시험이라고 한다. 생물학적 동등성이란 비슷한 조건 아래에서 같은 용량을 투여했을 경우 각 제제의 흡수의 양과 속도가 유의성 있는 차이를 보이지 않는 경우를 말하는 것이다. 따라서 생물학적으로 동등하다는 것은 같은 정도의 약효를 나타낸다는 뜻은 아니지만 그 전제조건은 된다고 할 수 있다.

그러므로 생물학적 동등성 시험이란 "제제학적으로 동등한 두 제제 또는 제제학적으로 대체 가능한 제제가 생물학적 이용률에 있어서 통계학적으로 동등하다는 것을 입증하기 위해 실시하는 생체 내 실험"이다. 여기서 "제제학적으로 동등하다."는 것은 이미 승인된 의약품과 유효성분, 투여경로, 효능 · 효과와 용법 · 용량은 같으나 제형이나 함량 또는 첨가제가 다른 제제를 만든 경우를 말한다. 제약업체들이 카피약 판매허가를 받기 전에, 실제 사람에게 투여하여 오리지널 약(대조약)과 동일한 성분으로 만들어진 카피 약물(시험약)이 동등한 약효를 나타내는지 여부를 통계학적 방법으로 증명해야 한다. 여기서 말하는 통계학적 방법이 가설검정이다. 귀무가설은 "카피약과 오리지널 약 간에 차이가 없다."이고 대립가설은 "카피약과 오리지널 약 간에 차이가 있다."로 설정하고 검정하게 된다.

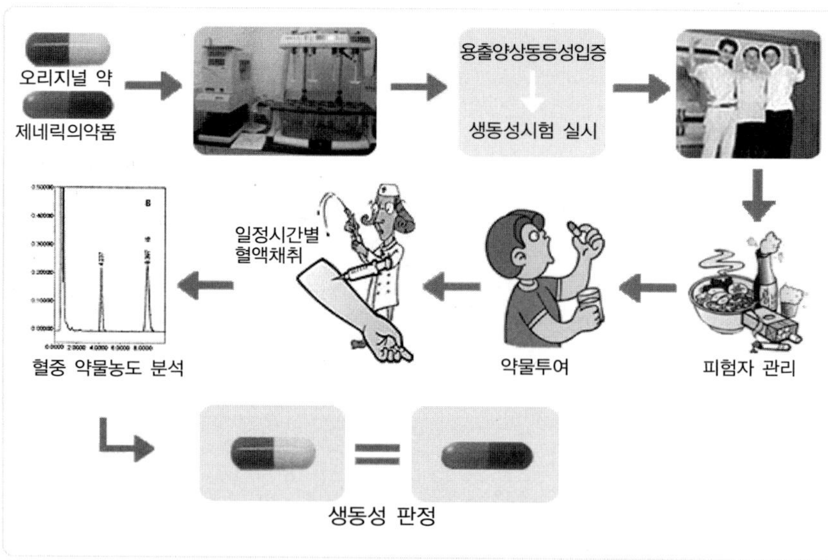

▮그림 6-11▮ 생물학적 동등성시험 절차

출처: http://betest.kfda.go.kr/

생물학적 동등성의 개념은 1968년 오스트레일리아에서 발생한 페니토인(Phenytoin) 중독사건과 미국에서 발생한 클로람페니콜(Chloramphenicol) 회수사건을 계기로 발전

되었다. 국내에서는 1988년 이후 보건복지부 고시 "의약품 등 제조업 및 제조 품목허가 등 지침"에서 신약의 범위 규정에 적합하여 제조 허가된 의약품과 동일한 품목의 제조 허가를 신청할 경우와 그 이외에 필요한 경우에 생물학적 동등성 시험을 실시하고 있다. 뿐만 아니라, 기존 허가품목의 자체 품질관리를 위해 다른 시판제제와의 생체이용률을 비교할 경우에도 생물학적 동등성시험을 실시하게 된다.

또 하나의 사례를 보자. 서로 다른 집단과의 비교가 왜 필요한지 보여주고 있는 캐나다의 통계활용 사례이다.

캐나다는 통계활용이 가장 적극적인 곳이다. 통계기관의 규모와 예산서비스 종류에서 세계 최고로 꼽히는 이곳에서 통계는 생활에 꼭 필요한 서비스로 받아들여지고 있다. 우리의 문화센터에 비교되는 커뮤니티센터는 이웃끼리, 가족끼리 들러 소식을 나누는 곳이다. 이곳에 들른 사람들이 가장 먼저 꺼내드는 것은 무료로 제공되는 통계 소식지다.

그렇다면 그 통계를 제공하는 Fraser Institute는 어떻게 시민들 사이에서 신뢰가 높을까? 잘 정리된 자료를 갖춘 조용하고 아담한 사무실. 프레이저의 업무는 주로 온라인으로 진행된다. 캐나다 전역에 다섯 곳에만 사무소를 두고 운영될 만큼 외형은 크지 않지만 서비스에 대해서는 자신감을 내보였다.

> "학교와 병원 등에 여론조사 카드를 배부하여 이를 이용하는 시민들의 의견을 수렴합니다. 이런 객관적인 데이터를 활용하여 각 학교 및 병원 측에서 잘 하고 있는지 살펴보는 것이죠. 학교를 대상으로 한 리포트에는 학생들의 시험성적, 낙제 및 졸업 비율 등을 조사합니다. 이를 바탕으로 학교 등급을 정하는 것입니다. 마찬가지로 병원을 대상으로 한 리포트에는 각 시술별로 사망률 조사를 실시한 후 이를 바탕으로 병원 등급을 매깁니다."
>
> Peter Cowley, Fraser Institute 이사

그러나 통계대상 기관인 학교나 병원에 대해서만큼은 철저하게 현장조사를 원칙으로 하고, 그 결과에 대해서도 투명하게 공개하고 있다. 서비스 이용자가 만족할 만한 척도를 제공하는 것, 그것이 Fraser의 목표였다. 개인이나 단체에서 서로 다른 집단 간의 차이점을 비교하고 개선점을 찾는 데 데이터 통계의 의미가 있다.

그렇다면 이렇게 개선점을 찾는 이유는 무엇일까? 물론 모두가 더 잘 살고 싶어 하

기 때문이다. 캐나다 통계 시스템의 특징은 전문성이다. 각각 특정 분야에 대한 전문성을 가진 통계기관이 해당 분야 서비스 기관을 관리 감독한다. 그리고 그런 전문기관을 통계청이 관리한다. 시민들의 만족도 역시 매우 커서 오프라인뿐 아니라 온라인 방문객의 방문도 끊이지 않는다.

세계 최고 수준의 통계자료가 운영될 수 있는 또 하나의 비결은 시민들의 참여를 적극 유도한 것이다. 국가의 경제, 문화, 자원, 다양한 산업 등이 어떻게 돌아가고 있는지에 대한 국민들의 이해를 돕고 있다. 전문성을 인정받는 외주 기관을 활용해 만족도 높은 통계를 생산, 가공한다. 생산된 정보는 실핏줄처럼 연결된 채널을 통해 시민에게 제공된다(세상을 움직이는 숫자의 과학, KBS, 2009).

연 | 습 | 문 | 제 <<<

1. 귀무가설이 사실일 때 이것을 기각하는 1종 오류를 범할 확률의 최대 허용치는?

2. 유의수준 5%의 의미는 무엇인가?

3. 다음이 참인지, 거짓인지 각각 판별하라.

1) 만약 p−값이 0.01이라면 유의수준 1%에서 귀무가설을 기각한다.
2) 만약 p−값이 0.03이라면 유의수준 5%에서 귀무가설을 기각한다.
3) 만약 p−값이 0.06이라면 유의수준 5%에서 대립가설을 채택한다.
4) p−값은 표본의 크기가 커지면 줄어든다.

4. 한 조사기관이 지역별로 인구의 0.1%를 추출하여 연간 1억 원의 수입을 올리는 사람의 비율을 추정하고 있다. 다른 조건이 동일하다면, 인구 1,000만인 서울에서 구한 비율의 정확도는 인구 160만인 광주에서 구한 비율의 정확도와 비교할 때 어떠할까?

5. 다음 내용에 대한 귀무가설과 대립가설을 세우라.

> 기존의 진통제는 진통효과가 나타나는 시간이 평균 30분이고, 표준편차는 5분이라고 한다. 새로운 진통제를 개발하였는데, 개발팀은 진통효과가 30분 미만이라고 주장한다.

6. 만일 자료에서 모평균에 대한 95% 신뢰구간이 (−0.04, 0.34)로 나왔다고 가정해 보자. 귀무가설: 모평균=0과 대립가설: 모평균 $\neq$ 0의 검정 결과를 예측할 수 있는가?

7. 어느 대학교에서 작년 통계학 시험의 평균성적은 60점이고 표준편차는 5점이었다. 올해 난이도가 똑같은 통계학 시험의 성적은 100명을 추출한 결과 평균이 70점이었다고 하자. 올해의 통계학 성적과 작년도 통계학 성적이 같은지를 유의수준 5%에서 검정하라. 단, $P(Z > 1.96) = 0.025$이다.

연 | 습 | 문 | 제 <<<

8. 국민들에게 해외파병의 여론을 조사하기 위해서 100명의 한국인을 무작위로 추출하여 물었더니 54명이 찬성하였다. 파병에 대한 찬성률이 과반수가 되는지 유의수준 5%에서 검정해 보라. 단, $P(Z>1.96)=0.025$, $P(Z>1.645)=0.050$이다.

9. 표본 41명의 버스 운전사에 대한 혈압을 측정하였다. 통계패키지로 분석하고 다음 물음에 답하라.(연습문제 6-9. Sav)

95	58	99	81	85	81	84	77	79	100	83	89	73	79	80	70	90
74	79	76	65	91	88	83	90	93	69	89	95	80	70	66	90	94
93	77	81	75	95	73	63										

1) 평균과 표준편차를 계산하라.
2) 정상인의 혈압은 80 정도라고 한다. 버스 운전사의 혈압은 정상인과 동일한지 유의수준 5%에서 검정해 보라.
3) 버스 운전사의 평균혈압이 90과 동일한지 유의수준 1%에서 검정해 보라.

Chapter 7

Statistics Mentor

차이분석 1(T 검정)

Chapter

7 차이분석 1(T 검정)

Statistics Mentor

두 개의 모집단에서 모평균의 차이를 검정하고자 할 때의 분석방법을 알아보기로 한다. 두 모집단은 각각 정규분포를 가정하고(표본의 크기가 커지면 표본이 정규분포가 됨), 표본의 형태에 따라 독립표본 T 검정과 대응표본 T 검정이 있다. 예를 들어, 어느 제약회사에서 새로 개발한 약의 효력이 두 개 집단 간 차이가 있는지를 알아보기 위해 실험그룹과 대조그룹의 약효지속시간을 측정한 경우에는 독립표본 T 검정을 실시한다. 대응표본 T 검정의 경우, 동일한 열 명의 학생들에게 새로운 교육법을 실시하기 이전의 성적과 새로운 교육법을 실시한 이후의 성적이 차이가 있는지를 알아볼 수 있다. 다음은 각각의 예이다.

옷가게에 오는 남자고객과 여자고객의 구매력 차이에 대해 알고자 한다. 여자고객의 평균 구매력이 남자고객에 비해 얼마나 차이가 나는가에 따라 판매 전략이 달라질 수 있기 때문이다. 〈독립표본 T 검정〉

항공사에서 자사의 출발 지연시간은 다른 경쟁사와 평균적으로 얼마나 차이가 나는지 알아보고자 한다. 〈독립표본 T 검정〉

모 회사는 사원을 모집하여 일종의 직무해결능력 검사를 실시한 다음 실무 부서에 배치한다. 관리자는 3개월의 훈련과정 후에 직무해결능력이 향상되었는지 알고자 한다. 〈대응표본 T 검정〉

1 차이분석의 개념과 중요성

통계학의 두 가지 핵심 분석들이 차이분석과 관계분석이다. 그중에서 차이분석이란 두 개 혹은 그 이상 집단들 간의 평균 차이를 보는 것이 가장 대표적이다. 왜 차이분석을 하는가?

차이분석이란 우리가 통계적으로 관심을 가지는 변수들 간에 차이가 없는지 혹은 있는지를 보려는 것이다. 가장 많이 쓰이는 것이 인구통계학적인 변수들(Demographic Variables) 간에 차이가 있는지를 보려는 것이다. 이는 성별, 연령, 지역, 학력, 소득 등과 같이 잘 변하지 않는 사실에 근거한 것들을 말한다.

차이분석을 하는 경우에 차이가 없는 것을 알아야 새로운 것을 깨달을 수가 있을까, 아니면 차이가 있는 것을 알아야 새로운 것을 터득할 수가 있을까? 차이가 없다는 것은 그 자체로 별 의미를 가지지 못한다. 차이가 없는 것을 알아서 우리가 무엇을 하는가? 미국과 한국은 차이가 없다. 그래서 남자와 여자는 차이가 없다. 그러면 차이가 없다는 것은 아무것도 우리에게 새로운 사실을 알려주지 않는다.

반대로, 차이가 있다는 것은 일단 무슨 차이가 있느냐가 중요하다. 차이가 있다는 것은 다르다는 것이므로 왜 다른지에 대해서 궁금해진다. 일단 다른 것을 찾아낸 것은 의미가 있다. 이 세상에서 다른 것들을 모두 찾아서 그것들의 이유를 파악하면서 지식이 점점 쌓여 가는 것이다.

예를 들어서, 오래 사는 사람과 일찍 세상을 떠나는 사람은 '수명에 차이가 나는 것'이다. 이 책을 읽는 여러분은 장수를 원할 것이다. 그러면 어떠한 사람들이 오래 살고, 불행하게도 어떠한 사람들이 세상을 일찍 떠나는지에 대한 원인들을 알 수 있다면 그것을 피하도록 노력하면 된다. 또한 장수하는 할머니와 할아버지의 이유를 파악해도 좋을 것이다.

보통은 여성이 남성보다 더 오래 산다고 알려져 있다. 또한 부자가 가난한 사람들보다 더 오래 산다고 한다. 전세계에서 발표된 실측조사 결과, 부자가 가난한 사람들보다 더 오래 산다는 것이다. 왜 그러는지 이유를 탐문해 보니 크게 세 가지 이유들이 추론된다고 한다. 첫째, 태어날 때부터 원래 건강한 사람이 부자가 되는 경우가 많다는 것이다. 원래 몸이 튼튼하다 보니까 오래 사는 것 같다는 것이다. 둘째, 새로운 일들을 추진하면서 물질을 만들어 가다 보니까 강해져서 오래 산다는 것이다. 셋째, 많은 물질을 세상에 두고 가기가 싫어서 오래 산다는 것이다.

이 세 가지 이외에 다른 원인들이 있는지 지금으로서는 잘 모른다. 일단 이 세 가지가 원인이라고 한다면 그중에서 어떠한 원인이 가장 영향이 클 것인가를 연구하는 것도 재미있는 과제가 될 것이다.

이와 같이 이 세상에서 차이를 찾아내는 작업에 들어가면서 발전하고 새로운 것을 점차로 깨닫게 되는 것이다. 통계적으로 확증된 차이에서만 이유를 찾아가는 과정이 합당할 것이다.

우리가 스마트폰을 소유한 사람들의 사용 시간에 관해서 전 국민을 상대로 하는 조사를 한다고 가정하자. 2012년 현재 전체 국민 중에서 2,000만 명 정도가 스마트폰을 사용하는 것으로 알려지고 있는데, 스마트폰 소유자들 중에서 1,000명을 전국적으로 단순확률표본으로 뽑았다고 하자.

"귀하는 현재 스마트폰을 하루에 몇 시간이나 사용하십니까?"라는 질문에 대한 답을 받았다. 그리고 응답자의 성별, 연령, 지역, 학력, 소득을 물어보았다. 만일 "남녀 간의 이용시간에 차이가 있을까?"를 궁금해 하고 차이분석을 해볼 수 있을 것이다. 만약 차이가 없다면, 성별로는 차이가 없다고 결론을 내리면 된다. 차이가 없다고 하면 우리는 더 이상 궁금해 할 필요도 없고 더 연구할 필요성도 못 느끼게 된다. 여기에서는 발전이 없다.

그러나 만일 차이가 있다면, 어느 쪽이 더 많이 사용할까? 이유는 무엇일까? 등 어느 쪽이 더 많이 사용한다는 사실을 확인한 후에 그 이유를 탐구해 나가는 과정에서 스마트폰의 사용에 대한 깊은 통찰력을 얻게 되는 것이다.

연령도 마찬가지이다. 나이 차이에 따라서 스마트폰의 사용 정도가 달라진다면 그 이유가 무엇인지 궁금해진다. 지역, 학력, 소득도 모두 다 마찬가지 이유에서 새로운 사실을 알 수 있게 된다.

2 두 집단 간의 차이분석: T 검정

1) 두 개의 모집단의 경우(독립표본)

차이가 나타나는 가장 기본적인 단위가 두 개의 집단이다. 앞에서 설명했던 스마트폰의 사용 여부에서 '남자'와 '여자' 간에 이용시간 차이가 있는지 없는지가 중요한 관심사이다. 두 개의 모집단에서 (남자의 모집단, 여자의 모집단) 각각의 표본을 뽑아서 그

평균을 비교해 보는 것이다. 통계적으로 차이가 있는지 혹은 없는지를 분석하는 것이다. 이와 같이 두 개의 집단으로 이루어진 경우에 차이분석하는 대표적인 방법이 T 검정(T Test)이다.

두 개의 모집단에서 표본을 각각 추출할 때의 결과는 서로가 영향을 받지 않도록 해야 한다. 예를 들어서, 남자의 모집단에서 남자들을 추출한 후에 남자들의 부인들을 일부 추출하게 되면 두 개의 모집단이 서로 영향을 주게 된다. 이와 같은 형태는 표본이 종속되어 있는 경우이다.

독립표본 T 검정에서는 원칙적으로 표본이 독립된 것이어야 신뢰할 수 있다. 남자의 모집단에서 추출되는 표본들과 여자의 모집단에서 추출되는 표본들은 서로 관련이 없어야 하는 것이다.

두 개의 모집단이 있을 때 모집단의 평균을 비교해 보는데 대부분의 경우에는 모집단의 표준편차를 모른다. 또한 두 개 집단의 표준편차는 서로 같지도 않을 것이다. 이와 같은 경우가 일반적이다.

두 모집단의 평균을 각각 μ_1, μ_2라 하고 표준편차를 σ_1, σ_2라고 표기하자. 각각의 모집단에서 독립적으로 표본을 무작위로 추출하여 두 모집단의 평균의 차이인 $\mu_1 - \mu_2$를 추정하고자 한다. 각각 표본의 크기는 n_1, n_2라 하자.

모집단의 평균의 차이에 대한 점추정은 자연스럽게 각각의 표본평균차이, $\overline{X_1} - \overline{X_2}$가 되고, 점추정의 표본추출분포를 구하여야 하는데 이것이 t 분포가 된다. 단, 자유도는 $n_1 + n_2 - 2$이다. 각각의 표본에서 자유도가 $n_1 - 1$, $n_2 - 1$이므로 이를 더하면 된다. 물론 여기서 두 모집단은 정규분포를 가정하여야 한다. 따라서 $\mu_1 - \mu_2$에 대한 신뢰구간은 다음과 같다.

$$\overline{X_1} - \overline{X_2} \quad \pm \quad \text{t 값} \times SE(\overline{X_1} - \overline{X_2})$$

$\overline{X_1} - \overline{X_2}$의 표준오차를 구하기 위해서는 일반적으로 모집단의 표준편차들은 같다고 가정하여야 한다. 즉, $\sigma_1 = \sigma_2$이면, 다음처럼 각 표본에서 나오는 변동을 합하여 전체 자유도로 나누어 주는 공동분산(Pooled Variance)으로부터 표준편차를 구할 수 있다.

$$s_p = \sqrt{s_p^2} = \sqrt{\frac{(n_1 - 1)s_1^2 + (n-1)s_2^2}{n_1 + n_2 - 2}}$$

여기서 s_1, s_2는 각각의 표본표준편차를 의미하며 s_p는 공동표준편차이다. 따라서 $\overline{X}_1 - \overline{X}_2$의 표준오차는 다음과 같다.

$$SE(\overline{X}_1 - \overline{X}_2) = s_p \sqrt{\frac{1}{n_1} + \frac{1}{n_2}}$$

그러나 어떤 이유로 "두 모집단의 분산은 같다."라고 가정을 하지 못하는 경우가 있을 것이다. 그러면 $\overline{X}_1 - \overline{X}_2$의 표준오차는 다음과 같이 표기되어야 한다.

$$SE(\overline{X}_1 - \overline{X}_2) = \sqrt{s_1^2/n_1 + s_2^2/n_2}$$

그러나 이 경우 적용되는 자유도는 더 이상 $n_1 + n_2 - 2$가 아니지만, 두 집단 각각의 표본크기가 충분히 큰 경우는 중심극한정리에 따라 문제가 되지 않는다. 그러나 작은 경우는 다음과 같은 자유도를 써야 한다.

$$df = \frac{\left(\frac{s_1^2}{n_1} + \frac{s_2^2}{n_2}\right)^2}{\frac{\left(\frac{s_1^2}{n_1}\right)^2}{n_1 - 1} + \frac{\left(\frac{s_2^2}{n_2}\right)^2}{n_2 - 1}}$$

이렇게 구한 자유도는 일반적으로 정수가 아니다. 따라서 정수에 제일 가까운 수를 자유도로 택한다.

2) 한 개의 모집단의 경우(대응표본)

두 개의 자료가 한 모집단에서 얻어진 경우의 평균 차이분석을 대응표본 T 검정이라고 부르며, 서로 독립인 두 모집단에서 얻어지는 자료의 분석인 독립 T 검정과 구별된다.

대응표본 T 검정은 흔히 사전조사와 사후조사에서 나타나는데, 동일한 개체에 대해서 두 개의 표본을 얻었을 경우이다. 예를 들어, 동일한 열 명의 학생들에게 새로운 교육법을 실시하기 이전의 성적과 새로운 교육법을 실시한 이후의 성적을 기록하고 과연 새로운 교육법이 효과가 있는가를 살펴보려고 한다면 대응표본 T 검정을 실시해야 한다. 오른팔과 왼팔의 길이에 차이가 있는지를 비교한다거나, 운동화의 마모도를 알아보기 위하여 한쪽 발에는 새로 개발한 운동화를 그리고 다른 한쪽 발에는 기존의 운동화를 신게 하고 측정하는 경우이다. 이 경우 각 실험대상인 사람들은 도보 거리가 다르겠지만 왼발과 오른발은 동등하게 사용되었을 것이라 추측할 수 있다.

이렇게 두 개의 표본을 얻었을 때, 그 표본이 동일한지 알아보는 방법은 이들의 차가 0이라는 귀무가설을 검정한다. 즉, 운동화 마모도 실험에서는 한쪽 운동화의 마모도에서 다른 쪽을 빼주어 그 차이의 평균이 0이라는 가설검정을 해준다. 이것은 원칙적으로 평균이 0이라고 할 수 있는지에 관한 한 개의 모집단에서 평균가설검정과 똑같다. 단지 가정은 앞서 말한 두 모집단 모두가 정규분포를 따른다는 가정이 아니라, 차이값들이 정규분포를 따른다는 가정이면 충분하다.

3 SPSS를 이용한 T 검정

1) 두 개의 모집단의 경우(독립표본)

새로 개발한 약의 효력이 두 그룹별로 다른지 알아보기 위하여 c 그룹과 t 그룹의 약효 지속 시간을 측정하였다. 약효지속시간은 정규분포를 따르는 것으로 알려져 있다고 가정한다.

group	약효지속시간
c	80
c	93
c	83
c	89
c	98
t	100
t	103
t	104
t	99
t	102

먼저, SPSS에 자료를 입력해 보자. 한 사람을 한 줄로 입력한다고 생각하면 쉽다. group 변수에서 c 그룹을 1로, t 그룹을 2로 코딩하였다.

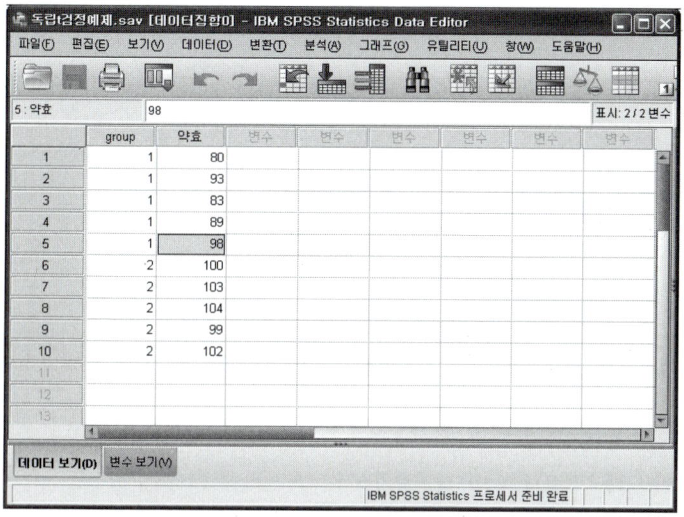

▮그림 7-1▮ 자료의 입력

두 집단의 기술통계량을 먼저 구해보기로 한다. [그림 7-2]처럼 [분석] ⇨ [평균비교] ⇨ [집단별 평균분석]을 선택한다.

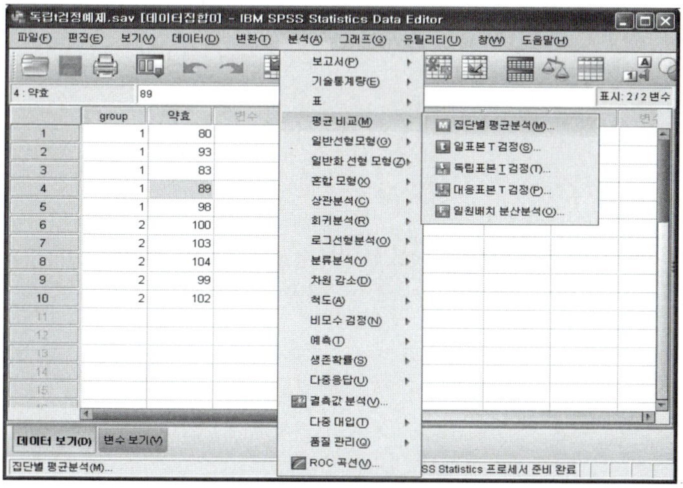

▮그림 7-2▮ 집단별 평균분석

[그림 7-3]의 대화상자에서 평균을 구할 변수를 종속변수 칸에, 집단변수를 독립변수 칸으로 보낸다.

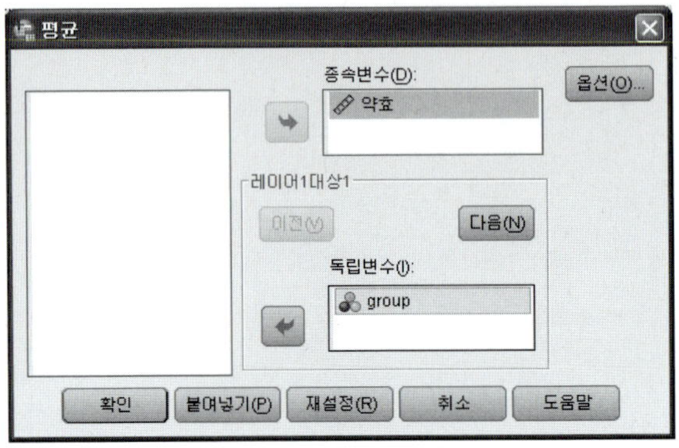

▌그림 7-3▌ 집단별 평균분석 대화상자

확인을 선택하면 [그림 7-4]의 결과를 볼 수 있다. t 그룹의 평균이 더 높다. 하지만 통계적으로 의미가 있는지, 아니면 우연히 이런 결과가 나왔는지 살펴볼 필요가 있다. 왜냐하면 다섯 개씩으로 모집단에서 차이가 있다고 말하려면 표준편차를 고려한 차이가 많이 나야 하는데, 그런 증거가 확보되어 있는지 검정을 해보아야 알 수 있기 때문이다.

보고서

약효

group	평균	N	표준편차
c	88.60	5	7.301
t	101.60	5	2.074
합계	95.10	10	8.517

▌그림 7-4▌ 집단별 평균분석 결과

독립표본 T 검정을 위하여 [분석] ⇨ [평균비교] ⇨ [독립표본 T 검정]을 선택한다. [그림 7-5]는 독립표본 T 검정의 대화상자이다. 여기서 검정변수는 약효, 집단변수는 group을 보내고 [집단정의]를 선택하여 1과 2로 표기된 집단을 알려준다.

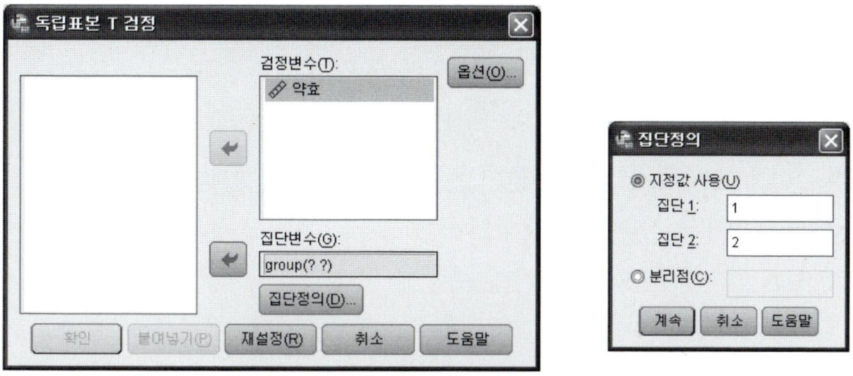

▌그림 7-5▌ 독립표본 T 검정 대화상자

이제 [계속 ⇨ [확인]을 선택하면 [그림 7-6]과 같은 결과가 출력될 것이다.

집단통계량

group		N	평균	표준편차	평균의 표준오차
약효	c	5	88.60	7.301	3.265
	t	5	101.60	2.074	.927

독립표본 검정

		Levene의 등분산 검정		평균의 동일성에 대한 t-검정						
		F	유의확률	t	자유도	유의확률(양쪽)	평균차	차이의 표준오차	차이의 95% 신뢰구간 하한	차이의 95% 신뢰구간 상한
약효	등분산이 가정됨	5.821	.042	-3.830	8	.005	-13.000	3.394	-20.827	-5.173
	등분산이 가정되지 않음			-3.830	4.641	.014	-13.000	3.394	-21.932	-4.068

▌그림 7-6▌ 독립표본 T검정 결과

먼저 분산비가 F 분포에 따른다는 통계학의 이론에 따라 분산이 과연 동일한가를 검정한 후, 분산이 동일하면 첫 번째 라인의 등분산이 가정됨의 유의확률(양쪽) p-값을 보고, 그렇지 않으면 두 번째 라인의 등분산이 가정되지 않음의 p-값을 본다. 분산의 동일성 여부는 Levene의 등분산 검정의 유의확률을 본다.

분산비를 먼저 보고 평균이 같은지 본다고 해서 2단계 검정법을 사용한다고 한다.

한 가지 주의할 점은 분산이 같은지 다른지를 검정하는 F 검정이, 모집단이 정규분포에서 조금만 벗어나도 검정을 제대로 하지 못한다는 점이다. 따라서 소표본이면서 정규모집단이 아닌 경우에는 비모수적 방법을 사용하기 바란다.

먼저 F 값과 p-값을 보면 유의확률이 0.042로서 유의수준 5%에서 분산이 동일하다는 가설이 기각된다. 따라서 아래 라인을 보게 되고, p-값이 0.014로서 0.05보다 작으므로 5%의 유의수준(95%의 신뢰수준)에서 두 독립표본의 평균이 동일하다는 귀무가설을 기각하여 평균이 다르다고 결론지을 수 있다. 즉, 여기서는 "c 그룹과 t 그룹은 평균차이가 있다."라고 할 수 있다. 대부분의 자료는 p-값이 현저하게 다르지 않아 귀무가설을 채택하거나 기각할 때 거의 비슷한 확률을 제공하여, 사용자가 고민하는 경우는 별로 없다.

평균이 다르다면 어떤 그룹의 평균이 더 큰가? t 그룹의 평균(101.6)이 c 그룹의 평균(88.6)보다 크다는 사실을 집단통계량 표에서 쉽게 알 수 있다.

2) 한 개의 모집단의 경우(대응표본)

운동화 실험을 통해 새 운동화의 마모도는 기존 운동화의 마모도와 차이가 없는지 알아보기로 한다. 서로 짝지어진 자료이므로 앞의 독립표본 T 검정과는 다르다.

개체	오른발(새 운동화)	왼발(기존 운동화)
1	90	95
2	87	92
3	100	104
4	80	89
5	95	101
6	90	105

[그림 7-7]처럼 자료를 입력하였다.

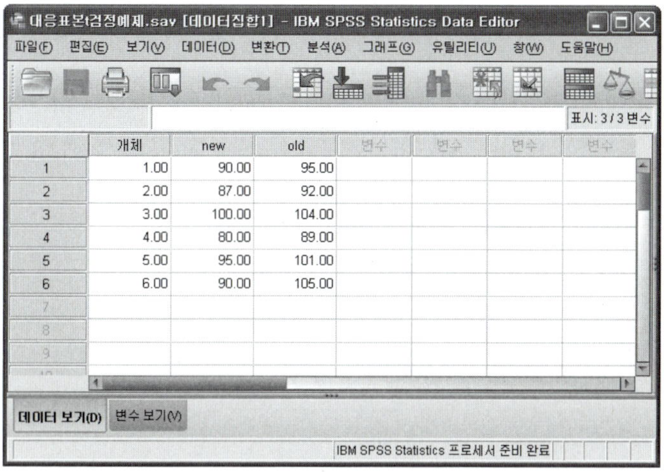

▌그림 7-7▌ 운동화 자료의 입력(대응표본t검정예제.sav)

[분석] ⇨ [평균비교] ⇨ [대응표본 T검정]을 선택한다. [그림 7-8]의 대화상자에서 new변수와 old변수를 한꺼번에 선택하여 오른쪽으로 보내준다.

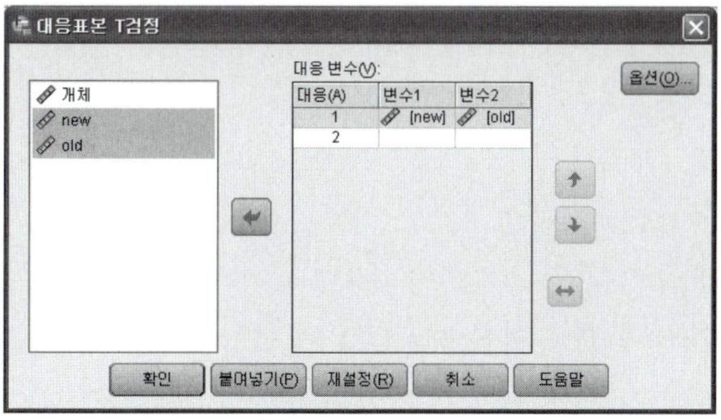

▌그림 7-8▌ 대응표본 T 검정 대화상자

[확인]을 선택해 주면 [그림 7-9]의 결과가 출력될 것이다.

대응표본 통계량

		평균	N	표준편차	평균의 표준오차
대응 1	new	90.3333	6	6.83130	2.78887
	old	97.6667	6	6.62319	2.70391

대응표본 상관계수

		N	상관계수	유의확률
대응 1	new & old	6	.812	.050

대응표본 검정

		대응차					t	자유도	유의확률(양쪽)
		평균	표준편차	평균의 표준오차	차이의 95% 신뢰구간				
					하한	상한			
대응 1	new − old	−7.33333	4.13118	1.68655	−11.66874	−2.99792	−4.348	5	.007

그림 7-9 대응표본 T 검정 결과

유의확률이 0.007로서 유의수준 0.05 또는 0.01보다 작으므로 귀무가설 "new=old"가 유의수준 1%에서 기각하게 된다. 즉, 변수의 차이가 크게 다르므로 "마모도가 차이가 있다."고 결론을 내린다. 어떤 마모도가 더 큰가는 new−old 값의 평균이 −7.3333이므로 old 값이 더 크다는 것을 알 수 있다. 또 맨 위에 제시된 대응표본 통계량 표를 보고도 알 수 있다. 즉, 새로운 운동화(new)의 마모도가 더 작다고 결론을 내릴 수 있다. 만일 단측검정이라면 0.007에 2를 곱하여 0.014를 p−값으로 하여 검정하면 된다.

만일 대응표본 검정과 독립 T 검정이 모두 가능한 경우라면 어떤 실험이 더 오차를 줄일 수 있을까? 정답은 대응표본 검정이다. 예를 들어, 한 개 반에 교육 전과 교육 후 실험치를 비교하는 것은 대응표본 비교이며, 두 개 반을 선정하여 한쪽 반은 교육을 하지 않고 그리고 다른 한쪽 반은 교육을 실시하는 실험은 독립표본 T 검정에 해당된다. 독립 T 검정에서 교육의 효과가 있다고 하면, 원래 잘하는 반이었는지 교육의 효과가 있어서 차이가 있는지 의문일 수도 있다. 독립 T 검정은 본질적으로 동일한 그룹에서 효과의 평균 차이를 검정해야 하는 반면에, 대응표본 검정은 실험 단위에 내재된 오차를 줄여준다는 장점이 있다

연 | 습 | 문 | 제 <<<

1. "아침에 공부하는 학생이 저녁에 공부하는 학생보다 더 좋은 점수를 받을 것이다."라는 가설을 세웠다. 귀무가설과 대립가설을 설정하라.

2. A, B 두 종류의 타이어 평균수명에 차이가 있는지를 확인하기 위하여 각각 30개의 표본을 추출하여 조사한 결과 다음과 같은 결과를 얻었다.

	표본크기	평균	표준편차
A	30	48,500km	3,600km
B	30	52,000km	4,200km

두 타이어가 평균수명에 차이가 있는지 유의수준 5%에서 검정하라.

3. 어느 다이어트 프로그램이 효과가 있는지 연구하려고 아홉 명을 대상으로 시행 전과 시행 후의 체중 차이를 평균을 냈더니 −0.61kg과 표준편차 0.54kg을 얻었다. 귀무가설 '시행 전 체중=시행 후 체중'과 대립가설 '시행 전 체중 > 시행 후 체중'을 유의수준 5%에서 검정하라. 단, $t(8, 0.05)=1.86$이다.

4. 도시지역과 시골지역의 가족 수에 차이가 있는지를 알아보기 위하여 각각 몇 개의 지역을 골라 가족 수를 조사하여 귀무가설 "도시지역 가족 수의 평균=시골지역 가족 수의 평균"에 대한 t 검정 결과 p-값으로 0.03을 얻었다.

1) 유의수준 5%에서 통계적 가설검정의 결과를 설명하라.
2) 유의수준 1%에서 통계적 가설검정의 결과를 설명하라.

5. 귀무가설이 사실인데도 불구하고, 기각하는 오류를 무엇이라 부르는가? 이 오류를 범할 확률의 허용한계는 무엇이라 부르는가?

6. 25마리의 젖소를 키우는 목장에서 두 종류의 사료가 우유 생산량에 미치는 영향을 비교하려고 한다. 25마리 중 임의로 선택된 13마리에게는 한 종류의 사료를 주고, 나머지에게는 다른 종류의 사료를 주어 3주일간 조사한 결과가 다음과 같이 주어졌다. 통계패키지를 사용하여 다음 물음에 답하라. (연습문제 7-6. sav)

연 | 습 | 문 | 제 <<<

사료1	44	44	56	46	47	38	58
	53	49	35	46	30	41	
사료2	35	47	55	29	40	39	32
	41	42	57	52	39		

1) 사료1에 의한 평균과 표준편차, 사료2에 의한 평균과 표준편차를 구하라.
2) 만일 정규분포를 따른다면, T 검정을 이용하여 사료에 따른 우유 생산량에 차이가 있는가를 유의수준 5%로 가설검정하라.

7. 어떤 화학제품 안에 들어 있는 X성분의 양을 두 가지 방법에 의해서 측정한 데이터는 다음과 같다. 통계패키지를 사용하여 다음 물음에 답하라. (연습문제 7-7. sav)

방법 1	7.55	7.74	7.69	7.71	7.73	7.81	7.53	7.94
방법 2	7.92	7.77	7.75	7.78	8.13	7.99	7.83	8.00

1) 방법 1과 방법 2의 차이값을 계산하여 이들의 평균을 구해보라.
2) 측정 방법에 따른 성분의 양에 차이가 있는가를 유의수준 5%에서 가설검정하라.

8. 시험점수. xls 파일을 이용하여 개인별 과목의 평균점수를 구하고, 성별 간에 차이가 있는지 유의수준 5%에서 가설검정하라.

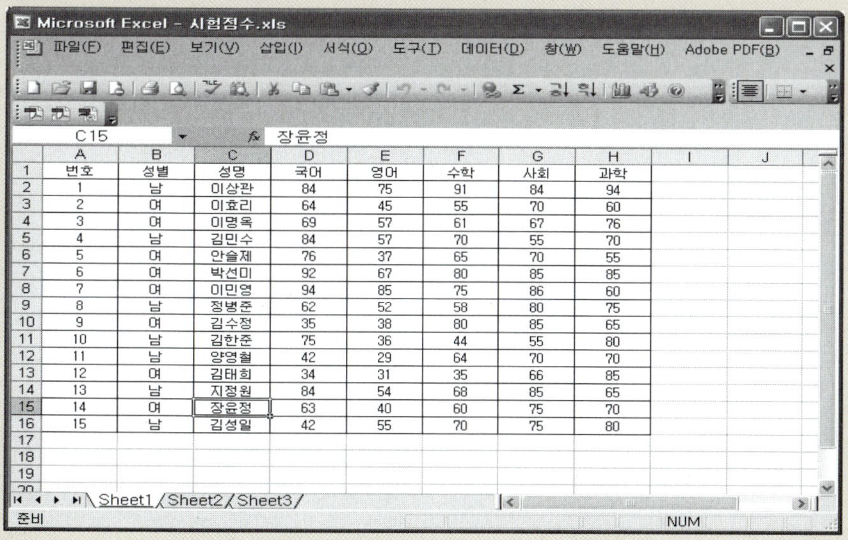

번호	성별	성명	국어	영어	수학	사회	과학
1	남	이상관	84	75	91	84	94
2	여	이효리	64	45	55	70	60
3	여	이명옥	69	57	61	67	76
4	남	김민수	84	57	70	55	70
5	여	안슬제	76	37	65	70	55
6	여	박선미	92	67	80	85	85
7	여	이민영	94	85	75	86	60
8	남	정병준	62	52	58	80	75
9	여	김수정	35	38	80	85	65
10	남	김한준	75	36	44	55	80
11	남	양영철	42	29	64	70	70
12	여	김태희	34	31	35	66	85
13	남	지정원	84	54	68	85	65
14	여	장윤정	63	40	60	75	70
15	남	김성일	42	55	70	75	80

연 | 습 | 문 | 제 <<<

9. 환경시설유치의견.SAV 자료를 이용하여 다음을 분석하라.

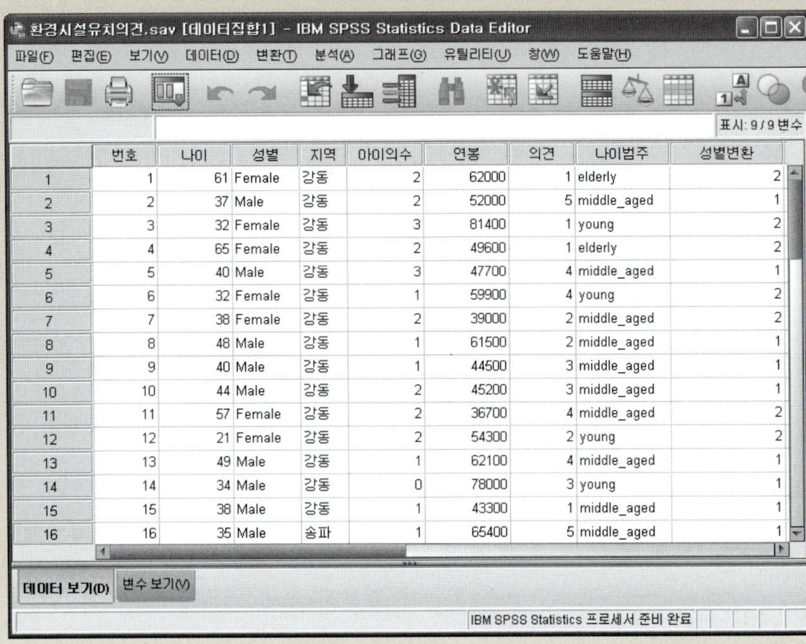

	번호	나이	성별	지역	아이의수	연봉	의견	나이범주	성별변환
1	1	61	Female	강동	2	62000	1	elderly	2
2	2	37	Male	강동	2	52000	5	middle_aged	1
3	3	32	Female	강동	3	81400	1	young	2
4	4	65	Female	강동	2	49600	1	elderly	2
5	5	40	Male	강동	3	47700	4	middle_aged	1
6	6	32	Female	강동	1	59900	4	young	2
7	7	38	Female	강동	2	39000	2	middle_aged	2
8	8	48	Male	강동	1	61500	2	middle_aged	1
9	9	40	Male	강동	1	44500	3	middle_aged	1
10	10	44	Male	강동	2	45200	3	middle_aged	1
11	11	57	Female	강동	2	36700	4	middle_aged	2
12	12	21	Female	강동	2	54300	2	young	2
13	13	49	Male	강동	1	62100	4	middle_aged	1
14	14	34	Male	강동	0	78000	3	young	1
15	15	38	Male	강동	1	43300	1	middle_aged	1
16	16	35	Male	송파	1	65400	5	middle_aged	1

1) 남자와 여자의 연봉의 평균과 표준편차를 각각 구하여라.
2) 성별에 따라 연봉에 차이가 있는지를 유의수준 0.05에서 양측검정하라.
3) 성별에 따라 나이에 차이가 있는지를 유의수준 0.05에서 양측검정하라.

10. 광순이와 지유는 볼링이 수준급이다. 에버리지는 비슷하다고 한다. 지난 열세 번의 경기결과 스코어를 기록하였다. 과연 평균이 같은지를 알아보고 어떤 결론을 내릴 수 있는지 SPSS를 이용하여 분석하라. (연습문제 7-10. sav)

광순	150	140	143	163	170	182	193	140	150	163	173	192	200
지유	162	163	152	170	1 62	173	162	180	165	183	173	172	182

Chapter 8

Statistics Mentor

차이분석 2(분산분석)

Chapter 8 Statistics Mentor

차이분석 2(분산분석)

한국, 중국, 일본의 소득 평균을 비교한다고 가정해 보자. 표본을 추출하여 소득 차이를 비교할 때 차이가 있으려면 평균 값들의 차이가 커야 한다고 생각하기 쉽다. 통계적인 차이는 그냥 평균만을 비교하지 않고 평균과 표준편차를 함께 고려해서 비교하게 된다.

각 나라에서 소득을 구성하는 표본 값들이 평균을 중심으로 모여 있다고 하면, 그것만큼 평균은 강력해져서 평균이 조금 차이가 나더라도 나라 간에 차이가 있다고 할 수 있다. 반대로 각 나라를 구성하는 표본 값들이 평균과 멀게 구성되어 있다면(실제로 소득은 구성원 별로 차이가 많다), 평균에서 차이가 있더라도 표준편차를 고려한 평균은 차이가 있다고 하기 어렵다.

집단 간에 평균 차이를 검정할 때는 집단 내부에서는 평균을 중심으로 조밀하게 구성되어 있으면서, 집단 간에는 평균 차이가 크게 날 때 통계적으로 유의해진다. 현실세계에서도 마찬가지이다. 우리 집단이 다른 집단과 다르다고 할 수 있으려면, 집단 내부에서는 비슷하고, 다른 집단과는 차이가 나야 진정한 차이라고 할 수 있을 것이다. 영국의 맨체스터 유나이티드 축구팀처럼 잘하는 선수로만 구성된 팀이 한두 사람의 스타플레이어로 구성된 다른 팀과 클래스가 다르다라고 할 수 있지 않을까? 물론 공은 둥글기 때문에 승패는 다른 문제이지만, 차이가 있다라는 의미를 생각해 보기로 한다.

1 분산분석의 개념과 중요성

앞에서 설명했던 T 검정은 두 모집단의 차이를 비교하는 것이다. 그렇지만 세 집단 이상의 차이를 비교하는 경우가 더 많을 수 있다. 국가 간의 비교도 한·중·일 3국

비교이다. 체육대회에서 금은동 메달을 받은 사람들의 점수 차이의 비교도 세 개 이상이다.

이 경우에 가장 보편적인 통계학적인 기법은 분산분석(ANOVA, ANalysis Of VAriance)이다. 가끔 "통계학은 분산분석과 회귀분석만 알면 다 터득한 거야."라는 말이 있는데 어느 정도 일리가 있다. 차이를 찾아내는 대표적인 분석이 분산분석이다. 관계를 밝히는 대표적인 분석이 회귀분석이다. 회귀분석은 다음에서 자세하게 설명이 될 것이다.

분산분석은 분산(표준편차의 제곱)을 분석해서 모집단 간의 차이를 보자는 것이다.

그러면 앞에서 배운 T 검정을 활용해서 세 집단의 차이를 분석할 수는 없을까? 가능은 하다. 한・중・일 3국 국민들의 평균 키를 비교할 때 두 집단씩 비교하는 것이다. 한국과 중국의 평균 키의 비교, 한국과 일본의 평균 키의 비교, 그리고 중국과 일본의 평균 키의 비교. 이렇게 하면 되는데 왜 새로운 분석기법인 분산분석을 사용해야 할까? 두 가지 이유가 거론될 수 있다.

첫째는 T 검정을 활용해서 두 집단끼리 세 번 비교하게 되면 통계적인 신뢰도가 떨어질 수 있다. 예를 들어서, 한국과 중국을 비교할 때 유의수준을 5%로 하면 95%의 신뢰도(다시 말해서, 0.95의 신뢰도)가 확보된다. 한국과 일본을 비교할 때도 유의수준을 5%로 0.95의 신뢰도가 된다. 또한 중국과 일본을 비교할 때도 유의수준을 5%로 하면 0.95의 신뢰도가 된다. 이렇게 되면 세 번의 비교를 통해서 전체 신뢰도는 0.95×0.95×0.95가 된다. 그런데 한 번에 동시에 3개국을 비교하면 우리는 0.95의 신뢰도를 얻을 수 있다. 각각 세 번 해서 이것을 전부 곱하면 전체의 신뢰도는 한 번에 전체를 다하는 것보다 낮아진다. 보다 정확한 신뢰도를 찾아나가는 것이 중요한데 한 번에 하는 것을 택해야 할 것이다.

둘째는 비교하는 그룹이 아주 많아지면(예를 들어서, 한 여덟 개 집단) 두 집단씩 비교하는 절차는 너무나 복잡해질 수가 있다. 두 개씩을 수십 번 비교하는 것보다는 한 번에 전체를 비교하는 것이 절차적으로 훨씬 더 효율적이고 바람직한 것이다. 이와 같은 이유 때문에 현실에서 분산분석을 광범위하게 사용하고 있다.

분산분석은 각각의 독립변수들이 모집단에서 추출되는 표본의 평균에 영향을 주었는지를 비교하는 것이다. 여기에서 각각의 독립변수들을 보통 요인 혹은 인자(Factor)라고 부른다. 이것은 우리가 검증하려는 독립변수를 의미한다. 한국, 중국, 일본의 3국

국민들의 평균 키가 같은지 혹은 다른지를 비교한다면 여기에서는 국가가 독립변수가 된다.

동일한 독립변수에 대해서 여러 번에 걸쳐서 조사를 할 때 반복(Replication)이 나타난다. 앞에서 한국, 중국, 일본 3국의 국민들을 여러 번에 걸쳐서 뽑았을 때 여러 번의 반복이 시행된 것이다.

2 분산분석의 논리

1) 분산의 의미와 종류

분산분석의 논리는 아주 명쾌하다.

집단 간에 차이가 없다면 집단 간의 분산이 집단 내의 분산에 비교해서 별로 크지 않을 것이다. 그러나 집단 간에 차이가 있다면 집단 간의 분산이 집단 내의 분산에 비교해서 상당히 클 것이다.

분산으로 평균을 비교하는 독특한 기법이 분산분석이다. 분산에는 크게 세 가지가 있다.

* 총분산: 개별 표본치들에서 전체 평균과의 차이를 제곱한 분산을 의미한다.
* 집단 간 분산: 각 집단 평균에서 전체 평균과의 차이를 제곱한 분산을 의미한다.
* 집단 내 분산: 집단 내의 표본치들에서 집단 간 평균과의 차이를 제곱한 분산을 의미한다.

예를 들어서, 분산분석의 논리를 설명하면 다음과 같다. 어느 학교법인은 산하에 중학교, 고등학교, 대학교를 다 가지고 있다. 각급 학교에서 스마트폰을 사용하는 학생들을 뽑아서 하루에 스마트폰 사용시간을 물어보았다. 그 결과는 다음과 같았다.

반복		요인	
	(중학교	고등학교	대학교)
1	2	5	7
2	4	4	7
3	3	3	10
평균	3	4	8

전체 평균은 5이다. 여기에서 총분산이란 세 집단의 모든 표본관측치들에서 전체 평균과의 차이를 제곱한 것의 합을 의미한다.

총분산: (2−5)의 자승+(5−5)의 자승+(7−5)의 자승+(4−5)의 자승+(4−5)의 자승+(7−5)의 자승+(3−5)의 자승+(3−5)의 자승+(10−5)의 자승=52

여기에서 그냥 빼지 왜 자승을 하느냐는 의문이 있을 수 있는데, 그냥 빼면 부호가 플러스 혹은 마이너스로 나와 상쇄가 되어서 값이 0이 된다. 분산이란 관측치와 평균과의 차이 합을 표시하려는 것이므로 자승을 하면 값을 산출할 수 있다. 이것을 관련된 표본의 숫자로 나누어야 정확한 분산이 나온다. 52를 9로 나누면 약 5.77이 된다.

집단 간 분산은 집단 간의 평균과 전체 평균과 차이의 제곱의 합을 의미한다.

집단 간 분산: (3−5)의 자승+(4−5)의 자승+(8−5)의 자승=14

이것을 집단의 숫자로 나누어야 정확한 분산이 나온다. 14 나누기 3(세 집단)은 약 4.66이다.

집단 내 분산은 집단 내 표본관측치들과 집단 내 평균과의 차이의 제곱합을 의미한다.

집단 내 분산: 〈(2−3)의 자승+(4−3)의 자승+(3−3)의 자승〉+〈(5−4)의 자승+(4−4)의 자승+(3−4)의 자승〉+〈(7−8)의 자승+(7−8)의 자승+(10−8)의 자승〉=〈2〉+〈2〉+〈6〉=10이다.

이것을 표본관측치들의 숫자로 나누면 약 1.11이다.
요약하면 다음과 같다.

* 총분산: 약 5.77
* 집단 간 분산: 약 4.66
* 집단 내 분산: 약 1.11

총분산=집단 간 분산+집단 내 분산
5.77=4.66+1.11

2) 분산으로 평균을 비교하는 개념과 타당성

총분산, 집단 간 분산, 집단 내 분산의 정확한 의미를 설명하면 다음과 같다. 총분산이란 전체 평균에서 각각의 표본치 숫자와의 차이 제곱을 구해서 전부 더하고 표본의 숫자로 나눈 것이다. 전체 평균에서 각각의 모집단에서 뽑힌 전체 표본치들과의 분산이다. 이것은 모집단의 특성과 상관없이 전체의 분산을 의미한다.

집단 간 분산이란 전체 평균에서 집단의 평균을 빼서 이것을 자승하고 그리고 전부 합해서 집단의 숫자로 나눈 것이다. 전체 평균에서 각 집단 간의 평균을 뺀 것이다. 만약 집단 간에 평균 차이가 별로 없다면 집단 간 분산은 작을까? 혹은 클까? 값은 작을 것이다.

이유는 집단 간에 차이가 별로 없으니 집단들의 평균은 전체 평균과 별로 차이가 없게 될 것이다. 집단 간 분산이 작다는 것은 집단 간의 평균 차이가 그다지 크지 않은 것을 의미한다. 그러나 이것만 가지고는 한계가 있다. 왜냐하면 집단 간에는 차이가 별로 없더라도 집단 내에서 차이가 아주 미세하다면 집단 간의 그다지 크지 않은 평균차이도 크게 느껴질 것이다. 예를 들어서, 집단 내가 전부 동일한 숫자들로 이루어져 있다면 집단내 분산은 없을 것(값으로는 영)이므로 이러한 경우에는 집단 간에 약간의 차이가 있어도 실제로는 크게 느껴질 것이다.

따라서 우리는 집단 간의 분산만으로 최종 결론을 내리기는 부족하다. 그래서 집단 내 분산을 또 구하는 것이다. 집단 내 분산이란 어떻게 구했는가? 각 집단의 평균에서 각 집단 내의 표본관측치들을 빼고 이것을 자승해서 그리고 전부 합한 다음에 이것을 집단 내의 표본관측치의 전체 숫자로 나눈 것이다. 집단 내 분산이란 각 집단 내의 수치들이 각각의 집단의 평균과 얼마나 떨어져 있는가를 나타내는 것이다.

요약하면, 총분산은 집단 간 분산과 집단 내 분산의 합이다. 여기서 중요한 것은 각 집단 간에 평균의 차이가 없다면 집단 간 분산은 적고 집단 내 분산도 적을 것이다. 그러나 만약 각 집단 간에 평균의 차이가 크다면 집단 간 분산은 크고 집단 내 분산은 적을 것이다. 이것을 일률적으로 파악할 수 있는 원칙이 있는가?

그것은 집단 간 분산을 집단 내 분산으로 나눈 비율을 구하는 것이다.

$$\frac{\text{집단 간 분산}}{\text{집단 내 분산}}$$

만약 이 값이 적다면, 그것은 집단 간의 분산이 집단 내의 분산에 비해서 별로 크지 않다는 것이다. 그것은 집단 간에 차이가 별로 없다는 것을 암시하는 것이다. 그러나 반대로 집단 간의 분산의 값이 크고 집단 내의 분산의 값이 작아서 위에서 구한 비율이 크다면, 그것은 집단 간에 차이가 있을 것이라는 것을 암시하는 것이다. 이것이 분산분석의 기본 논리이다.

기본 논리를 바탕으로 SPSS로 실제 분석하면 제곱합의 형태로 나타난다.

$$\text{총제곱합} = \text{집단 내 제곱합} + \text{집단 내 제곱합}$$

이 되고 각각의 제곱합을 자유도로 나눠 준 평균제곱비로 검정을 하게 된다.

3) 분산분석의 가정과 귀무가설

분산분석은 다음과 같은 가정을 할 수 있을 때 사용할 수 있다.

(1) 독립성

집단들은 서로 독립이고, 집단 내의 케이스들은 서로 독립이다. 분석하고자 하는 변수와 관련된 요소들을 표본들이 공유하고 있다면, 서로 독립이라고 가정할 수 없다. 예를 들어서, 한 가정에서 어린이, 청소년, 성인을 표본 추출한 뒤 사회문제에 대한 어린이집단, 청소년집단, 성인집단의 의견 점수를 비교하고자 한다면, 각 집단에 있는 사람은 생활습관이나 사고방식 등을 공유하므로 집단들이 서로 독립이라고 할 수 없다. 또한 한 가정에서 여러 명의 성인을 추출하는 경우도, 집단 내의 케이스들이 서로 독립이라고 할 수 없다.

(2) 정규성

각 집단에서 종속변수는 정규분포를 따른다. 주위의 연속형(등간척도, 비율척도) 변수들은 정규분포를 따른다고 가정할 수 있다. 정규분포를 따르지 않는다고 생각할 만한 특별한 이유가 없다면, 이 가정은 가능하다.

(3) 등분산성

종속변수의 분산은 모든 집단에서 서로 같다. T 검정에서는 분산의 동질성에 대한 검정을 해서 동일분산을 가정하는 경우와 가정하지 않는 경우의 통계량을 이용할 수 있었다. 하지만 분산분석은 분산이 동일할 때 사용해야만 바른 결과를 얻을 수 있으므로, 이 가정은 매우 중요하다.

분산분석을 할 때 검정하고자 하는 귀무가설은

H_0 : 모든 집단의 평균은 다 같다.

이고, 이에 대한 대립가설은

H_1 : 모든 집단의 평균이 다 같지는 않다.

이다. 대립가설에서 보듯이 주의할 점은 만일 검정결과가 유의하여 귀무가설을 기각한다 해도, "모든 집단의 평균은 다 다르다."라는 결론을 내릴 수 없다는 것이다. "모든 집단의 평균이 다 같지는 않다."라는 결론은 내릴 수 있다. 또 "모든 집단의 평균이다 같지는 않다."라는 말은 "모든 집단의 평균이 다 다르다."의 의미가 아니라, "집단 중 적어도 어느 하나는 평균이 다르다."는 의미이다.

4) 분산분석의 사후분석

귀무가설이 기각되었을 때 구체적으로 어떤 수준 간에 평균의 차이가 있는지를 알아보기 위해서 다중비교를 실시한다. 즉, 어떤 대립가설이 맞는지 살펴보는 것이다. 대표적인 방법으로는 Bonferroni, Scheffe, Tukey, Duncan 등이 있다. Duncan 방법이 비교적 귀무가설을 잘 기각(차이가 있다고 잘 표현)시키기 때문에 많이 선호된다.

3 SPSS를 이용한 분산분석

먼저, 학교 예제로 분산분석의 원리를 확인해 보기로 한다. 먼저 자료를 [그림 8-1]과 같이 입력한다. 중학교를 1, 고등학교를 2, 대학교를 3으로 코딩하였다.

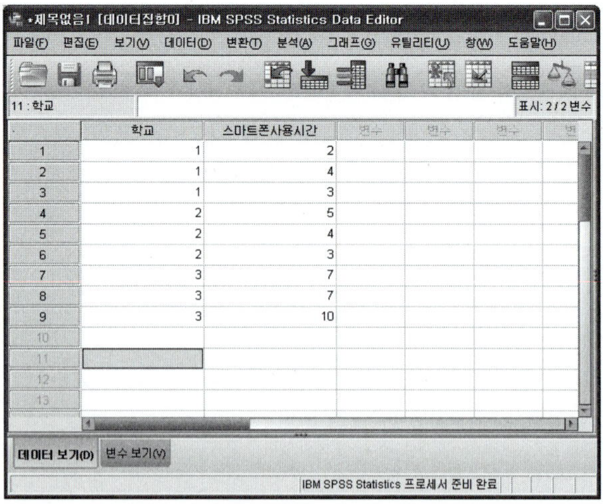

▌그림 8-1▐ 각급 학교별 스마트폰 이용시간 자료 입력

[분석] ⇨ [평균비교] ⇨ [일원배치 분산분석]을 선택하면 대화상자가 [그림 8-2]처럼

나타난다. 일원배치는 집단별로 평균을 비교하고자 하는데 집단을 포괄하는 요인이 하나라는 뜻이다. 종속변수에는 연속형 변수, 요인에는 집단을 나타내는 변수를 보내준다.

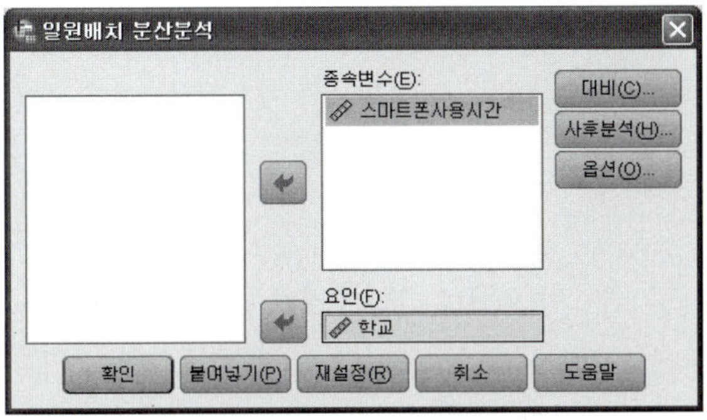

▌그림 8-2▐ 일원배치 분산분석 대화상자

[확인]을 선택하면 [그림 8-3]의 결과를 볼 수 있다.

일원배치 분산분석

스마트폰 사용시간

	제곱합	df	평균 제곱	F	유의확률
집단-간	42.000	2	21.000	12.600	.007
집단-내	10.000	6	1.667		
합계	52.000	8			

▌그림 8-3▐ 일원배치 분산분석 대화상자

분석에 사용된 자료가 아홉 개이므로 전체 자유도는 총자료의 수 $-1=8$, 집단이 세 개이므로 모형에 의해 설명되는 자유도는 수준 $-1=2$, 집단 내 자유도는 전체 자유도 −모형에 의해 설명되는 자유도$=6$이다.

제곱합은 다음과 같은 공식으로 출력되고 이는 F 통계량 산출에 사용된다.

* 전체 제곱합 $=\sum(\text{전체 자료}-\text{전체 평균})^2$
* 집단 간 제곱합$=\sum(\text{집단 평균}-\text{전체 평균})^2\times$각 집단의 관측치 수

* 집단 내 제곱합 $= \sum$(전체 자료 $-$ 집단 평균)^2

⇨ 전체 제곱합 (52) = 집단 간 제곱합 (42) + 집단 내 제곱합 (10)

이 식을 통해서 각 집단 간 평균의 차이가 크면 집단 간 제곱합이 증가하게 되고 집단 내 제곱합은 줄어들게 되어 그 비율이 차이가 나게 됨을 알 수 있는데 결국 이 비율을 검정하는 것이다. 평균제곱은 제곱합을 자유도로 나눈 값이다. F 통계량 값은 다음과 같이 계산한다.

$$\frac{\text{집단 간 평균 제곱합}}{\text{집단 내 평균 제곱합}} = \frac{21.00}{1.667} = 12.60$$

유의확률 값이 0.007이므로 귀무가설 "각급 학교에 따라 스마트폰 사용시간은 같다."를 유의수준 1%로 기각할 수 있다. 즉, 각급 학교에 따라 스마트폰 사용시간은 차이가 있다.

예제 8-1 영어듣기점수

영어 듣기 능력 테스트를 위해 네 가지 목록에 대해서 25개의 영어단어를 들려주었다. 각 목록마다 24명의 학생을 실험하여 영어 듣기 점수(Hearing)를 구하였다. 네 가지 목록에 대해서 학생들의 영어듣기점수의 차이가 있는지를 검정해 보자.

〈hearing.xls〉

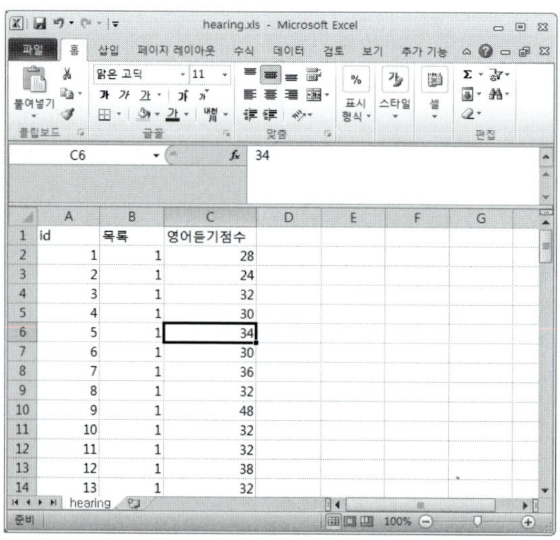

그림 8-4 영어듣기점수 예제

SPSS로 이 자료를 불러들여 분산분석을 해보기로 한다. 일원배치 분산분석의 대화상자에서 [그림 8-5]와 같이 입력한다.

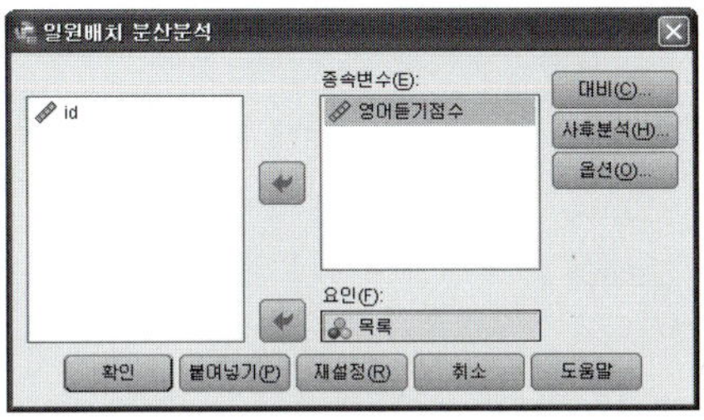

▌그림 8-5▐ 일원배치 분산분석 대화상자

SPSS로 이 자료를 불러들여 분산분석을 해보기로 한다. 일원배치 분산분석의 대화상자에서 [그림 8-5]와 같이 설정하고 [확인]을 클릭해 준다. [그림 8-6]의 결과를 볼 수 있다.

일원배치 분산분석

영어듣기점수

	제곱합	df	평균 제곱	F	유의확률
집단-간	920.458	3	306.819	4.919	.003
집단-내	5738.167	92	62.371		
합계	6658.625	95			

▌그림 8-6▐ 영어듣기점수 분산분석 결과

자유도 (3,92)인 F 분포에서 F 값 4.92보다 클 확률을 구한 유의확률은 0.003이므로 귀무가설 "목록에 따라 영어듣기점수의 평균은 차이가 없다."를 유의수준 0.01로 기각할 수 있다. 즉, 목록에 따라 영어듣기점수 평균은 차이가 있다. 그런데 차이가 있다면 어떻게 있는지를 살펴보기로 하자. 목록이 네 개인데 그들의 차이는 어떤 모습인지 알아본다는 의미이다.

[그림 8-5]의 대화상자에서 [사후분석]을 선택하면 [그림 8-7]의 다중비교 대화상자가 열리는데 여기서 익숙한 방법을 선택한다. 여기서는 Duncan을 선택하였다.

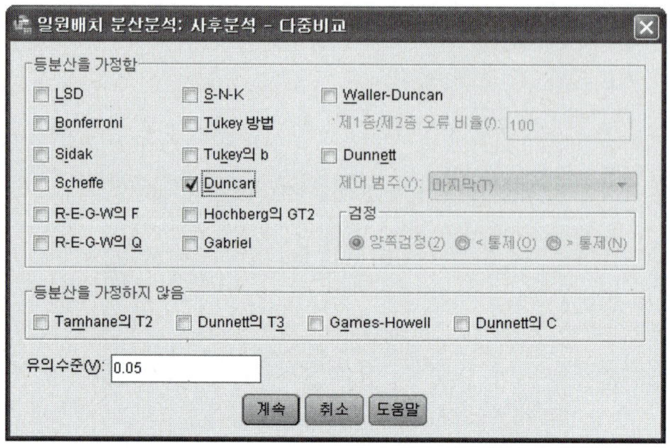

▌그림 8-7▐ 사후분석-다중비교 대화상자

[계속]하고 [확인]을 선택하면 [그림 8-8]의 결과를 볼 수 있다. Duncan의 다중비교 결과, 부집단 1에서 3, 4, 2와 부집단 2에서 2, 1인 두 그룹으로 크게 나뉘어진다. 두 처리의 부집단이 동일하면 두 목록 간에는 평균 차이가 없고, 부집단이 다르면 평균 차이가 있다는 것을 나타낸다. 부집단 2에 속한 목록들은 부집단 1에 속한 목록들보다 평균이 더 높다는 것을 알 수 있고, 목록 2는 부집단 1과 부집단 2에 동시에 속해 다른 목록들과 평균 차이를 보이지 않는다는 것을 알 수 있다.

영어듣기점수

Duncan

목록	N	유의수준=0.05에 대한 부집단	
		1	2
3	24	25.25	
4	24	25.58	
2	24	29.67	29.67
1	24		32.75
유의확률		.069	.180

동일 집단군에 있는 집단에 대한 평균이 표시됩니다.
a. 조화평균 표본크기 24.000을(를) 사용합니다.

▌그림 8-8▐ Duncan 다중비교 결과

다중비교의 표현방법에서 수준의 수가 많으면 각 집단 간의 조합을 하나하나 보여주는 경우가 있는데 이때는 유의한 차이가 있는 수준 간에 * 표시로 알려준다.

각 그룹별 평균과 편차 등을 한 번에 보기 위한 도표로 [그림 8-9]의 집단별 상자그림을 추천한다.

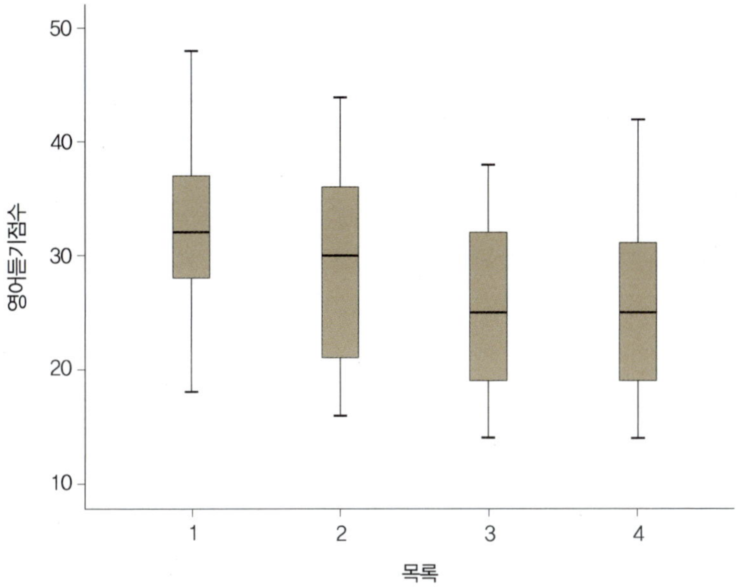

▌그림 8-9▐ 영어듣기점수의 집단별 상자 그림

연 | 습 | 문 | 제 <<<

1. 임의로 추출한 열다섯 권의 책을 읽게 하여 각기 다른 교수법으로 훈련시킨 세 그룹(X, Y, Z)을 조사하여 다음과 같은 결과를 얻었다. 세 교수법 간에 평균의 차이가 있는가를 유의수준 5%에서 검정하라.(연습문제 8-1.sav)

X	Y	Z
700	480	500
850	460	550
820	500	480
640	570	600
920	580	610

1) 귀무가설과 대립가설은 무엇인지 설명하라.
2) 검정 후 사후분석이 필요한지 검토해 보라.
3) 사후분석(다중비교)을 한다면 그 결과는 어떻게 되는지 설명하라.

2. 악성 위암, 기관지암, 대장암, 난소암 또는 유방암 환자들은 어떤 약으로 치료를 받았다. 암의 기관에 따라 환자의 생존기간이 다른지를 살펴보라<cancer.xls>.

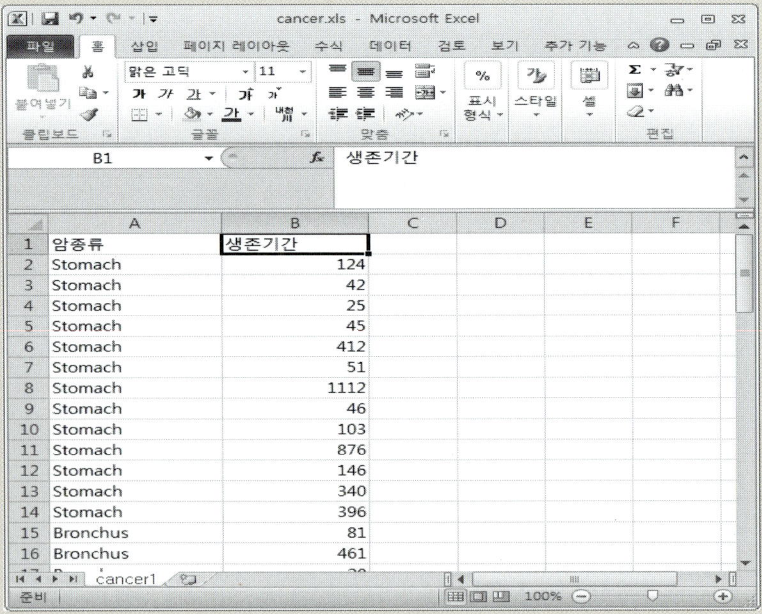

연 | 습 | 문 | 제 <<<

3. 통계학 시험성적이 차이가 나는지를 알아보기 위하여 A, B, C 대학교에서 다섯 명을 추출하여 성적을 조사하였다. 신뢰수준 95%에서 검정해 보라.(연습문제 8-3과 8-4.sav)

	A 대학	B 대학	C 대학
1	62	72	82
2	63	73	83
3	64	74	84
4	65	75	85
5	66	76	86

4. 통계학 시험성적이 차이가 나는지를 알아보기 위하여 A, B, C 대학교에서 다섯 명을 추출하여 성적을 조사하였다. 신뢰수준 95%에서 검정해 보라. 4번 문제와 대학의 성적 평균이 동일하다. 결과도 같은가?

	A 대학	B 대학	C 대학
1	48	58	68
2	56	66	76
3	64	74	84
4	72	82	92
5	80	90	100

5. 세 회사의 사원들을 표본 추출하여 직업만족도를 조사하였다. 세 회사의 평균 직업만족도가 다르다고 할 수 있는지 유의수준 5%로 검정하라.(연습문제 8-5.sav)

A 회사	B 회사	C 회사
69	56	71
67	63	72
65	55	70
59	59	68
68	52	74
61	57	
66		

연 | 습 | 문 | 제 <<<

6. 환경시설유치의견.sav 자료를 이용하여 다음을 분석하라.

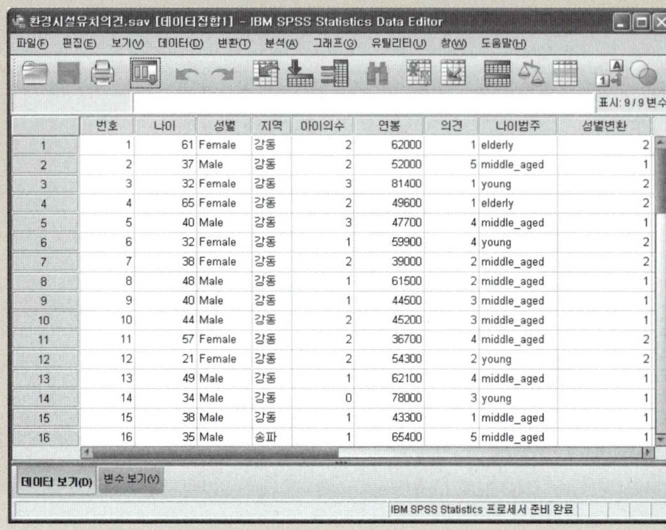
환경시설유치의견.sav [데이터집합1] - IBM SPSS Statistics Data Editor

	번호	나이	성별	지역	아이의수	연봉	의견	나이범주	성별변환
1	1	61	Female	강동	2	62000	1	elderly	2
2	2	37	Male	강동	2	52000	5	middle_aged	1
3	3	32	Female	강동	3	81400	1	young	2
4	4	65	Female	강동	2	49600	1	elderly	2
5	5	40	Male	강동	3	47700	4	middle_aged	1
6	6	32	Female	강동	1	59900	4	young	2
7	7	38	Female	강동	2	39000	2	middle_aged	2
8	8	48	Male	강동	1	61500	2	middle_aged	1
9	9	40	Male	강동	1	44500	3	middle_aged	1
10	10	44	Male	강동	2	45200	3	middle_aged	1
11	11	57	Female	강동	2	36700	4	middle_aged	2
12	12	21	Female	강동	2	54300	2	young	2
13	13	49	Male	강동	1	62100	4	middle_aged	1
14	14	34	Male	강동	0	78000	3	young	1
15	15	38	Male	강동	1	43300	1	middle_aged	1
16	16	35	Male	송파	1	65400	5	middle_aged	1

1) 나이 범주에 따라 연봉의 평균과 표준편차를 각각 구하라.
2) 나이 범주에 따라 연봉에 차이가 있는지를 유의수준 0.05에서 검정하라.
3) 나이 범주에 따라 연봉의 분산이 동일한지 검정하라.

7. 다음의 자료는 성인들을 성별, 나이별로 네 수준으로 분류하고 임의로 각 수준에서 세 명의 사람들을 추출하여 콜레스테롤 양을 측정한 결과이다. 콜레스테롤 양이 차이가 있는지 유의수준 5%에서 가설검정하라.

A: 40세 이상 50세 미만 여성, B: 40세 이상 50세 미만 남성
C: 50세 이상 60세 미만 여성, D: 50세 이상 60세 미만 남성

	A	B	C	D	
	221	271	262	192	
	213	192	193	253	
	202	189	224	248	
합	636	652	679	693	전체 합 2660
평균	212	217.3	226.3	231	전체 평균 221.6

Chapter 9

Statistics Mentor

관계분석 1 (상관분석과 교차분석)

Chapter

9 관계분석 1 (상관분석과 교차분석)

Statistics Mentor

[그림 9-1]은 통계청에서 제공하는 통계정보시스템(http://kosis.kr)의 버블차트이다. 먼저 x축과 y축의 변수를 지정하고 버블크기 변수를 지정하면 연도에 따라 지역 버블의 움직임을 볼 수 있다. 4차원 그래프라고 할 수 있는데, 여기서는 시도별 면적과 주택 수를 놓고 인구를 버블로 표현해 보았다. 경기도는 버블이 커서 인구가 많다는 것을 나타내고 면적으로는 네 번째 정도에 해당하며, 주택 수는 제일 많다. 공간과 시간의 관계를 시각적으로 보여주고 있다.

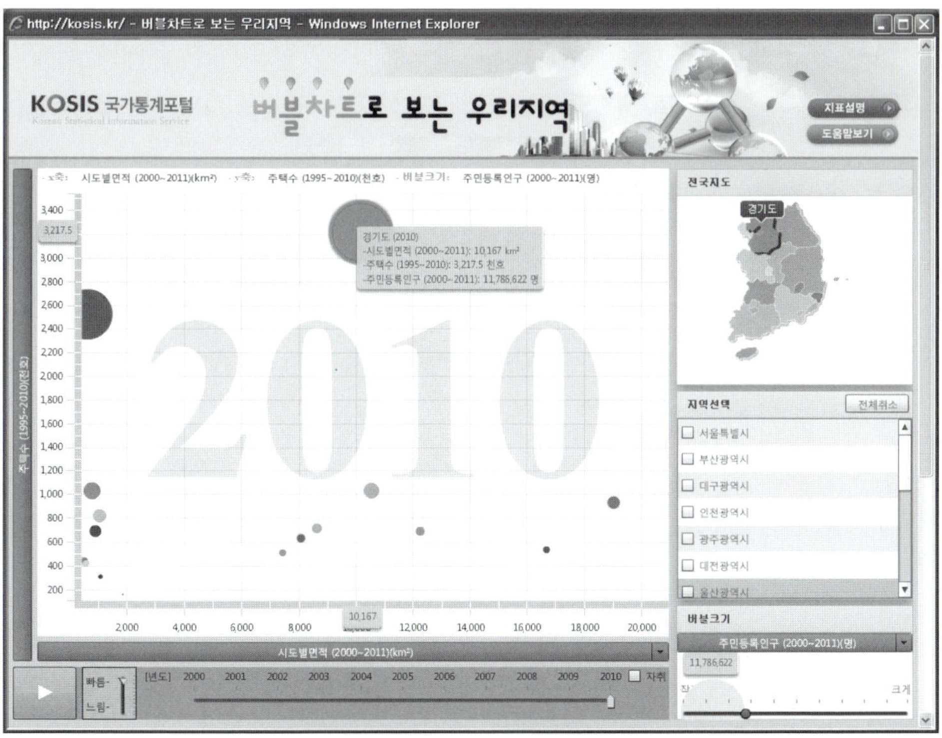

그림 9-1 버블차트

1 관계분석의 중요성

앞에서 설명했던 것처럼 통계학의 두 가지 분석은 차이분석과 관계분석이다. 차이분석은 두 집단의 차이는 T 검정으로, 세 개 이상의 집단 차이는 분산분석으로 분석한다. 차이가 나면 통계적으로 의미가 있다는 것이다.

관계분석이란 우리가 궁금해 하는 변수들 간의 관계가 없느냐 혹은 있느냐를 검정하는 것이다. 관계가 없다면 아무것도 알 수가 없다. 관계가 없다는 사실로 배울 수 있는 것은 거의 없다.

"우리나라의 전체적인 경제지표와 대학등록금과 관계가 없다."라고 발표되었다면 무리하게 연관지어 분석할 필요가 없다.

"학업성적과 취업가능성이 관계가 없다."라고 알려졌다면 취업하려고 구태여 학업성적을 올릴 필요가 없을 것이다. 그러나 관계가 있다면 거기에서 새로운 것들을 알 수가 있다.

"인내력과 자아만족도가 관계가 있다."고 한다면 인내력을 키워서 자아만족을 올리려고 할 것이다. 관계가 있는 변수들을 찾아서 그들 간의 관계를 확인한 후에, 그것을 활용하면 삶은 상당히 달라질 것이다.

관계분석은 크게 상관분석, 교차분석과 회귀분석 세 가지가 있다. 두 가지 변수들 간의 관계를 보는 상관분석(Correlation Analysis)과 두 개의 변수들로서도 가능하지만 여러 개의 변수들을 한꺼번에 넣어서 관계분석을 수행하는 회귀분석(Regression Analysis)이 있다. 이 두 가지는 통계학에서 가장 중요한 관계분석의 기법들이다.

상관분석과 회귀분석은 자료가 모두 등간척도나 비율척도로 측정되어야 하는 것이 기본적인 원칙이다. 자료가 명목척도나 서열척도로 측정이 되었을 때는 상관분석이나 회귀분석을 사용하지 않고, 교차분석(Cross Tabulation Analysis)을 사용하는 것이 일반적이다.

9장에서는 상관분석과 교차분석을 설명하고, 10장에서 회귀분석을 설명할 것이다.

2 상관분석의 개념과 논리

1) 상관분석의 개념

상관분석은 상관관계분석이라고도 하는데, 가장 많이 쓰이는 것이 두 변수들 간의 상관을 보는 피어슨 상관계수(Pearson Correlation Coefficient)로 −1에서부터 1까지 값을 갖는다.

다시 말해서, 절대값 기준으로는 0에서 1까지이다. 0은 "완전히 상관이 없다."라는 것이고, 1은 "완전히 상관이 있다."라는 것이다. 상관분석에서는 관계의 방향과 관계의 강도를 동시에 분석할 수 있다. 관계의 방향이란 상관계수의 값이 플러스이면 양의 관계이고, 상관계수의 값이 마이너스이면 음의 관계라는 것을 의미한다.

여기에서 양의 관계와 음의 관계란 무엇을 의미하는가?

양의 관계란 하나가 증가할 때 다른 것도 증가하는 것이다. 어린아이가 태어난 이후에 나이를 먹을수록 키가 자라난다. 0세부터 약 20세까지는 나이와 키가 같이 증가한다. 이것을 양의 관계라고 부른다.

음의 관계란 양의 관계의 반대되는 개념으로서 하나가 증가할 때 다른 것이 감소하는 것이다. 예를 들어서, 연세가 많이 드신 분들은 나이를 더 드실수록 몸이 부실해진다. 80세 이상은 나이가 증가할수록 치아가 점점 빠진다. 이것은 음의 관계이다.

양의 관계냐? 음의 관계냐는 우리 인간생활에서 아주 중요하다.

국가의 개인별 GDP가 늘수록 개인의 소득은 늘어나는가? 이것은 양의 관계라고 알려져 있다. 국가 전체가 부유해지면 개인의 부도 늘어난다는 것이다. 반대로, 국가가 군사비를 많이 쓰면 국민 개개인을 위한 복지비가 줄어들 수 있다. 이것은 군사비의 증가가 복지비의 감소를 유발하는 음의 관계이다.

이외에 무관한 관계가 있다. 양의 관계도 아니고 음의 관계도 아닌 무관(No Correlation)이다. 개인의 연소득이 약 1억 원을 넘어가면 소득의 증가와 개인이 느끼는 행복감과는 관련이 없다고 알려져 있다.

상관분석에서 관계의 방향이 결정되고 나면, 그 다음에는 관계의 강도가 중요하게 된다. 관계의 방향은 양이다. 그러면 어떤 관계를 맺고 있는가? 그 관계가 아주 강한가 혹은 그저 그런가? 이것은 상관계수의 수치를 가지고 알 수 있다. 양의 관계일 경우에는 +1에 근접하면 아주 관계가 강하다고 이야기할 수 있고, 0에 근접하면 혹시 관계가 있을지라도 약하다고 말할 수 있을 것이다.

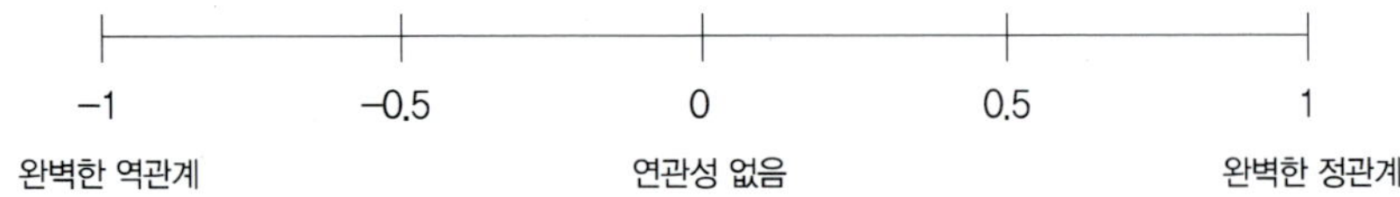

▌그림 9-2▐ 여러 가지 상관계수들의 상대적 위치

주식시장에 상장된 주식들의 주가지수는 개인들이 느끼는 경기지표와 상당히 관련이 있다고 한다. 주가지수가 높으면 개인들이 경기가 좋다고 느껴서 백화점이나 대형마트의 매출이 오른다는 것이다. 상당히 강한 관계라고 한다. 그러나 반대로 사회가 발전할수록 기부를 하자는 소리가 높아지는데 경기가 좋아지는 것과 전 국민의 기부액수의 관계는 미약하다고 한다.

상관계수는 관계의 방향과 관계의 강도를 동시에 보여주는 아주 긴요한 지표이다. 또한 상관계수는 선형관계(Linear Relationship)를 의미한다. 선형관계란 한 변수의 수치와 다른 변수의 수치가 직선적인 형태로 관련이 된 것이다. 곡선의 관계가 있는 변수들도 있을 수 있는데, 측정할 마땅한 방법이 없어서 선형상관을 이용할 수밖에 없다.

직선관계가 중요한 것은 양의 관계가 있을 때 하나가 늘면 그것과 정비례해서 다른 것이 늘어난다는 것이다. 관계의 강도가 시작할 때나 중간이나 마지막이나 다 중요하다는 이야기이다. 이와 반대로, 음의 관계일 때는 하나가 늘면 다른 것이 줄어든다는 것인데 이것도 강도가 동일하다는 것이다.

두 변수의 관계를 쉽게 짐작하는 방법은 산점도를 사용하는 것이다. 의사가 문진을 통해서 환자의 상태를 짐작하듯이 산점도는 상관계수를 산출하기 전에 중요한 판단요소이다. 공분산과 상관계수는 산점도에 표시된 변수관계의 크기와 부호를 정량화하기 위해서 만들어진 통계량이다.

먼저 공분산은 두 변수 값의 쌍$(x_i,\ y_i)$이 n개라고 하면, $Cov(X, Y)$로 다음과 같이 정의된다.

$$Cov(X, Y) = \frac{\sum (x_i - \overline{x})(y_i - \overline{y})}{n-1}$$

$(x_i - \overline{x})(y_i - \overline{y})$의 값은$(x_i,\ y_i)$ 쌍의 값이 어디에 위치하고 있느냐에 따라 부호를

가질 것이다. 예를 들어, 한 값은 평균보다 크고 다른 한 값은 평균보다 작다면 곱한 값은 음의 값을 갖는다. 모든 n개의 $(x_i-\bar{x})(y_i-\bar{y})$ 값을 다 더하면 크기와 부호에 따라 양 혹은 음의 부호를 가지는 하나의 값을 가진다. 이를 n−1로 나눈 것이 공분산이다. 따라서 공분산 역시 분산과 마찬가지로 평균의 개념이 포함되어 있다. 그러나 공분산은 X의 원래 단위와 Y의 원래 단위의 곱 형태라서 크기는 단위에 따라 값이 달라지기 때문에 직접 사용하기에는 문제가 있다. 따라서 단위에 상관없이 두 변수의 관계를 알아보는 방법을 찾은 것이 상관계수이다.

상관계수(Correlation Coefficient)는 공분산을 각각의 변수의 표준편차로 나눈 값으로 정의된다. 따라서 분자와 분모의 단위가 같아지므로 상관계수는 단위가 없는 상태가 된다. 그리고 이렇게 정의된 상관계수(r)는 변수가 어떤 단위가 주어진다 하더라도 −1과 1 사이에서(-1과 1을 포함해서) 값을 가진다.

$$r = \frac{Cov(X,Y)}{\text{X의 표준편차} \times \text{Y의 표준편차}} = \frac{\sum(x_i-\bar{x})(y_i-\bar{y})}{\sqrt{\sum(x_i-\bar{x})^2}\sqrt{\sum(y_i-\bar{y})^2}}$$

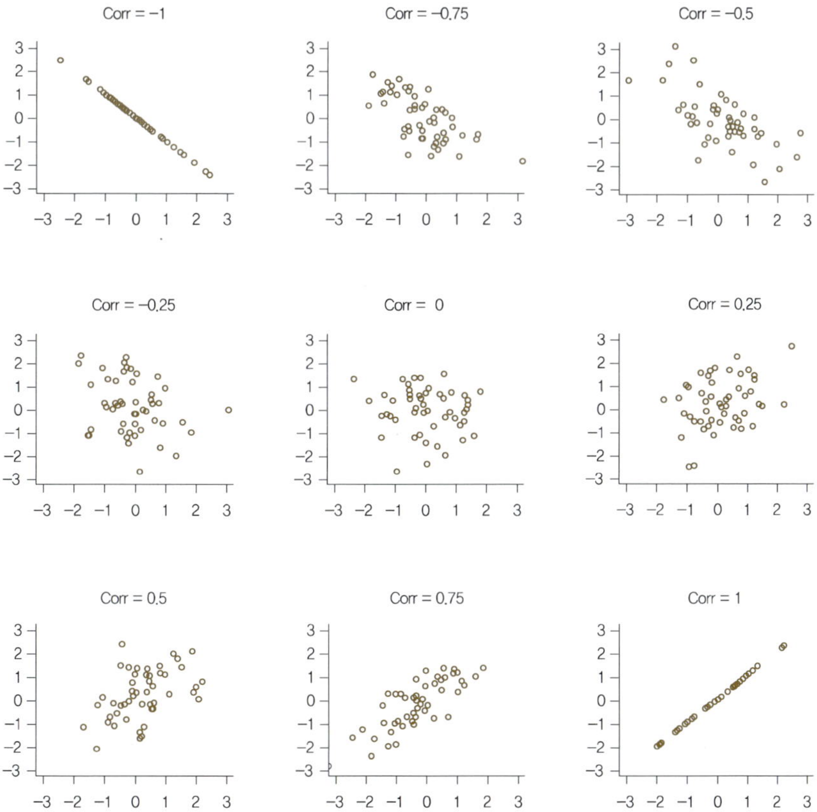

▌그림 9-3▌ 상관계수의 변화

2) 상관분석과 인과관계

보통 두 변수 사이에 매우 강한 상관이 존재한 경우, 높은 연관성으로 말미암아 한 변수가 다른 변수의 원인이 되었을 것이라고 생각하기 쉽다. 그러나 이것은 전적으로 잘못된 생각이다. 연관성은 인과성을 의미하는 것은 아니다.

예를 들어, 교육기간과 소득은 상관관계가 매우 높다고 한다. 교육기간과 소득 간의 양의 상관관계는 어떤 사람이 교육을 많이 받으면 받을수록 소득이 높음을 의미한다. 이러한 사실로부터 소득을 직접적으로 결정하는 것이 교육이라고 추론하기도 한다. 그러나 잠시 더 깊게 생각해 보면 이는 잘못된 결론이라는 것을 알 수 있다. 이 사회에서 많이 배운 사람이 더 많은 임금을 받는 경향이 있으나 임금을 결정하는 것은 교육수준이 아니라(그것이 분명 도움은 되겠지만), 직무에 부여된 책임감, 개인적인 주변상황, 지능, 운수 등에 의해 영향을 받는다. 따라서 교육이 소득을 결정하는 유일한 혹은 주요 요인이라고 결론을 내릴 수는 없다. 높은 상관관계는 단지 관측할 당시 교육과 소득이라는 두 변수 사이에 존재하는 연관성이 나타난 것뿐이다. 대학을 가는 학생이 머리가 좋은 사람도 있지만, 가정이 부유한 사람도 있다고 하면 대학에 가든 안 가든 어차피 고소득층이 아니겠는가?

또 오른쪽과 왼쪽 팔 길이의 강력한 상관관계를 살펴보자. 이는 지극히 당연한 사실이나, 양쪽 팔에 똑같이 영향을 미치는 유전자 구조나 식사 형태 등에 따라 결정되는 것이지 서로 상호작용은 하지 않는다는 것은 분명하다. 만약 왼팔 길이가 오른팔 길이를 결정한다고 주장한다면? 그러한 주장은 상관관계나 연관성에 인과성을 전가할 때 흔히 저지르기 쉬운 실수이다.

다음은 상관계수를 사용할 때 주의할 점이다.

1) 상관계수는 두 변수에 대한 짝지어진 관측값들을 어떤 순서로 계산하든지 아무런 영향이 없다. 즉, 수학적인 계산과정에서 한쪽 열의 관측값이 다른 쪽 열의 대응되는 관측값에 영향을 미치는 것은 아니라는 뜻이다. 관계가 있는 변수들은 때때로 직접적으로 혹은 간접적으로 상호작용을 할 수도 있으며, 전혀 상호작용하지 않을 수도 있다.
2) 곡선형 자료에 대해서 피어슨 상관계수를 사용하는 것은 그 값 자체가 무의미한

것이기 때문에 적절하지 못하다.

3) 선형성 이외에 이상점이 있거나, 표본 추출이 잘못된 경우에는 상관계수가 왜곡될 수 있으니 주의해야 한다.

4) 같은 상관계수 값이라 하더라도 자료 관계의 형태에 따라 그 의미를 동일시해서는 안 된다. [그림 9-4]는 관계의 형태에 상관없이 상관계수는 0.7로 나오는 것을 보여준다. 이렇듯 상관계수는 산점도의 형태를 보지 않는 이상 두 변수와의 관계를 정확하게 반영하였다고 보기 어렵다.

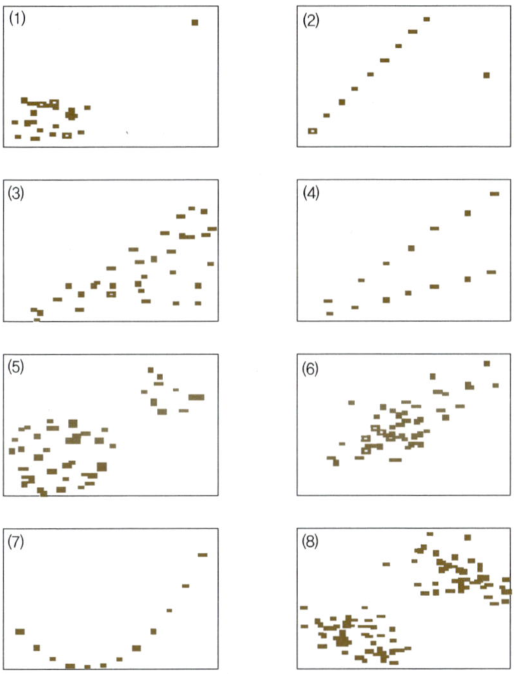

▌그림 9-4▐ 동일한 상관계수 = 0.7

3 SPSS를 이용한 상관분석

에어로빅 적합성(Aerobic Fitness)은 산소흡수능력으로 측정되는데, 산소흡수능력 테스트는 비용이 많이 들어서 간단한 운동테스트로 대신하려고, 몇 사람에게만 측정을 해보았다. 주어진 자료는 Oxy(산소흡수능력), Runtime(1.5마일 주행거리시간), Age(나이), Weight(몸무게), Runpulse(주행 중 평균 맥박수), Rstpulse(휴식 중 맥박수), Maxpulse(주행 중 최대 맥박수)이다(에어로빅적합성데이터.xls). 각 변수 간의 상관계수를 구하라.

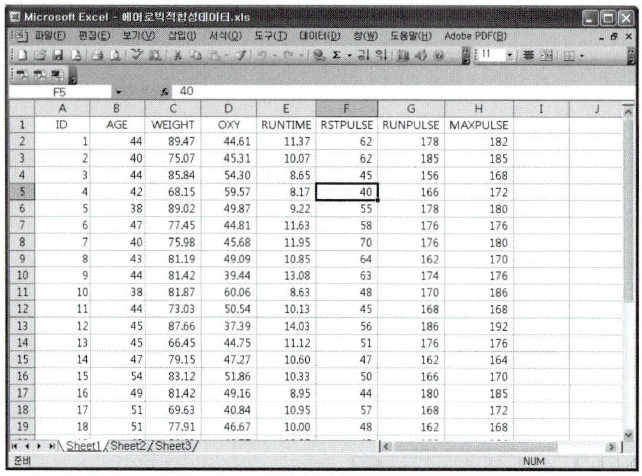

▌그림 9-5▌ 에어로빅 적합성 데이터

SPSS로 자료를 읽어들인 다음, Runpulse(주행 중 평균 맥박수)와 Rstpulse(휴식 중 맥박수)의 산점도를 먼저 그려보기로 한다. [그림 9-6]과 같이 [그래프] ⇨ [레거시 대화상자] ⇨ [산점도/점도표]를 선택한다.

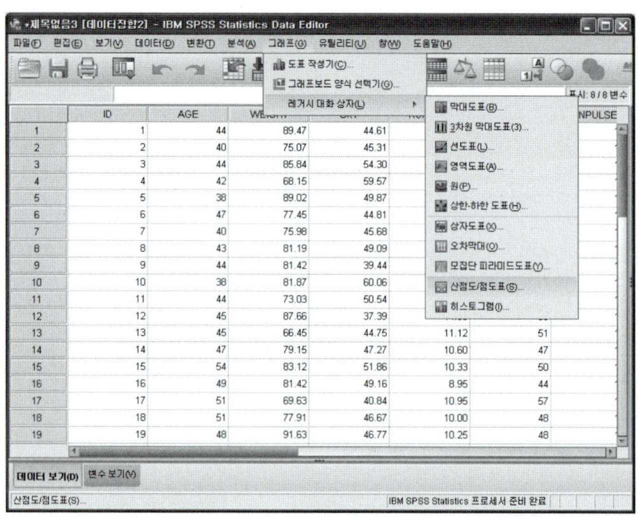

▌그림 9-6▌ 산점도 메뉴의 선택

[그림 9-7]의 대화상자에서 [단순 산점도]가 선택된 상태에서 [정의] 버튼을 누른다.

▌그림 9-7▌ 단순 산점도의 선택

[그림 9-8]에서는 X축과 Y축에 산점도를 그리고자 하는 변수 하나씩을 보낸 후 [확인]을 클릭한다.

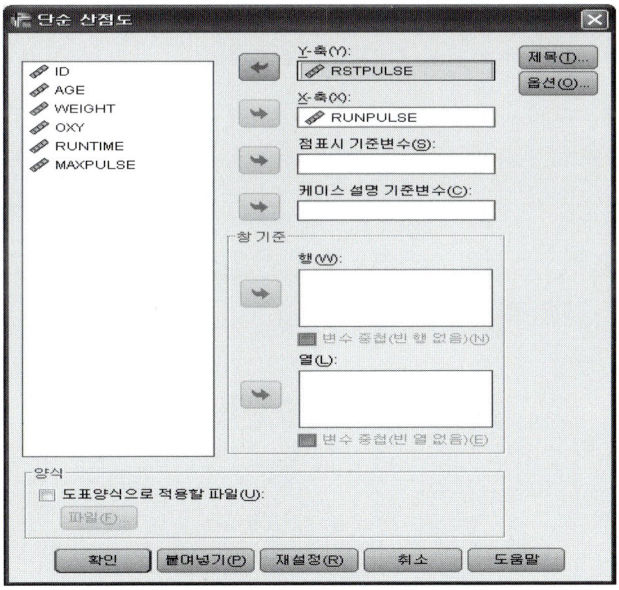

▌그림 9-8▌ 산점도의 X, Y 결정

산점도가 출력되었을 것이다. 상관계수는 얼마나 나올까?

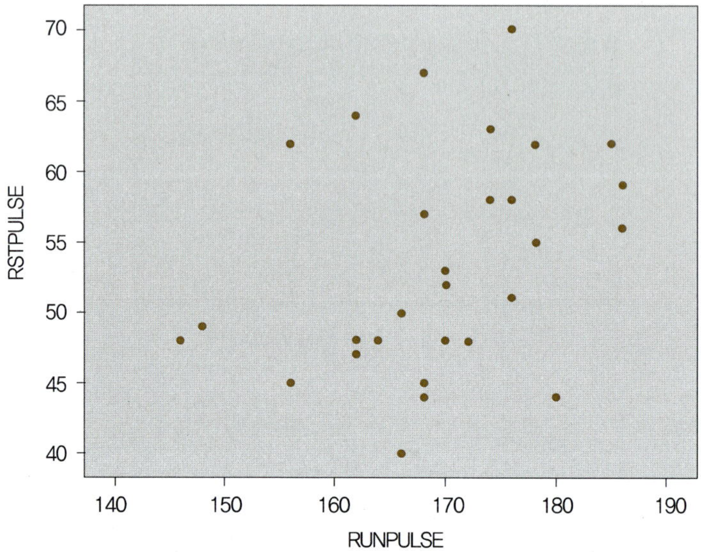

▌그림 9-9▐ Runpulse(주행 중 평균 맥박수)와 Rstpulse(휴식 중 맥박수) 산점도

상관계수를 출력하기 위하여 [분석] ⇨ [상관분석] ⇨ [이변량 상관계수]를 선택한다. [그림 9-10]처럼 변수들 간의 상관계수를 모두 알아보기 위하여 변수란에 ID를 제외한 모든 변수를 보내주었다.

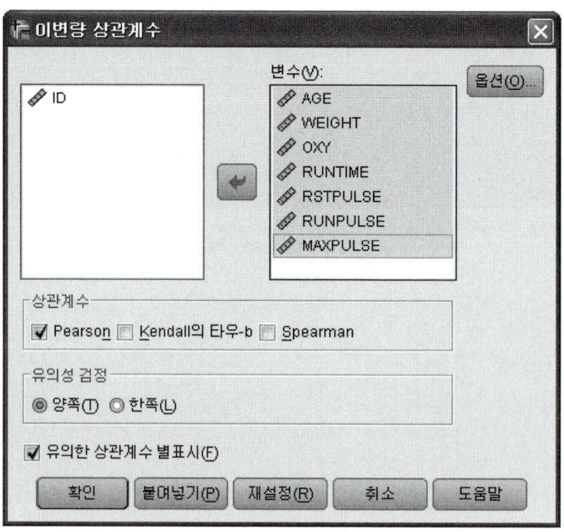

▌그림 9-10▐ 상관계수 대화상자

[확인]하면 상관계수의 출력결과를 볼 수 있다.

상관계수

		AGE	WEIGHT	OXY	RUNTIME	RSTPULSE	RUNPULSE	MAXPULSE
AGE	Pearson 상관계수	1	-.234	-.304	.189	-.164	-.338	-.433*
	유의확률(양쪽)		.206	.096	.309	.378	.063	.015
	N	31	31	31	31	31	31	31
WEIGHT	Pearson 상관계수	-.234	1	-.163	.144	.044	.182	.249
	유의확률(양쪽)	.206		.381	.441	.814	.328	.176
	N	31	31	31	31	31	31	31
OXY	Pearson 상관계수	-.304	-.163	1	-.862**	-.399*	-.398*	-.237
	유의확률(양쪽)	.096	.381		.000	.026	.027	.200
	N	31	31	31	31	31	31	31
RUNTIME	Pearson 상관계수	.189	.144	-.862**	1	.450*	.314	.226
	유의확률(양쪽)	.309	.441	.000		.011	.086	.221
	N	31	31	31	31	31	31	31
RSTPULSE	Pearson 상관계수	-.164	.044	-.399*	.450*	1	.352	.305
	유의확률(양쪽)	.378	.814	.026	.011		.052	.095
	N	31	31	31	31	31	31	31
RUNPULSE	Pearson 상관계수	-.338	.182	-.398*	.314	.352	1	.930**
	유의확률(양쪽)	.063	.328	.027	.086	.052		.000
	N	31	31	31	31	31	31	31
MAXPULSE	Pearson 상관계수	-.433*	.249	-.237	.226	.305	.930**	1
	유의확률(양쪽)	.015	.176	.200	.221	.095	.000	
	N	31	31	31	31	31	31	31

*. 상관계수는 0.05 수준(양쪽)에서 유의합니다.
**. 상관계수는 0.01 수준(양쪽)에서 유의합니다.

그림 9-11 상관계수 출력결과

대각선은 자기상관으로 1이고, 상관계수, 유의확률, 자료의 개수가 각각 출력되어 있다. 예를 들어, 산점도를 그려 보았던 Runpulse(주행 중 평균 맥박수)와 Rstpulse(휴식 중 맥박수)는 0.352의 상관계수와 유의확률 0.052를 나타내 주고 있다. 여기서 귀무가설은 "상관계수=0이다"이므로 귀무가설을 기각시키지 못해 상관계수 0.352는 통계적인 의미가 없다고 하겠다. 그에 반하여 Runpulse(주행 중 평균 맥박수)와 Maxpulse(주행 중 최대 맥박수)는 상관계수가 0.930이고 유의확률이 0.000으로 귀무가설을 기각시켜 0.93의 높은 상관을 갖는다고 말할 수 있다.

4 교차분석

명목척도나 서열척도로 측정한 범주형 변수는 관심변수가 범주를 값으로 갖는 경우를 말하며, 범주형 변수로 이루어진 자료를 범주형 또는 질적 자료라고 한다. 예를 들어, 종교라는 변수가 '기독교', '가톨릭교', '불교', '이슬람교', '무종교'로 이루어져 있다면 다섯 개의 범주를 갖는 범주형 변수가 된다. 흔히 사용하는 경우로는 '남자', '여자'의 범주를 갖는 성별이 있다.

두 범주형 변수의 연관성을 알아보고자 하는 경우 검정하는 방법으로, 분할표로 주어지기 때문에 교차분석(Cross Tabulation Analysis)이라고도 한다. 보통 빈도(Frequency)에 관한 통계량을 계산하며 적합도의 검정, 동질성의 검정, 독립성의 검정으로 나눈다.

적합도의 검정은 어떤 조건에서 기대되는 빈도에 관측빈도가 얼마나 적합한가를 알아보는 방법이다. 어떤 분포가 정규분포를 따르는가를 살펴보는 것도 적합도 검정의 하나이다. 정규분포를 몇 개의 범주로 쪼개고 그 범주에 속한 빈도를 구하고, 정규분포인지 알아볼 자료를 같은 구간으로 쪼갠 다음 빈도를 구하여, 두 쌍의 빈도가 동일한지 알아보는 것이다.

동질성의 검정은 하나의 특성에 대하여 몇 개의 범주로 분류된 자료가 주어져 있을 때, 여러 모집단들이 주어진 특성에 대하여 서로 같은 분포를 갖는지 검정한다. 즉 주변합이 고정된 경우이다. 예를 들어, A 대학에서 50명, B 대학에서 40명을 추출하여 맥주의 선호도를 조사한 경우라고 하자. 50명과 40명은 고정되었으며, 이로부터 맥주의 선호도가 A 대학과 B 대학이 같은 분포를 가지는지 조사하는 경우이다.

두 범주형 변수가 독립인가를 알아보는 독립성의 검정은 A 대학과 B 대학을 대상으로 총 90명을 조사한 경우에 해당된다. 이 경우에는 A 대학에서 50명이라는 보장이 없고, 총합이 고정된 경우이다. 동질성에 관한 검정은 행의 합계를 고정한 상태에서 열 변수의 수준 각각은 귀무가설로 주어진 어떤 분포가 동일하다라는 가정을 하는 것이고, 독립성에 관한 검정은 두 확률 변수가 독립이다. 즉 "아무런 상관이 없다."라는 귀무가설을 검정하는 것이다. 그렇지만 다행스럽게도 이 모두의 방법은 똑같이 카이제곱(χ^2) 분포를 이용하므로 검정통계량은 동일하다.

1) 카이제곱(χ^2) 분포

카이제곱 분포는 주로 범주형 자료의 분석에 자주 사용되는 분포인데, t 분포나 F 분포와 마찬가지로 자유도에 의존하여 확률이 구해진다. 카이제곱 분포의 통계학적 유도과정은 다음과 같다. 표본의 크기가 n인 확률표본을 $N(\mu,\ \sigma^2)$로부터 뽑았을 때, 통계량 $\sum_{i=1}^{n}(X_i-\mu)^2/\sigma^2$은 자유도가 n인 카이제곱($\chi^2$) 분포(Chi-Square Distribution)를 따른다. 그런데 대부분의 경우 모평균과 모분산을 모르므로, 모평균 대신 표본평균을 대입하여 표본분산 S^2을 기준으로 계산하여 만들어진 통계량은

$$\sum_{i=1}^{n}\frac{(X_i-\overline{X})^2}{\sigma^2}=\frac{(n-1)S^2}{\sigma^2}$$

자유도 n−1인 χ^2−분포를 따른다. 카이제곱 분포는 모집단의 분산이 특정한 값을 갖는지 여부를 검정하거나 기대도수와 관찰도수가 일치하는지에 대한 적합도 검정, 분할표 분석에서 두 변수 간 관련성 검정을 하는 데 주로 사용된다.

2) 적합도 검정

먼저, 범주형 자료에 대한 분석방법 중에서 비율이 적합한지를 살펴보는 적합도 검정(Goodness-of-Fit Test)에 대해서 살펴보자. 범주형 자료에서 범주의 개수가 k개이고

$i\,(i=1,2,...,k)$ 범주에 대응되는 관측도수가 O_i라 할 때 다음과 같은 검정을 시행할 수 있다(유의수준: α%).

귀무가설 H_0: 범주형 자료에서 각 범주가 특정 비율을 따른다.
대립가설 H_1: 범주형 자료에서 각 범주가 특정 비율을 따르지 않는다.

검정규칙은 다음과 같다.

검정통계량 $\chi^2=\sum_{i=1}^{k}\frac{(O_i-E_i)^2}{E_i}$이 $\chi^2(k-1;\alpha)$보다 크면 H_0를 기각한다.

여기서, k는 범주의 개수, O_i는 $i\,(i=1,\ 2,\cdots,\ k)$ 범주에 대응되는 관측도수이고, E_i는 기대도수이다. $\sum_{i=1}^{k}$은 k개의 모든 범주에 대하여 더한다는 것이다. $\chi^2(k-1;\alpha)$는 자유도가 $k-1$인 카이제곱 분포에서 상위 α% 백분위수이다. 귀무가설이 맞다는 가정하에서는 표본의 크기가 클 때 검정통계량 $\chi^2=\sum_{i=1}^{k}\frac{(O_i-E_i)^2}{E_i}$이 자유도가 $k-1$인 카이제곱 분포를 이룬다.

예제 9-1

멘델의 법칙에서 두 쌍(우성인자: A와 B, 열성인자: a와 b)의 대립형질 유전은 제2세대로 내려가면 AB : Ab : aB : ab=9 : 3 : 3 : 1의 비율을 이룬다고 알려져 있다. 이를 확인하기 위하여 실험을 실시한 후 제2세대 556개에 대하여 조사한 결과가 다음과 같다.

Type	AB	Ab	aB	ab	합계
관측도수	315	101	108	32	556

AB : Ab : aB : ab=9 : 3 : 3 : 1의 비율을 다음과 같이 검정(유의수준: 5%)한다.

귀무가설 H_0: $p_1 = \frac{9}{16}$, $p_2 = \frac{3}{16}$, $p_3 = \frac{3}{16}$, $p_4 = \frac{1}{16}$
대립가설 H_1: H_0는 아니다.

여기서, $p_i(i=1, 2, 3, 4)$는 각각 제2세대에서 AB, Ab, aB, ab의 모비율을 가리킨다. 각각의 기대도수를 계산하면 다음과 같다.

$$E_1 = 556 \times \frac{9}{16} = 312.75,\ E_2 = 556 \times \frac{3}{16} = 104.25,$$
$$E_3 = 556 \times \frac{3}{16} = 104.25,\ E_4 = 556 \times \frac{1}{16} = 34.75$$

검정을 하기 위해서 통계량을 계산해 보자.

$$\chi^2 = \sum_{i=1}^{4} \frac{(O_i - E_i)^2}{E_i}$$
$$= \frac{(315-312.75)^2}{312.75} + \frac{(101-104.25)^2}{104.25} + \frac{(101-104.25)^2}{104.25} + \frac{(32-34.75)^2}{34.25}$$
$$= 0.47$$

이 되고 자유도는 $4-1=3$이 된다. $\chi^2 = 0.47 < \chi^2(3;0.05) = 7.81$이므로 귀무가설 H_0를 기각할 수 없다(유의수준: 5%). 즉, 멘델의 법칙에서 두 쌍(우성인자: A와 B, 열성인자: a와 b)의 대립형질의 유전은 제2세대로 내려가면 AB : Ab : aB : ab = 9 : 3 : 3 : 1의 비율을 이루지 못한다는 강력한 증거가 없다.

3) 분할표의 검정

생활수준과 교육정도의 관련성을 알아보고자 한다. 각각 세 수준에서 조사하여 다음과 같은 분할표를 얻었다. 독립성 검정의 예이다.

표 9-1 생활수준과 교육정도의 분할표

교육정도 \ 생활수준	상위(1)	중간(2)	하위(3)
고졸 이하(1)	51	22	43
대졸(2)	92	21	28
대학원 졸(3)	68	9	22

만일 두 변수 간에 아무런 관련이 없다면(두 변수가 독립이라면), 교차분류표의 각 변수의 주변합을 근거로 계산한 기대도수가 관측도수와 비슷하게 나올 것으로 예상할 수 있다. 예를 들어,

고졸 이하, 상위의 기대도수=(고졸 이하의 관찰도수×상위의 관찰도수)/전체 도수
=(211×116)/356=68.8

로 구한다. 기대도수를 각 셀마다 모두 구하면 아래와 같다.

표 9-2 교육정도 * 생활수준 교차표

			생활수준			전체
			상위	중간	하위	
교육정도	고졸 이하	빈도	51	22	43	116
		기대빈도	**68.8**	**16.9**	**30.3**	116.0
	대졸	빈도	92	21	28	141
		기대빈도	**83.6**	**20.6**	**36.8**	141.0
	대학원 졸	빈도	68	9	22	99
		기대빈도	**58.7**	**14.5**	**25.9**	99.0
전체		빈도	211	52	93	356
		기대빈도	211.0	52.0	93.0	356.0

관측도수 51과 차이가 있는데, 이 차이의 제곱합을 기대빈도로 나누어 주고 이를 다 합하면 검정통계량이 된다.

$$\text{검정통계량 값}= \frac{(51-68.8)^2}{68.8}+\frac{(22-16.9)^2}{16.9}+\cdots+\frac{(22-25.9)^2}{25.9}=18.51$$

이다. 18.51은 자유도가 (3 − 1) × (3 − 1)인 카이제곱 분포에 견주어서 p−값이 유의수준보다 작으면 "두 변수는 서로 관련이 있다."라는 결론을 내린다. 만일 p−값이 유의수준보다 크면 "두 변수가 서로 관련이 있다고 할 만한 충분한 근거가 없다."는 결론을 내린다.

▌표 9−3▌ 카이제곱 결과

	값	자유도	점근 유의확률 (양측검정)
Pearson 카이제곱	18.510	4	.001

검정통계량 값은 18.51이고 p−값은 0.001이다. 유의수준 α=0.05와 비교해 볼 때, p−값이 더 작으므로 "생활수준과 교육수준이 서로 독립이다."라는 귀무가설을 기각하여 관계가 있다로 결론짓는다.

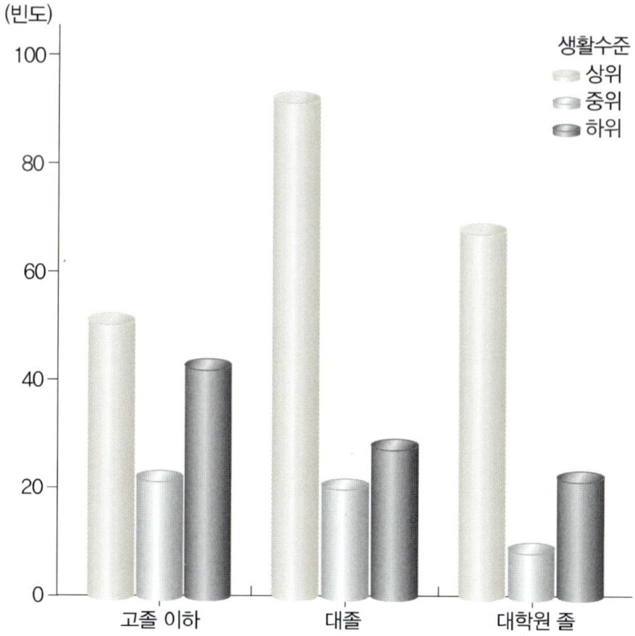

▌그림 9−12▌ 교육정도와 생활수준의 막대도표(빈도)

카이제곱 검정을 적용하기 위해서 주의할 점은 기대도수가 0을 포함하거나 5보다 작은 셀이 전체의 20%를 초과하면 적용하기가 힘들다는 것이다. 더 이상 카이제곱 분포를 가정할 수 없기 때문이다. 더 이상 자료를 모을 수 없는 경우에는 다음 작업을 고려한다.

1) 인접한 셀을 합쳐준다. 예를 들어, '학력'이라는 변수가 초졸, 중졸, 대졸, 대학원 졸 네 개의 수준이 있다고 하자. 초졸과 대학원 졸의 숫자가 적어 적합하기 힘들다면, 초졸과 중졸을 합쳐 '중졸 이하', 대졸과 대학원 졸을 합쳐 '대졸 이상'으로 하여 관측도수를 늘린다.
2) Fisher의 정확한 검정에 의한 통계량을 산출하여 해석한다.

5 SPSS를 이용한 교차분석

SIDS(Sudden Infant Death Syndrome)는 멀쩡하던 아기가 자고 일어나 보니 사망해 있는 상황이다. 그 원인이나 관련 요인을 규명하기 위해서 10년 동안에 발생한 293건의 SIDS를 그렇지 않은 아기들(1315건)과 비교하여 교차분류표를 만들었다. 출생순위와 SIDS 발생 여부 간에 관계가 있는지 알아보고자 한다.

표 9-4 SIDS 발생과 출생순위의 교차표

	SIDS 발생 여부		
출생순위	SIDS	정상	계
첫째	92	626	718
둘째 이상	201	689	890
계	293	1315	1608

SPSS에 [그림 9-13]과 같이 입력한다.

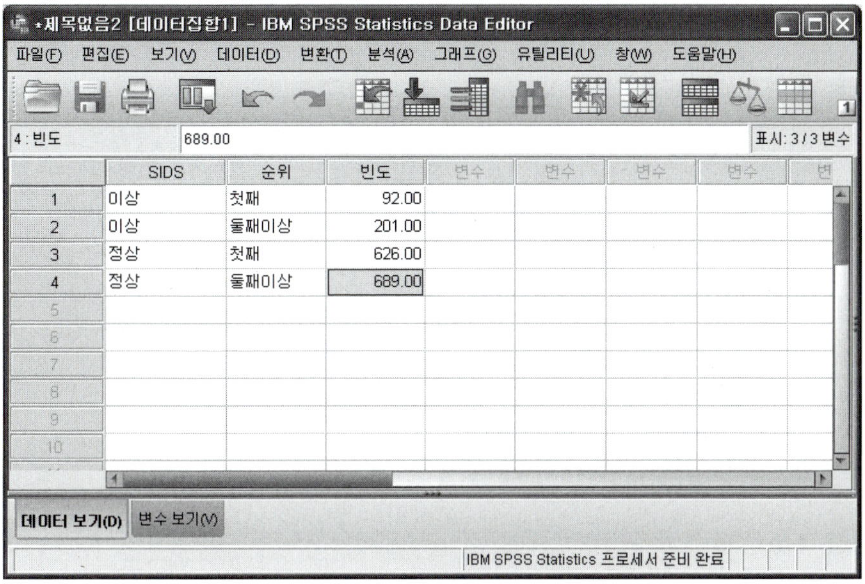

▌그림 9-13▐ 분할표 자료의 SPSS 입력

한 사람이 한 줄로 입력되는 SPSS의 구조에서 첫 줄은 92명, 그리고 다른 숫자들도 인원을 의미하므로 거쳐야 할 절차가 있다. [데이터] ⇨ [가중 케이스]를 선택하고 [그림 9-14]처럼 설정해 준다.

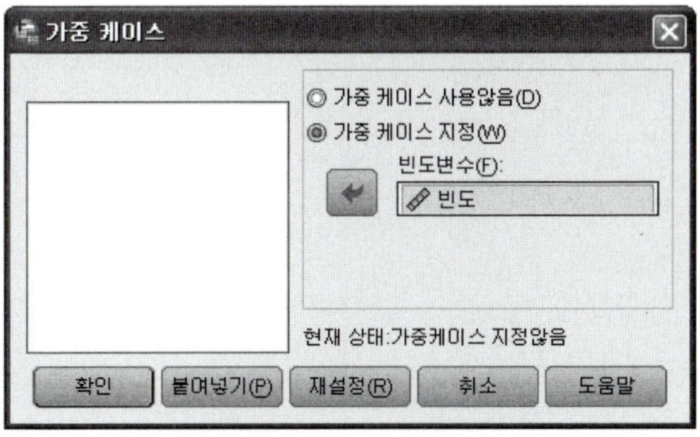

▌그림 9-14▐ 가중 케이스 설정

[확인]하고 나면 이후의 모든 분석은 가중치가 설정된 채로 분석되어진다. [분석] ⇨ [기술통계량] ⇨ [교차분석]을 선택한 후 [그림 9-15]처럼 설정한다. 행과 열의 변수는 위치가 바뀌어도 검정통계량 값에는 영향이 없고 다만 분할표의 출력 시 행과 열이 바뀔 뿐이다.

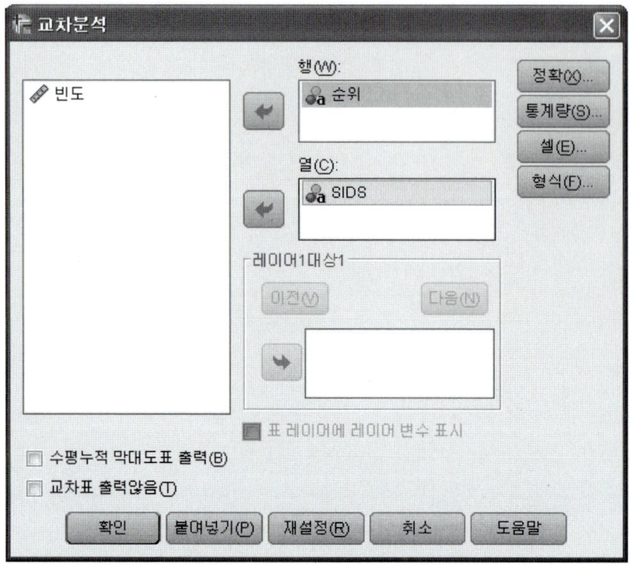

그림 9-15 교차분석 대화상자

[그림 9-15]의 오른쪽 윗부분의 [통계량] 버튼을 클릭하여 [그림 9-16]의 왼쪽 대화상자처럼 카이제곱 검정을 선택한 후 [계속]을 선택한다. 마찬가지로 퍼센트를 출력하기 위하여 [그림 9-15]의 [셀]을 클릭한 다음 [그림 9-16]의 오른쪽 대화상자처럼 필요한 정보가 선택되도록 한다.

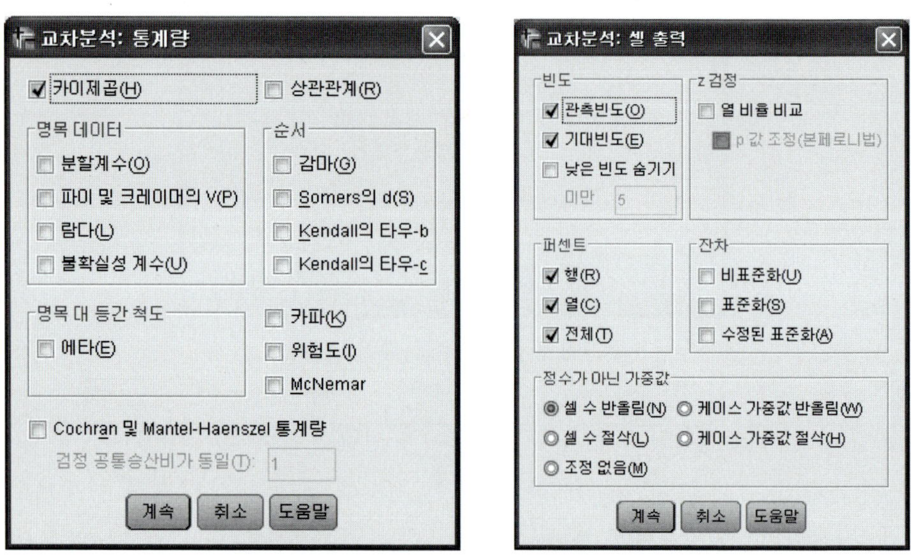

그림 9-16 [통계량]과 [셀] 메뉴의 선택

[계속]하고 [그림 9-15]에서 최종적으로 [확인]을 해주면 교차분석의 결과를 볼 수 있다.

순위 * SIDS 교차표

			SIDS		전체
			이상	정상	
순위	둘째이상	빈도	201	689	890
		기대빈도	162.2	727.8	890.0
		순위 중 %	22.6%	77.4%	100.0%
		SIDS 중 %	68.6%	52.4%	55.3%
		전체 %	12.5%	42.8%	55.3%
	첫째	빈도	92	626	718
		기대빈도	130.8	587.2	718.0
		순위 중 %	12.8%	87.2%	100.0%
		SIDS 중 %	31.4%	47.6%	44.7%
		전체 %	5.7%	38.9%	44.7%
전체		빈도	293	1315	1608
		기대빈도	293.0	1315.0	1608.0
		순위 중 %	18.2%	81.8%	100.0%
		SIDS 중 %	100.0%	100.0%	100.0%
		전체 %	18.2%	81.8%	100.0%

카이제곱 검정

	값	자유도	점근 유의확률 (양측검정)	정확한 유의확률 (양측검정)	정확한 유의확률 (단측검정)
Pearson 카이제곱	25.461a	1	.000		
연속수정b	24.810	1	.000		
우도비	26.127	1	.000		
Fisher의 정확한 검정				.000	.000
유효 케이스 수	1608				

a. 0셀 (0.0%)은(는) 5보다 작은 기대빈도를 가지는 셀입니다. 최소 기대빈도는 130.83입니다.
b. 2x2 표에 대해서만 계산됨

그림 9-17 교차분석 결과

"SIDS는 순위와 독립이다."라는 귀무가설을 기각(p=0.000)하여 순위에 따라 SIDS 양상이 관계가 있다고 결론을 내린다. 퍼센트를 살펴보면 둘째 이상에서 SIDS가 더 높은 비율로 발생하고 있음을 판단할 수 있다.

6 현실 속의 관계분석

세대별 투표율을 분석한 결과를 소개한다. 20, 30대 투표율이 높아지면 여당과 야당의 득표율과는 어떤 관계가 있는지 분석하였다.

2007년 대선, 2008년 총선, 2010년 지방선거에서 연령대별 투표율과 정당투표 성격이 강한 광역의원 비례대표 득표율이 분석 대상이었다. 중앙선거관리위원회는 전국 단위 선거 때마다 전체 투표구에서 10%를 표집해 투표율과 득표율을 조사한다. 2010년 선거에서는 조사대상 중 40대 이상 유권자 비율이 59.3%였고, 2030 유권자 비율은 40.7%였다.

분석 결과에 따르면 서울, 경기, 인천, 울산 등 수도권 및 대도시 지역에서 세대 투표 현상이 강했다. 인천이 가장 두드러졌다. 인천에서는 투표율이 높은 40대 이상의 투표율에서 20, 30대 투표를 뺀 '투표율 격차'가 1%포인트 줄어든 곳에서는 당시 여당 득표율이 1.25%포인트 낮았다. 젊은층이 1% 투표를 더 하면 여당 후보 득표율이 1.25%포인트 떨어진다는 의미다. 박빙의 선거 구도라면 1~2%포인트의 득표는 선거 결과를 바꿀 수도 있다.

경기와 서울에서는 여당 득표율이 각각 1%포인트, 0.8%포인트 낮아졌다. 전국적으로는 투표율 격차가 1%포인트 줄어들수록 평균 0.25%포인트씩 여당 득표율이 떨어졌다. 16개 시도 중 강원, 전북, 제주, 충남에서는 반대로 2030세대가 투표를 많이 한 지역에서도 여당 득표율이 높았다.

분석 결과 2010년 지방선거에서 20, 30대 젊은 유권자의 투표율이 오르면 야당에 표가 몰리는 현상이 있었던 것으로 확인됐다. 2007년 대선과 2008년 총선은 특정 세대가 특정 정당에 집중적으로 투표하는 '세대 투표' 현상이 관찰되지 않았다.

선거 당시 이슈나 분위기에 따라 특정 정당에 투표하는 2030세대의 투표 성향을 확인할 수 있었다.

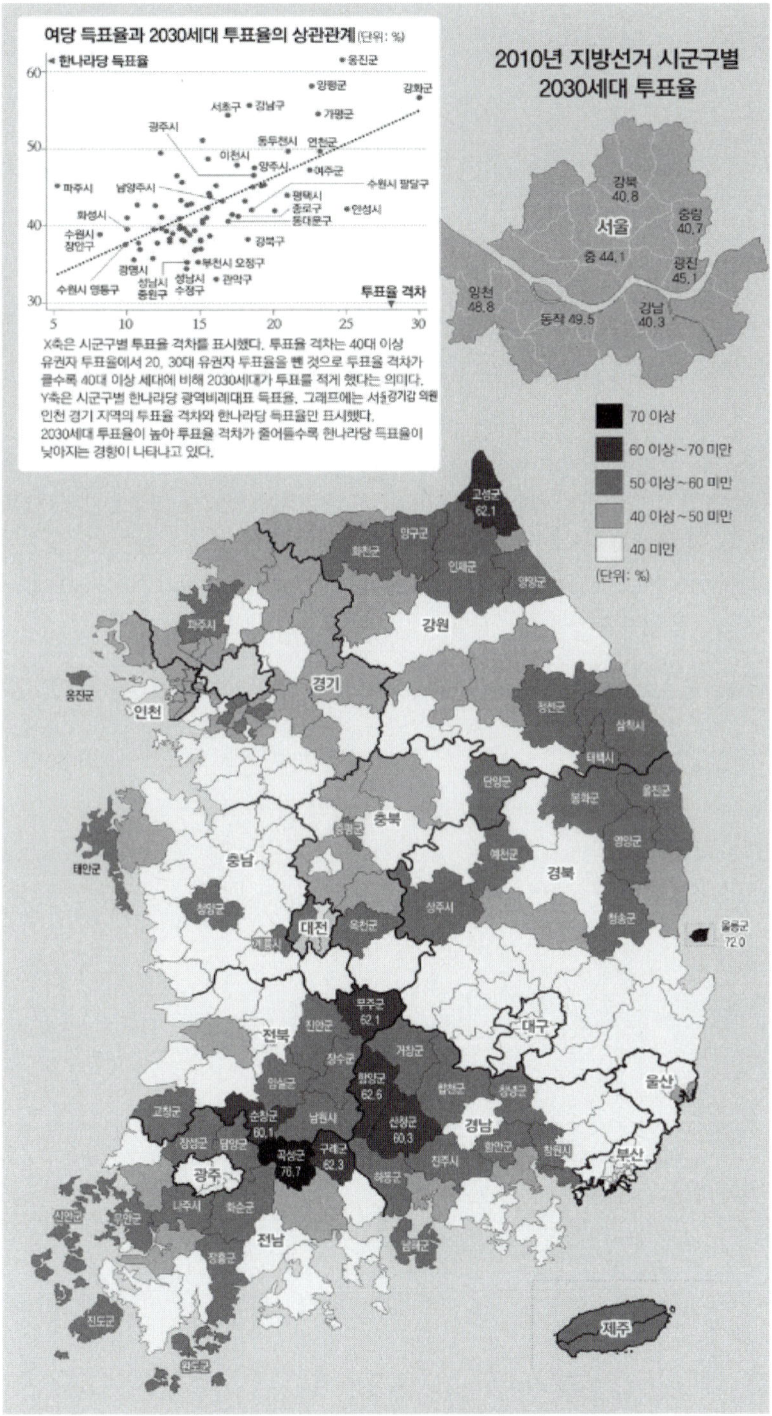

▌그림 9-18▌ 득표율과 세대별 투표율의 상관관계

출처: 동아닷컴(http://nuri.donga.com/nurinews/view.php?k_id=2012030644569590)

연 | 습 | 문 | 제 <<<

1. 흡연하는 학생의 성적이 비흡연 학생에 비하여 좋지 않다는 상관계수를 이용하여 주장하고 "담배는 지능을 저하시킨다."고 발표하였다고 하자. 이런 주장에 대하여 비판해 보라.

2. 승용차가 있는 가정에서 차를 한 대 더 구입하는 경우를 고려해 보자. 통계상 차의 보유 대수가 늘어나면 평균 주행거리도 증가한 것으로 나타났다. 연구자가 이 결과를 가지고 차가 많아지면 운전을 하려는 마음이 더 생긴다고 해석하였다. 이 해석에 대해 비판해 보라.

3. 교차표에서 한 변수는 다섯 개, 다른 한 변수는 네 개의 범주로 구성되어 있다. 카이제곱 검정을 한다면 이 검정의 자유도는 얼마인가?

4. 두 변량 X, Y의 상관계수를 r이라고 할 때, 10X+3, 5Y+2의 상관계수는 얼마일까?

5. 주어진 두 자료 각각의 공분산과 상관계수를 계산하라.

1)

X	1	2	3	4	5
Y	5	5	5	5	5

2)

X	1	2	3	4	5
Y	5	4	3	2	1

6. 다음은 아스피린의 복용과 심근경색의 발병에 관한 보고 결과이다.

집단 \ 심근경색	예	아니오	합계
위약	189	10,845	11,034
아스피린	104	10,933	11,037

연 | 습 | 문 | 제 <<<

위약을 먹인 집단에서의 심근경색을 일으킨 비율과 아스피린을 먹인 집단에서의 심근경색을 일으킨 비율이 동일한지를 유의수준 5%에서 검정해 보라.

7. 페루 안데스산맥의 고지대에 살다가 문명화된 사회로 이주해 온 인디언들의 자료이다. 상관계수를 모두 구해보고 가장 높은 쌍과 가장 낮은 쌍에 대해서 해석하라(페루데이터.xls).

변수	내용
X1	나이(연)
X2	이주 후 경과기간(년)
X3	몸무게(kg)
X4	키(mm)
X5	턱 아래 피부 두께(mm)
X6	팔아래 피부 두께(mm)
X7	복부 피부 두께(mm)
X8	1분당 맥박수
X9	최고혈압
X10	최저혈압

8. 똑같은 제품이 세 대의 기계에서 만들어지고 있을 때, 이들 제품으로부터 랜덤으로 300개를 뽑아 이것을 기계별로, 그리고 1, 2, 3급품별로 나누어 보니 다음과 같은 결과를 얻었다.

	기계 1	기계 2	기계 3	기계 4
1급품	78	65	68	211
2급품	22	8	30	60
3급품	20	2	7	29
합 계	120	75	105	300

이 자료로부터 기계에 따라서 등급품의 비율에 차이가 있는지 없는지를 유의수준 5%에서 가설검정하라.

연 | 습 | 문 | 제 <<<

9. 다음 주사위가 균형잡힌 주사위인지 유의수준 5%에서 검정해 보라.

값	관측도수
1	5
2	7
3	17
4	16
5	8
6	7

10. 경영학 수업에서 출석과 성별 사이에 유의미한 관계가 있는지 알아보기 위하여 다음과 같은 자료를 얻었다. 10% 유의수준에서 독립성의 검정을 시행하라.

출석 \ 성별	남자	여자	합계
결석 없음	20	10	30
결석 1회 이상	80	90	170
합계	100	100	200

Chapter

Statistics Mentor

10 관계분석 2(회귀분석)

Chapter

10 관계분석 2(회귀분석)

Statistics Mentor

OECD 회원국들의 1인당 GDP와 인터넷 이용자 수(100명당)를 조사하였다. 1인당 GDP는 인터넷 이용자 수에 영향을 줄까? 그렇다면 어느 정도일까? 산점도를 살펴보자.

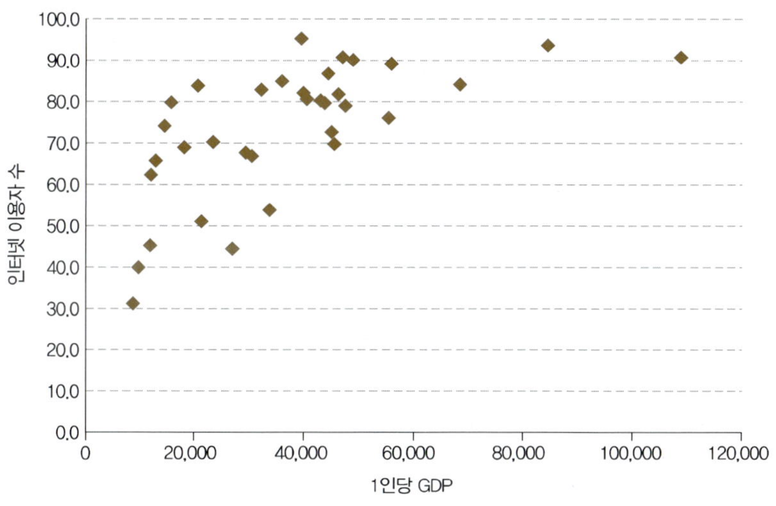

그림 10-1 산점도

관계가 있는 것 같은데 함수로 이러한 현상을 한 번에 설명할 수는 없는가? 만일 1인당 GDP가 인터넷 이용자 수를 결정하는 중요한 요인이라 가정하면, 1인당 GDP가 30,000달러 정도 되는 나라는 인터넷 이용자 수가 어느 정도일까? 표시된 점들에서 제일 가까운 직선을 그어보기로 한다.

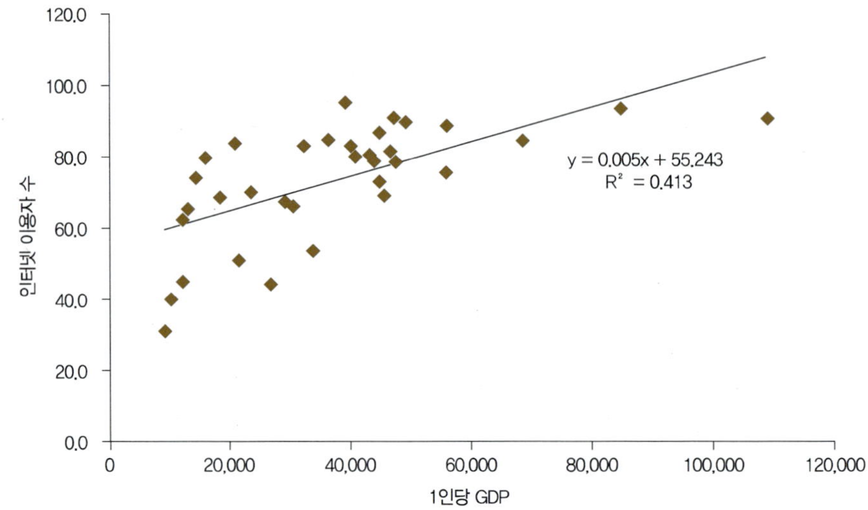

▌그림 10-2▐ 회귀선의 추정

직선 식은

$$\text{인터넷 이용자 수} = 55.243 + 0.0005 \times \text{1인당 GDP}$$

로 추정되었다.

위 식을 이용하여 1인당 GDP 자리에 30,000을 넣으면 그 값은 70.243으로 추정이 된다. 더불어, 1인당 GDP가 1달러 증가하면 인터넷 이용자 수는 0.0005만큼 증가한다는 추론이 가능하다. 또한 결정계수(R^2)를 해석해서 1인당 GDP는 인터넷 이용자 수에 약 41.3% 정도의 영향을 준다고 볼 수 있다. 회귀분석은 이처럼 적절한 선을 그으려는 노력이고 이를 기반으로 현상을 설명하며, 예측을 하려는 작업이다.

1 회귀분석의 개념과 중요성

1) 개념

회귀분석(Regression Analysis)은 인간이 개발한 가장 독특한 것이라는 말이 있다. 인간이 만들어서 세상을 크게 발전시킨 몇 가지는 아스피린, 회귀분석, 라면, 반도체 등이다. 물론 이외에도 다른 획기적인 발견들도 있으나 언급한 것들이 우리의 생활을 획기적으로 좋게 만들었다고 한다. 아스피린은 병마에 고통을 받는 많은 사람들을 구해주었고, 라면은 지금 보면 별것 아닌 것 같지만 처음 개발되었을 때에는 국수를 둘둘 말아서 넣었고 쉽게 끓여서 먹을 수 있다는 것이 대단한 발견이었다고 한다. 그리고 반도체는 우리의 IT산업 발전의 견인차가 되고 있다.

회귀분석은 그냥 흩어져 있는 것 같은 점들을 직선으로 연결하는 아주 독특한 개념이다. 회귀분석이 없었다면 우주선을 쏘아 올리기도 힘들었을 것이고, 세계경제의 흐름을 한눈에 볼 수 있는 계량경제 기법의 발전도 없었을 것이다.

회귀분석이란 무엇인가?

아주 쉽게 표현하면, 우리가 고등학교에 다닐 때 다음과 같은 식을 보았을 것이다.

$$Y = 2X + 10$$

이것은 절편이 10이고 기울기가 2인 직선의 형태이다. X가 0이면 Y는 10이고, X가 1이면 Y는 12이고, X가 2이면 Y는 14이다. 10이라는 절편은 그냥 정해진 값이다. 그러나 X값과 Y값은 1대 2라는 관계를 가지고 있다. X가 하나가 증가하면 Y는 2만큼 증가한다는 것이다.

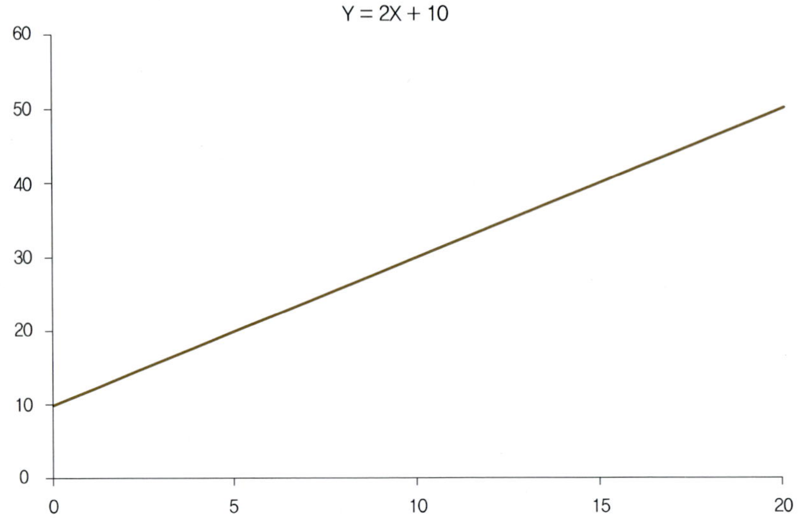

▌그림 10-3▐ 선형 식

이것을 회귀선(Regression Line)이라고 부른다. 고등학교만 나오면 다 아는 이것을 무슨 인류가 만든 획기적인 발견품이냐고 반문할지도 모른다. 물론 위의 직선을 해석하는 것은 누구나 다 할 수 있다. 그러나 무수한 점 중에서 그 점들을 가장 잘 대표하는 회귀선을 위와 같이 그려내는 방법을 아는 사람들은 별로 없다.

회귀선은 우리에게 무엇을 가르쳐 주는가? 회귀선은 변수들 간의 직선관계를 알려준다. 위에서는 Y=2X+10으로 두 변수들 간의 관계를 보여준다.

X와 Y의 관계는 무엇인가?

이 두 변수들은 +2라는 관계를 가지고 있다. X가 한 개가 늘면 Y는 +2 곱하기 1해서 +2만큼 늘어난다는 것이다. X와 Y는 긍정적인 관계를 가지고 있는데, X가 한 단계 늘어나면 Y는 두 단계 늘어난다는 것이다.

그러면 회귀선의 10은 무엇을 가르쳐 주는가? 그것은 큰 의미가 없다. X가 0일 때 Y의 값이 10이라는 것만을 가르쳐 준다. 그것은 X와 Y의 관계를 설명하는 데에는 전혀 도움이 되지 않는다.

회귀선은 앞에서 본 것처럼 X와 Y의 두 개 변수들만의 관계를 설명하는 것을 확장하여 세 개의 변수들, 네 개의 변수들, 혹은 수십 개의 변수들 간의 관계를 설명하는 데에도 사용될 수가 있다. 그러나 현실적으로는 보통 2~5개의 변수들 간의 관계만을 분석하는데 회귀선을 사용한다.

왜 수십 개의 변수들 간의 관계들을 동시 분석이 가능한데 그냥 2~5개만을 분석해서 보는가? 물론 수십 개의 변수들의 관계를 동시에 볼 수는 있다. 예를 들어서, 대도시의 발전에 영향을 미치는 변수들을 뽑아보면 수십 개가 될 수도 있다. 대도시가 발전하려면 일단 인구가 많아야 하고(인구 수), 걷히는 세금이 많아야 하고(세금총액), 면적이 넓어야 하고(면적), 집이 많아야 하고(집의 숫자), 건물도 많아야 하고(건물 숫자), 자동차도 많아야 하고(자동차 숫자), 문화도 좋아야 하고(문화수준), 종교기관도 많아야 하고(종교기관), 학교도 많아야 하고(학교 숫자), 음식점도 많아야 하고(음식점 숫자), 버스도 많아야 하고(버스 숫자), 지하철도 잘되어 있어야 하는(지하철망) 등 그 대도시에 다른 것들도 많아야 한다.

그러면 대도시의 발전 정도를 종속변수 Y로 놓고 도시의 발전에 영향을 줄 것으로 추정되는 모든 변수들을 독립변수(예를 들어, $X_1, X_2, \cdots, X_{30}$의 30개)로 하여 동시에 분석이 가능하다.

그런데 이렇게 하지 않는 이유는 크게 두 가지이다. 하나는 학문적이나 실무적 개념으로 이렇게 너무 많은 변수들을 넣어서 분석하여 혹시 결과가 나왔다고 해도 우리는 결과의 의미를 표현하기가 힘들다. 대도시의 발전에는 이것도 필요하고, 저것도 필요하고, 또 다른 것 등도 필요하다. 원인이 너무 많으면 우리는 그것을 알아도 어떻게 하기가 힘들어진다.

다른 하나는 기술적으로 종속변수 Y에 미치는 독립변수들의 숫자가 많아지면 Y의 움직임에 너무 많은 것들로 분산이 되어 실제 통계적으로 의미있는 결과가 잘 나오지 않는다. 다시 말하면, 회귀선이란 30개의 움직임이 Y의 움직임과의 관련성을 분석하는 것인데 Y의 움직임이 일정할 때 30개를 동시에 분석하면 Y의 분산 설명이 곤란하다. 독립변수 두 개 정도로 분석을 하면 Y의 분산이 통계적으로 잘 표현되는데, 많은 수의 독립변수들을 동시에 넣고 분석하면 Y와 각각의 독립변수들 간의 관련성이 떨어지게 된다.

이와 같은 이유로 수십 개의 독립변수들을 한꺼번에 분석하는 것은 거의 의미가 없다. 보통 학교나 기업체 혹은 정부나 다른 단체들에서 회귀선을 이용할 때 독립변수를 약 2개~5개 정도로 사용하는 경우가 가장 많다.

일단 독립변수를 2개에서 5개 정도로 사용한다면 다변수분석(Multivariate Analysis)이라고 부른다. 한 개의 변수를 사용할 때는 단일변수분석(Univariate Analysis)이라고 부르는데, 이것과 달리 다변수분석에서는 여러 개의 변수들 간의 관계를 동시에 보는 것이다. 단일변수로 된 회귀선을 단일회귀분석(Simple Regression Analysis)이라고 부르고, 여러 개의 변수들로 된 회귀선을 다중회귀분석(Multiple Regression Analysis)이라고 부른다.

단일회귀분석이나 중회귀분석은 독립변수(들)와 종속변수 간의 직접적인 관련성을 연구하는 것이다.

2) 중요성

회귀분석이 중요한 것은 관계를 다양하게 볼 수 있는 중요한 분석방법이기 때문이다. 두 개의 변수들 간의 관계도 알 수 있고, 여러 개의 변수들 간의 관계도 동시에 알 수 있다. 예를 들어서,

$$Y = 3X_1 + 4X_2 + 2X_3 + 6X_4 + 20$$

으로 분석이 되면 다음과 같은 네 가지의 관계를 이해할 수 있다.

첫째, X_1과 Y의 관계는 3이다. X_1가 하나가 늘면 Y는 3개가 증가한다는 것이다.
둘째, X_2와 Y의 관계는 4이다. X_2가 하나가 늘면 Y는 4개가 증가한다는 것이다.
셋째, X_3와 Y의 관계는 2이다. X_3가 하나가 늘면 Y는 2개가 증가한다는 것이다.
넷째, X_4와 Y의 관계는 6이다. X_4가 하나가 늘면 Y는 6개가 증가한다는 것이다.

위의 한 개의 회귀선이 이와 같이 X_1과 Y, X_2와 Y, X_3과 Y, X_4와 Y의 네 가지 관계를 동시에 보여 준다는 것이 중요하다.

현재까지 개발되고 그리고 가장 많이 사용되는 통계기법 중에서는 회귀선이 가장 명쾌하면서도 가장 이해하기 쉬운 종합적인 관계방정식으로 거의 모든 전공에서 널리 사용되는 기법이다. 사회과학, 자연과학, 공학 그리고 다른 학문들에 이르기까지 연관관계를 가진 다양한 변수들 간의 직접적인 관계를 볼 수 있는 가장 포괄적인 방법이다.

3) 상관분석과의 차이

상관분석과 회귀분석의 차이는 다음과 같다.

상관분석은 주로 두 변수들 간의 관계만을 본다. 그러나 회귀분석은 두 변수들 간의 관계도 파악하지만, 많은 변수들 간의 관계도 동시에 볼 수 있다는 점에서 더 포괄적이다.

상관분석은 기본적으로 관계의 강도를 볼 수만 있고, 어느 변수가 다른 변수에 영향을 주는지 아닌지는 볼 수가 없다. 다시 말해서, 상관분석에서는 두 개의 변수들이 같은 레벨에서 상호 간에 관계가 없는지? 있는지만을 분석하는 것뿐이다.

그러나 회귀분석은 어느 변수가 다른 변수에 영향을 주는지 아닌지를 분석할 수가 있다. 다시 말해서, 회귀분석에서는 독립변수와 종속변수 간의 관계를 파악할 수가 있다.

2 단순회귀분석의 논리

1) 최소자승법의 개념

단순회귀분석은 앞에서 잠깐 언급한 바와 같이 독립변수와 종속변수 간의 선형관계(Linear Relationship)를 파악하고 활용하는 통계 기법이다. 그러면 어떻게 독립변수와 종속변수 간의 연결관계를 추론할 수 있는지 알아보자.

모집단에서 표본을 추출하여 그 추출한 표본을 가지고 모집단 내에는 독립변수와 종속변수 간에 선형관계가 있다는 것을 찾아내야 하는 것이다. 이것은 상당히 어려운 과제이다. 그러나 최소자승법(Least Square Method)을 통계학 전문가들이 발견하면서 상당한 것들이 한꺼번에 해결이 된 것이다.

최소자승법이란 오차를 최소화하겠다는 것이다. 이것은 앞에서 설명했던 모집단의 모수와 추출된 표본 차이의 오차를 최소화하겠다는 것이 아니고 '가상적인 직선'과 '표본으로 뽑힌 실제치'와의 차이를 말한다.

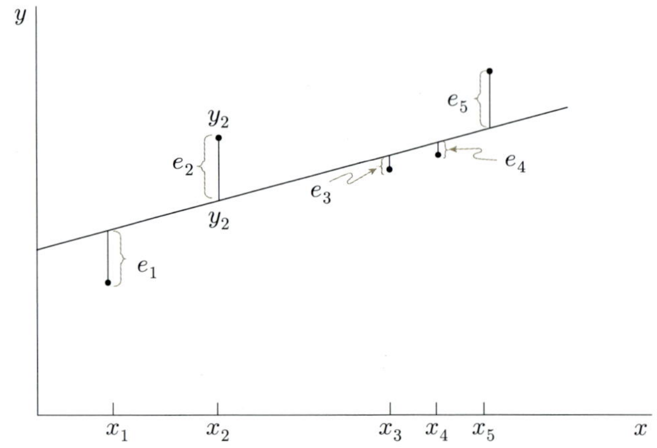

그림 10-4 선과 관측값의 차이(잔차)

우리는 독립변수와 종속변수 간의 관계가 있다고 생각하고 그것을 찾아나선다. 이러한 관계는 직선으로 표현된다. 그러면 수백 개의 점을 이어가는 직선이 있다는 말인가? 수백 개의 점을 대략적으로 이어갈 수 있는 직선은 수백 개를 그릴 수가 있다. 그러한 직선 중에서 수백 개의 점을 가장 잘 표현하는 직선 한 가지를 찾아야 한다.

어떻게 찾는가?

일단 가장 좋은 선이 있다고 가정한다. 그 선과 각각의 실제 관측치와의 거리 합이 가장 짧은 것이 가장 좋은 선이라는 것이다. 여기에 점이 하나가 있다고 하자. 그 점을 지나가는 선 하나를 그으면 그 선과 점 간의 거리는 제로이다. 왜냐하면 그 점이 그 선 위에 있기 때문이다. 그러면 점이 두 개 있으면 어떻게 되는가? 그 두 개의 점을 이어가는 선이 연결이 되면 그 선이 그 점들을 가장 잘 표현하는 것이다. 이때에도 그 선과 점의 거리는 제로이다.

그러나 세 개의 점이 얽혀 있어서 우리가 그 세 개의 점을 완전히 지나가는 선은 그릴 수가 없다. 다행히도 두 개의 점을 이어가는 선을 그리고 나머지 한 개의 점이 그 선과의 거리가 가장 짧아진다면, 다른 어떠한 선에 비해서도 그 선이 가장 좋은 선이라는 것이다.

이와 같이, 수백 개의 점과 하나의 가장 좋은 선과의 거리가 가장 짧아지는 것을 수식으로 찾아내는 것을 최소자승법이라고 한다. 오차를 최소화하는 것이다. 오차를 최소화한다고 했는데 왜 자승을 하는가? 오차에는 점에서 선과의 거리가 플러스로 나오는 것도 있고, 마이너스로 나오는 것도 있다. 따라서 그냥 더하면 플러스와 마이너스가 상쇄되어서 최소화할 값이 없게 된다. 그래서 일단 오차를 자승하면 전부 플러스가 된다. 그 다음에 모든 오차를 더한다. 그리고 그렇게 더한 오차들 중 가장 작은 오차를 나타내는 값을 구한다. 그렇게 구한 독립변수와 종속변수 간의 관계를 구한 값으로 회귀선을 그릴 수 있다.

(X, Y)에 대한 관측값으로 (x_1, y_1), (x_2, y_2), $\cdots$, (x_n, y_n)이 주어졌다면 n 개의 자료를 반영하는 모형의 식은 다음과 같이 쓸 수 있다.

$$y_i = \beta_0 + \beta_1 x_i + \varepsilon_i \ , \ i = 1, \ 2, \ \cdots, \ n$$

β_0와 β_1는 모수로서 회귀계수, ε_i는 오차라 불린다. ε_i는 y_i와 $\beta_0 + \beta_1 x_i$의 차이를 나타내 주는데, 오차의 크기는 두 변수에 대한 관계식이 얼마나 정확하게 기술되었는지를 알 수 있기 때문에 오차의 추정값은 회귀분석에서 매우 중요한 의미를 갖는다. 오차의 평균은 0으로 가정하고, 발생과정에서 서로의 오차에 영향을 주지 않는다고 가정하면 임의의 서로 다른 두 오차 간의 공분산 $Cov(\varepsilon_i, \ \varepsilon_j)$는 0이 될 것이다. 그리고 모든 오차는 같은 크기의 분산 σ^2을 갖는다는 가정을 한다면 다음과 같이 확장하여 쓸 수 있다.

$$y_i = \beta_0 + \beta_1 x_i + \epsilon_i, i = 1, 2, \cdots, n.$$
$$E(\varepsilon_i) = 0, Var(\varepsilon_i) = \sigma^2, \ Cov(\epsilon_i, \epsilon_j) = 0, \ i \neq j \ .$$

β_0은 $X = 0$일 때의 Y의 값으로 절편, β_1은 X가 한 단위 증가하였을 때 Y의 변화량인 기울기로 불린다. 물론 β_0 및 β_1은 자료를 통하여 추정을 하여야 한다. 이것이 단순(선형)회귀모형[Simple (Linear) Regression Model]이다.

잔차제곱합은 다른 방법에 의해 생기는 어느 잔차제곱합과 비교하여도 제일 작은 값을 가진다. 그 결과 다음과 같은 추정식이 가능하다.

$$\widehat{\beta_0} = \overline{y} - \widehat{\beta_1}\overline{x} \ , \ \widehat{\beta_1} = \frac{S_{xy}}{S_{xx}}$$

여기서 S_{xx} 는 $\Sigma(x_i-\bar{x})^2$, S_{xy} 는 $\Sigma(x_i-\bar{x})(y_i-\bar{y})$, $\bar{x}=\frac{\sum_{i=1}^{n}x_i}{n}$, $\bar{y}=\frac{\sum_{i=1}^{n}y_i}{n}$ 을 의미한다.

최소자승법은 아주 매력적인 개념이다. 우리가 찾고자 하는 가상적인 직선이 있다고 하고, 그 직선에서 각각의 점까지의 거리를 모두 구해서 그것들을 자승해서 합한다. 그리고 그 합이 최소인 것을 사용한다는 개념이다.

최소자승법이 회귀선을 구하는 가장 기초적인 논리이다.

2) 회귀선에 대한 가정

단순회귀분석에서 구한 회귀선은 크게 다음과 같은 세 가지 가정이 있다. 이러한 가정들이 모두 충족되었을 때에 회귀선을 사용하는 것이 바람직하다.

첫째, 독립변수의 값에 대해서 종속변수의 값의 평균은 모두 회귀선에 놓이게 된다. 그리고 각각 종속변수의 값은 모두 정규분포를 이룬다는 가정이다.

우리는 모집단에서 표본을 추출한다. 모집단에는 영원히 알 수 없는 모집단 회귀선이 있을 것이다. 그러나 모집단에서 무수히 많은 각각의 표본들을 뽑아서 각각의 표본들에 대한 회귀선을 그려 보면 모든 회귀선은 하나의 회귀선에 수렴하게 될 가능성이 높다. 이때 독립변수 X의 값에 대해서 무수히 다른 종속변수 Y의 값을 구할 수 있는데, 그러한 종속변수 Y 값의 평균은 모두 하나의 회귀선의 바로 선 위에 놓이게 된다는 가정이다. 그리고 이 각각의 종속변수의 값을 중심으로 각각의 회귀선이 그려질 수 있다는 것이다.

이러한 가정이 왜 필요한가?

만약 모든 회귀선의 평균이 하나의 회귀선의 선 위에 떨어지지 않게 된다는 것은 하나의 회귀선이 아니라 다양한 회귀선이 존재할 수 있다는 것이다. 우리는 한 개의 가장 좋은 회귀선을 찾는 것이 목적이다. 이렇게 구한 회귀선은 또한 믿을 수 있어야 하는데 여러 개의 회귀선이 그려질 수 있다면, 어떠한 것이 가장 좋은 회귀선인지에 대한 믿음이 떨어지는 것이다. 또한 종속변수의 값을 중심으로 정규분포를 이루게 된다는 것은 실제로 인간생활에서 나타나는 거의 모든 분포들이 정규분포이므로 이것과 일맥상통하게 하는 가정이다.

둘째, 종속변수 값의 표준편차는 동일하다. 표준편차의 자승이 분산이다. 표준편차가 같다는 것은 분산이 같다는 것이다. 이것을 동일분산(Homoscedasticity)이라고 부른다.

종속변수의 다양한 값들이 동일한 분산을 가진다는 것은 실질적으로 관측치들의 펴져 있는 정도가 같다는 것이다. 이것은 어디에서 나왔는가? 첫 번째 가정에서 종속변수 값은 모두 평균이 회귀선에 놓이고 정규분포를 이룬다고 가정했다. 따라서 회귀선 위에는 무수히 많은 종속변수의 정규분포들이 포진하게 될 것이다. 그런데 이러한 정규분포들의 분산이 모두 동일하다는 것은 나중에 종속변수의 값을 예측할 수가 있게 된다는 것이다.

만약 동일분산의 가정이 적용되지 않는다면, 종속변수의 값을 예측하는데 상당한 문제가 생길 수가 있다. 정규분포에서 분산이 같으면 평균 플러스 3의 표준편차와 평균 마이너스 3의 표준편차 안에 대부분의 측정치들이 들어가게 된다. 그리고 이러한 표준편차가 같다고 가정이 되면, 종속변수들 간의 균일성을 볼 수가 있게 되면서 예측을 제대로 할 수가 있게 된다.

셋째, 종속변수들의 값은 통계학적으로 서로 독립이다. 앞에서 표본추출을 할 때 대부분의 경우에 이미 뽑힌 표본 값과 새로 뽑힐 표본 값은 서로 독립적이라는 것을 설명한 적이 있다. 이와 비슷하게, 종속변수의 값이 서로 독립적이어야 한다.

종속변수의 값이 서로 독립적이라는 것은 서로 관계가 없다는 것이다. 독립변수의 값과 종속변수의 값은 관련이 되어야 하나, 종속변수의 값끼리는 관련이 없어야 한다. 종속변수의 값이 관련이 없어야 한다는 것은 독립변수의 값 하나에 대해서 정해지는 종속변수의 값끼리는 상호작용을 하지 않는다는 것이다.

이러한 가정이 왜 필요한가? 만약 종속변수의 값끼리 관련이 된다면, 독립변수와 종속변수의 관련 그리고 종속변수 간의 관련으로 해서 관련성의 진정한 의미를 찾을 수가 없다.

예를 들어서, 어느 집에 남자형제가 다섯이 있다고 하자. 그런데 그 옆집에는 한 명의 남자가 살고 있다. 이웃집의 한 명의 남자와 이 집의 다섯 남자 중 한 명만이 알고 지내는 경우에 우리는 순수한 의미에서 한 명의 남자와 다른 한 명의 남자의 친구관계를 알 수가 있다. 그런데 이웃집 남자 한 명과 옆집 남자 다섯이 전부 다 잘 알고 지낸다면 이웃집 남자는 누구의 친구인가? 여기에서 한집에 사는 남자 다섯 형제는 서로 관계가 있는 형제들이다.

3) 잔차에 대한 가정

앞의 회귀선에 대한 가정은 잔차에 대한 가정과도 연결이 된다. 여기에서 잔차란 모집단에서 뽑은 표본의 관측치들의 실제치와 회귀선을 사용해서 구해진 예측치 간의 차이를 의미한다.

앞의 세 가지 가정들(정규분포, 동일분산, 독립적인 종속변수)의 연장선으로 잔차의 평균은 제로이고 표준편차는 동일하고 그리고 서로 독립이라는 가정이 성립된다.

앞에서도 가정을 길게 설명하더니 왜 여기에서도 이러한 가정들이 필요한가?

잔차란 실제치와 예측치 간의 차이이므로 어떠한 경우에는 실제치가 예측치보다 클 수도 있고, 어떤 때는 작을 수도 있다. 일단 크거나 작거나 간에 모든 잔차의 합은 제로라는 가정은 종합적으로는 실제치와 예측치가 동일하다는 것을 의미한다.

그러면 단순회귀분석을 이용한 회귀선으로 매일 100퍼센트 완벽한 예측이 가능한가? 회귀선으로 우주선을 쏘아 올리면, 우주선이 우주정거장에 정확하게 도킹이 될 때도 있고 안될 때도 있다. 우리나라의 우주선이 실패할 때도 있었다.

우리는 예측치와 실제치의 종합적인 잔차의 합이 제로라는 가정을 하고 거기에서 논리를 전개한다. 그렇지 않으면 이 문제를 풀기가 매우 힘들어진다.

이러한 논리의 가정은 이 세상에 엄청나게 많다.

엄마가 오늘 출산한 아기는 거짓말을 한 적이 없다. 그리고 도덕적으로 법률적으로 거짓말을 하지 말아야 한다. 따라서 일단 태어난 아기는 거짓말을 하지 않는다라고 가정한다. 그리고 수십 년을 살다 보면 의도적 혹은 실수로 거짓말을 할 수도 있다. 거짓말을 많이 한 사람은 법률적으로 처벌을 받고, 도덕적으로 비난을 받는다.

아기는 일단 괜찮다. 그리고 나서 어린 아이가 너무 거짓말이 심해지면 그 아이는 문제이고, 다른 아이는 괜찮다라는 것을 판정할 수가 있다. 그러나 태어난 아기도 거짓말을 한다면 우리는 기준점이 없고 세상은 어떻게 할 수가 없게 된다.

법정에서 판사는 "일단 모든 피고는 무죄다."라고 시작한다. 그래야 유죄와 무죄를 분간할 수가 있다. 그렇지 않고 모든 피고는 유죄라고 시작하면 우리는 아무것도 할 수가 없다.

앞의 잔차의 합이 제로라는 가정도 이와 같은 논리에서 만들어졌다. 그리고 잔차의 표준편차가 동일하고 독립적이라는 가정은 앞의 세 가지 가정들(정규분포, 동일분산, 독립적인 종속변수)의 연장선에 불과하다.

3 단순회귀분석의 신뢰도

회귀분석의 결과를 어떻게 믿을 수 있는가? 물론 최소자승법은 수학적인 편미분을 이용해서 회귀선의 기울기(X의 계수)와 절편(X 값이 0일 때 Y의 값)을 구할 수 있다. 수학이란 그 자체로 명확한 논리를 가지고 있어 해를 구하는 방법으로서 적절한 신뢰를 가지고 있다. 그러나 그렇게 해서 계산된 회귀선의 기울기와 절편이 진짜로 모집단에서 추출한 표본의 수많은 관측치들을 가장 잘 표현한다는 것을 어떻게 믿을 수가 있는가? 이것은 앞에서 이야기한 잔차의 합이 제로라는 가정으로 거꾸로 생각해서 판단할 수 있다.

잔차란 표본에서 뽑힌 관측치들과 회귀선을 사용해서 예측한 값과의 차이이다. 예를 들어서, 다음과 같이 회귀선이 예측되었다고 하자.

표 10-1 잔차의 계산

실제치	예측치	잔차(실제치 - 예측치)
10	10.5	−0.5
12	12.5	−0.5
9	8.5	0.5
10	11	−1
11	9.5	1.5
		합계=0

항상 잔차의 합은 영이다. 영이란 무엇을 의미하는가? 실제치 10에 대한 예측치는 10.5로 0.5만큼 실제치가 작다. 이와 같이, 실제치에서 예측치를 뺀 잔차를 모두 구해서 합했더니 영이다.

결론은 개별적으로는 실제치와 예측치가 약간 차이가 나나, 전체적으로는 실제치와 예측치는 동일하다는 것이다. 이와 같이 되면 회귀선을 믿을 수 있다고 할 수 있다. 그런데 이것은 가정을 그렇게 한 것이지, 실제로 그러한지는 검토를 해보아야 한다. 만일 가정이 틀렸다고 하면 어떻게 회귀선을 믿을 수 있는가? 그래서 가정에 의존하지 않고, 회귀선의 신뢰도를 평가할 수 있는 방법으로 회귀선이 통계적으로 유의한지 판단하면 가능하다.

회귀모형(X의 기울기와 Y축의 절편)을 통계적으로 검증(귀무가설은 "모든 회귀계수가 0이다")해서 0.05의 유의수준에서 유의하면 회귀선을 믿을 수 있다고 결론을 내린다. 만약 0.05의 유의수준에서 유의하지 않으면 어떻게 되는가? 그때에는 회귀선이 믿을 수 없다고 결론을 내리는 것이다. 왜냐하면 모든 회귀계수가 0이면, 회귀분석 자체가 의미가 없기 때문이다.

4 단순회귀분석의 설명력

표본에서 뽑은 관측치들을 하나의 직선인 회귀선으로 연결할 수가 있다. 그리고 그렇게 그은 회귀선이 통계적으로 유의하다면, 일단 그 회귀선이 모집단의 회귀선이라고 믿고 사용하게 된다. 그런데 수백 개의 흩어진 표본관측치들을 우리가 찾은 회귀선으로 얼마나 설명할 수 있는지가 중요해진다. 여기서 설명력이란 회귀선을 통해서 표본치들의 흩어짐을 설명할 수 있는 정도를 의미한다. 이것을 결정계수(Coefficient of Determination, R제곱)라고 부른다. 결정계수는 0부터 1까지로 나타나는데 0에 가까우면 회귀선으로 설명을 못하는 경우이고, 1에 가까우면 설명이 다 된 것이다. 결정계수는 높으면 높을수록 좋다.

결정계수 R^2는 다음과 같이 정의한다.

$$R^2 = \frac{\text{회귀식에 의해 설명이 되는 변동}}{\text{전체 변동}}$$

결정계수는 총변동 중에서 회귀모형에 의하여 설명되는 변동의 크기를 의미한다. 변동을 분해하면 $\sum(y_i-\bar{y})^2= \sum(\hat{y_i}-\bar{y})+\sum(y_i-\hat{y_i})^2$ 과 같이 쓸 수 있고 두 항 중 앞의 식이 회귀식에 의해 설명이 되는 변동이다.

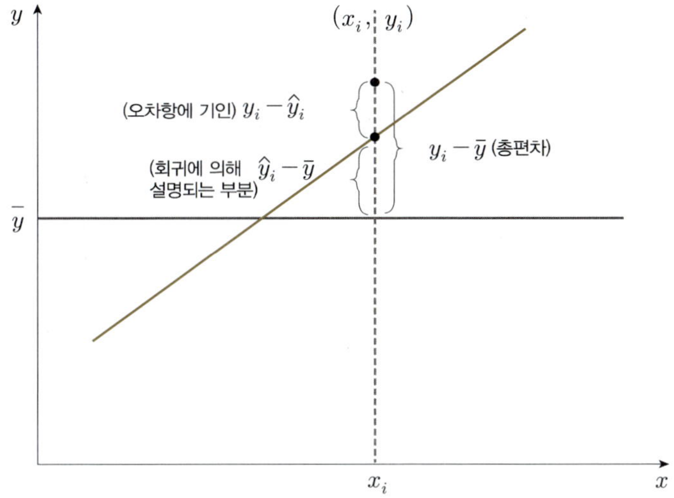

▌그림 10-5▐ 회귀식의 분해

5 중회귀분석의 개념, 논리와 사례

중회귀분석(Multiple Regression Analysis)은 단순회귀분석의 연장선이다. 단순회귀분석은 독립변수가 하나인데, 중회귀분석은 독립변수가 여러 개라는 것이다. 다시 말해서,

$$Y=3X_1+4X_2+2X_3+6X_4+20$$

이와 같이 되면 중회귀분석이라고 부른다. 모든 개념은 단순회귀분석의 연장선에서 동일하다. 단, 중회귀분석에서 단순회귀분석과 다르게 중요하게 부각되는 개념이 하나 있다. 중회귀분석에서는 독립변수가 두 개 이상인데 그 독립변수들 간의 상관관계가 높으면, 이것이 종속변수의 값에 영향을 주면서 문제가 된다.

원칙적으로 독립변수들은 서로 관계가 없어야 한다. 그래야 각각의 독립변수가 종

속변수에 개별적으로 어떻게 영향을 주었는지를 쉽게 파악할 수가 있다. 그러나 독립변수가 각각 상관이 된다면 개별적으로 종속변수에 영향을 주었는지 혹은 다른 독립변수와 결합해서 영향을 주었는지를 분간해서 파악하기가 쉽지 않다. 그러면 이와 같은 문제를 어떻게 할 수 있는가? 크게 세 가지 방법이 사용될 수 있다.

첫째, 사전에 개념적으로 독립변수들이 상관이 없는 것을 골라서 사용하면 된다. 눈으로 보고서 생각한 후에 이것과 저것은 관계가 없다는 독립변수들 간의 무관성이 확인된 것들만 사용하면 된다.

둘째, 독립변수들을 선정하고 나면 그것들의 상관분석을 미리 해볼 수가 있다. 간단한 자료들을 뽑아서 앞에서 설명했던 두 변수 상관관계를 전부 구해서 변수들 간의 상관관계가 통계적으로 유의한지 아닌지를 분석하는 것이다. 만약 독립변수들 간의 상관계수가 매우 높고 통계적으로 유의하면, 그것들은 사용하지 말아야 한다. 독립변수들 간의 상관관계가 없는 것들만을 뽑아서 독립변수들로 사용해야 한다.

셋째, 독립변수들 간에 상관관계가 있는 것을 알고는 있는데 이것들을 전부 뺄 수가 없는 상황에서는 그대로 사용해야만 한다. 이때에는 독립변수들을 가지고 요인분석(Factor Analysis)을 하면 관계가 없는 새로운 변수들을 추출해 낼 수가 있다. 그 다음에 이렇게 생성된 새로운 요인분석의 결과들을 가지고 회귀분석에서 독립변수로 사용하는 방법이다.

다중선형회귀모형에서는 하나의 반응변수에 대해 여러 개의 설명변수가 주어져 있다. 설명변수를 X_1, X_2, X_3, $\cdots$, X_p라 하면 아래와 같은 구조를 통하여 자료가 수집된다.

표 10-2 다중선형회귀모형의 자료구조

자료의 순서	변수값					
	y	X_1	X_2	X_3	…	X_p
1	y_1	x_{11}	x_{12}	x_{13}	…	x_{1p}
2	y_2	x_{21}	x_{22}	x_{23}	…	x_{2p}
.	.	.	.	.		.
.	.	.	.	.		.
.	.	.	.	.		.
n	y_n	x_{n1}	x_{n2}	x_{n2}	…	x_{np}

이러한 표현방법에 의하면 x_{ij}는 j번째 설명변수에서 i번째 자료의 값을 나타낸다. 다중회귀분석 모형식은 다음과 같이 쓸 수 있다.

$$y_i = \beta_0 + \beta_1 x_{i1} + \beta_2 x_{i2} + \cdots + \beta_p x_{ip} + \epsilon_i, i = 1, 2, \cdots, n$$

p=2일 때(독립변수가 두 개)는 3차원 공간에서 2차원 평면이 된다.

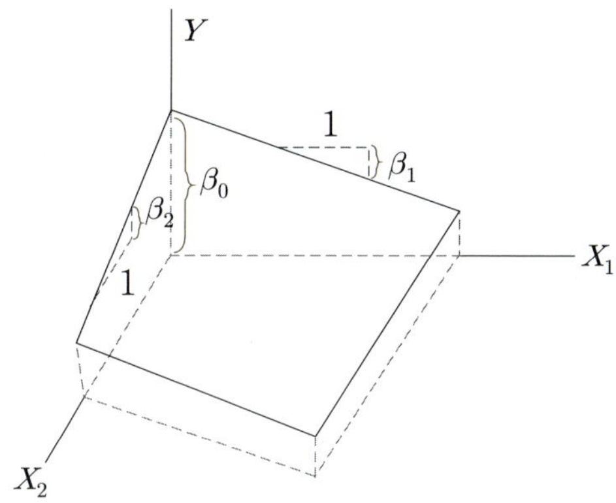

그림 10-6 독립변수가 두 개인 경우의 선형회귀

6 SPSS를 이용한 회귀분석

어느 회사의 헬스클럽에 등록한 30여 명을 대상으로 기록한 건강자료이다. 변수는 다음과 같다.

X1: 몸무게(파운드), X2: 분당 정지 맥박수, X3: 근력(파운드)

X4: 1/4마일 시험 주행속도(초), Y: 1마일 주행속도(초)

표 10-3 헬스클럽에 의한 건강자료(health.xls)

X1	X2	X3	X4	Y	X1	X2	X3	X4	Y
217	67	260	91	481	138	70	180	62	267
141	52	190	66	292	147	54	150	75	404
152	58	203	68	338	197	76	228	88	442
153	56	183	70	357	165	59	188	70	368
180	66	170	77	396	125	58	160	66	295
193	71	178	82	429	161	52	190	69	391
162	65	160	74	345	132	62	163	59	264
180	80	170	84	469	257	64	313	96	487
205	77	188	83	425	236	72	225	84	481
168	74	170	79	358	149	57	173	68	374
232	65	220	72	393	161	57	173	65	309
146	68	158	68	346	198	59	220	62	367
173	51	243	56	279	245	70	218	69	469
155	64	198	59	311	141	63	193	60	252
212	66	220	77	401	177	53	183	75	338

엑셀 파일을 SPSS로 불러들여 먼저 산점도를 그려보기로 한다. [그래프] ⇨ [레거시 대화상자] ⇨ [산점도/점도표]를 선택하여 [그림 10-7]처럼 선택해 준다. 변수가 많으니 한꺼번에 볼 수 있는 행렬산점도를 그리기로 한다.

그림 10-7 행렬산점도의 선택

[정의]를 클릭하고 연이어 나오는 대화상자에서 산점도를 그리고 싶은 모든 변수를 [행렬 변수]란으로 보내준다. 너무 많이 보내면 산점도 자체를 읽기가 어려우니 적절하게 선택하기로 한다.

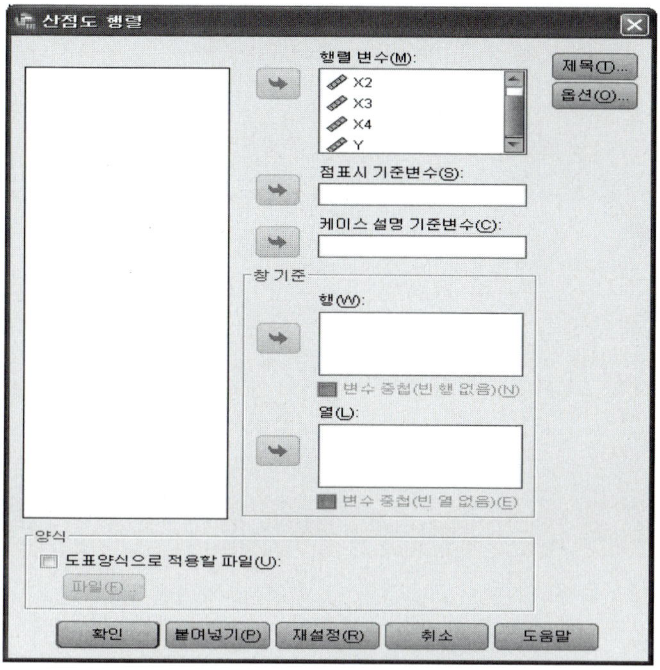

▌그림 10-8▌ 행렬산점도의 변수선택

[확인]을 클릭하고 산점도를 확인해 보자. [그림 10-9]를 보면, Y(1마일 주행속도)와 연관성이 가장 좋은 변수는 X4(1/4마일 시험 주행속도)로 추정된다. 1마일 속도가 빠른 사람이 당연히 1/4 마일도 빠를 것이므로 당연한 이야기이다.

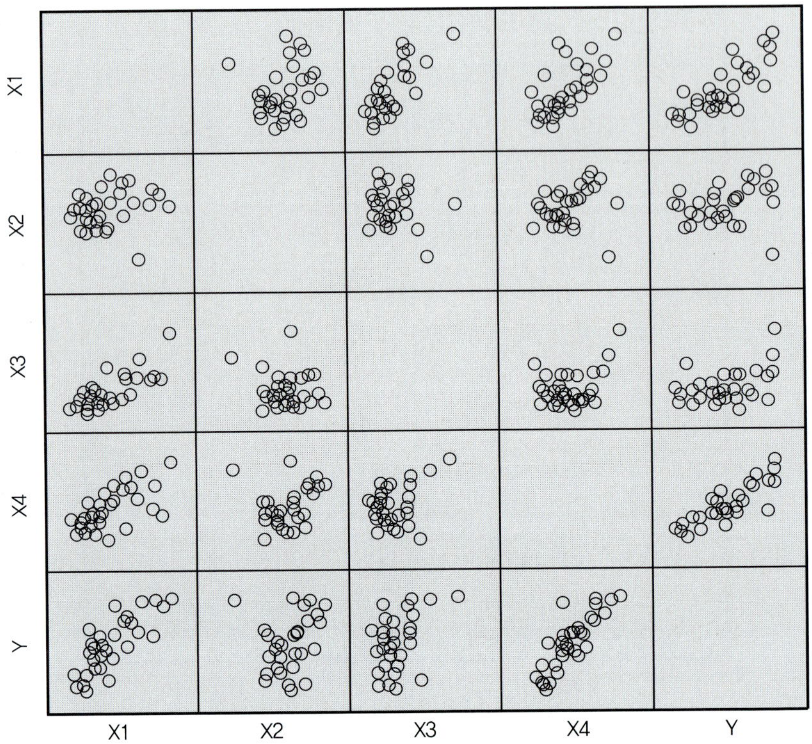

▌그림 10-9▐ 행렬산점도

산점도는 경향이 눈에 보이는 장점이 있지만 객관적인 정보 획득이 어렵다. 상관계수를 구해보기로 한다. [분석] ⇨ [상관분석] ⇨ [이변량 상관계수]를 선택하여 [그림 10-10]처럼 설정해 준다.

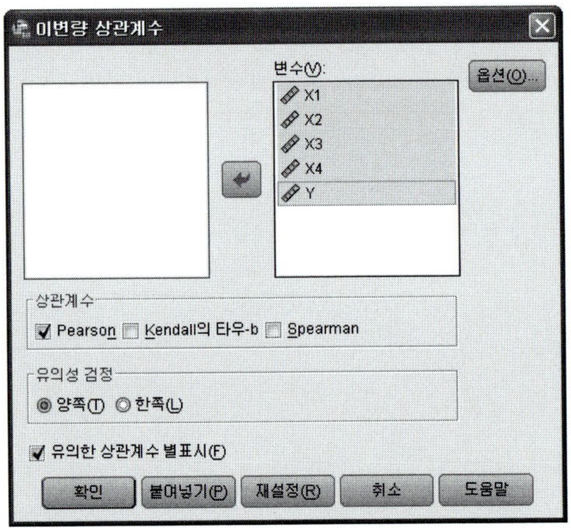

▌그림 10-10▐ 상관계수 대화상자

[확인]을 선택하면 나오는 상관계수가 [그림 10-11]이다. Y(1마일 주행속도)와 상관계수가 높은 순서대로 나열하면 X4(1/4마일 시험 주행속도), X1(몸무게), X3(근력), X2(분당 정지 맥박수)이다. X2는 유의하지 않아(유의확률=0.19) 선형 상관이 거의 없음을 시사한다.

상관계수

		X1	X2	X3	X4	Y
X1	Pearson 상관계수	1	.240	.737**	.643**	.798**
	유의확률 (양쪽)		.201	.000	.000	.000
	N	30	30	30	30	30
X2	Pearson 상관계수	.240	1	−.137	.252	.246
	유의확률 (양쪽)	.201		.472	.179	.191
	N	30	30	30	30	30
X3	Pearson 상관계수	.737**	−.137	1	.400*	.445*
	유의확률 (양쪽)	.000	.472		.028	.014
	N	30	30	30	30	30
X4	Pearson 상관계수	.643**	.252	.400*	1	.848**
	유의확률 (양쪽)	.000	.179	.028		.000
	N	30	30	30	30	30
Y	Pearson 상관계수	.798**	.246	.445*	.848**	1
	유의확률 (양쪽)	.000	.191	.014	.000	
	N	30	30	30	30	30

**. 상관계수는 0.01 수준(양쪽)에서 유의합니다.
*. 상관계수는 0.05 수준(양쪽)에서 유의합니다.

그림 10-11 상관계수 출력결과

먼저 X3(근력) 하나만 고려하여 단순회귀분석을 실시하기로 한다. [분석] ⇨ [회귀분석] ⇨ [선형]을 선택하고 [그림 10-12]의 대화상자에 종속변수와 독립변수를 구분하여 지정한다.

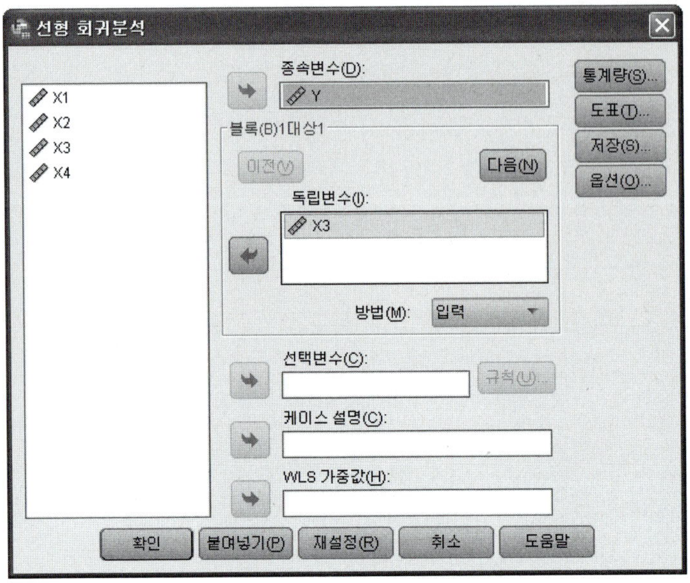

▌그림 10-12▌ 회귀분석 대화상자

[확인]을 선택하면 [그림 10-13]의 결과가 출력된다. F 검정에 의한 p-값이 0.014로 유의하다. R제곱은 0.198로서 회귀모형이 19.8% 설명된다고 해석한다. 회귀선이 유의한데도 불구하고 이처럼 결정계수가 낮은 것은 회귀선 주위로 관측값들이 넓게 퍼져 있기 때문이다. 또 회귀모형 $Y=\beta_0+\beta_1 X$에 대한 회귀계수 β_0(p=0.006), β_1(p=0.014)는 모두 유의하다. 따라서 최종적인 회귀모형은

$$\hat{Y}=\hat{\beta_0}+\hat{\beta_1}X \ =198.433+0.882X$$

이다. X3(근력)은 Y(1마일 주행속도)에 영향을 주고 있고, 근력이 1단위 증가하면 1마일 주행속도는 0.882배만큼 증가한다는 것을 의미한다.

진입/제거된 변수a			
모형	진입된 변수	제거된 변수	방법
1	근력b		입력
a. 종속변수: 1마일 속도 b. 요청된 모든 변수가 입력되었습니다.			

모형 요약				
모형	R	R 제곱	수정된 R 제곱	추정값의 표준오차
1	.445a	.198	.169	63.315
a. 예측값: (상수), 근력				

분산분석a						
모형		제곱합	자유도	평균 제곱	F	유의확률
1	회귀 모형	27667.315	1	27667.315	6.902	.014b
	잔차	112244.552	28	4008.734		
	합계	139911.867	29			
a. 종속변수: 1마일 속도 b. 예측값: (상수), 근력						

계수a						
모형		비표준화 계수		표준화 계수	t	유의확률
		B	표준오차	베타		
1	(상수)	198.433	66.671		2.976	.006
	근력	.882	.336	.445	2.627	.014
a. 종속변수: 1마일 속도						

▌그림 10-13▌ 단순회귀분석 결과

X와 Y 사이에 회귀직선이 얼마나 의미가 있는지를 검정하기 위한 방법의 의미를 살펴본다. X와 Y 사이에 직선관계가 존재하면 직선의 기울기인 β_1이 0은 아닐 것이고, 직선관계가 없으면 β_1은 0이 될 것이다. 회귀식에 β_1 대신 0을 대입해 보라. X가 무슨 값을 갖더라도 Y는 변화가 없다는 뜻이 된다. 따라서 직선회귀모형의 유의성을 검정하기 위한 가설은

$$H_0:\ \beta_1 = 0,\ H_1:\ \beta_1 \neq 0$$

으로 놓고

$$F = \frac{MSR}{MSE} > F(1,\ n-2 : \alpha)$$

이면 귀무가설을 기각하고 X와 Y 사이에 직선관계가 있다고 결론을 내린다. 유의확률이 원하는 유의수준보다 작으면 통계적으로 유의하다는 의미이다.

모형의 적합성을 검정한 후에 연구자가 원하는 유의한 결론을 얻었다면, 회귀계수에 대해서 좀더 구체적으로 가설검정을 해볼 수 있다. 회귀계수에 대한 가설을 검정하기 위한 검정 통계량은

$$t = \frac{\hat{\beta_i} - \beta_i}{SE(\hat{\beta_i})}$$

로서 자유도 (n-2)인 t-분포를 따른다. 여기서 SE.$(\hat{\beta_i})$은 추정치 $\hat{\beta_i}$의 추정 표준오차이다. 검정하고자 하는 가설은

$$H_0: \ \beta_0 = 0, \text{ 또는 } H_0: \ \beta_1 = 0$$

이고 이에 대한 대립가설은

$$H_1: \ \beta_0 \neq 0, \text{ 또는 } H_1: \ \beta_1 \neq 0$$

이다. 위의 가설에 대한 통계적 검정 절차는 유의수준 α에서 다음과 같이 주어진다.

$$|t = \frac{\hat{\beta_i}}{s.e.(\hat{\beta_1})}| > t_{1-\alpha/2}(n-2)$$

이면 귀무가설을 기각한다. 단순회귀의 경우 F 검정은 t-검정과 같은 결과를 얻게 된다. 만일 회귀계수=0이라는 가설이 채택된다면 독립변수는 종속변수에 영향을 주지 않는다는 말이 된다.

이제 다중회귀분석을 하기로 한다. 종속변수인 Y(1마일 주행속도)와 독립변수로 X1

(몸무게), X2(분당 정지 맥박수), X3(근력), X4(1/4마일 시험 주행속도) 모두를 고려한다는 뜻이다. [그림 10-14]처럼 고려할 모든 변수를 설정해 주고 [확인]을 선택한다. 다음과 같은 모형을 가정한다는 뜻이다.

$$Y = \beta_0 + \beta_1 X_1 + \beta_2 X_2 + \beta_3 X_3 + \beta_4 X_4 + \epsilon$$

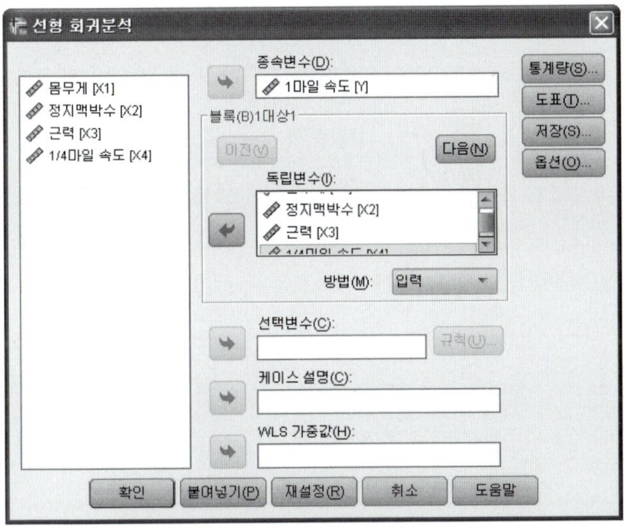

▌그림 10-14▐ 다중회귀분석 변수설정

분석결과 다중회귀모형은 유의함을 알 수 있다($p<0.001$). 각 회귀계수의 추정결과를 보면, 네 개의 설명변수 중에서 몸무게, 근력, 1/4마일 속도가 유의수준 0.05하에서 유의하다. 한편, 회귀상수는 유의하지 않음($p=0.767$)을 알 수 있다. 표준화계수는 각 설명변수의 기여도를 보고자 하는 경우에 유용하다. 즉, 몸무게가 종속변수 Y에 대한 기여도가 제일 높고(0.68), 다음으로는 1/4마일 속도(0.55)이다.

진입/제거된 변수a			
모형	진입된 변수	제거된 변수	방법
1	1/4마일 속도, 정지맥박수, 근력, 몸무게b		입력
a. 종속변수: 1마일 속도 b. 요청된 모든 변수가 입력되었습니다.			

모형 요약				
모형	R	R 제곱	수정된 R 제곱	추정값의 표준오차
1	.926a	.858	.835	28.224
a. 예측값: (상수), 1/4마일 속도, 정지맥박수, 근력, 몸무게				

분산분석a						
모형		제곱합	자유도	평균 제곱	F	유의확률
1	회귀 모형	119996.543	4	29999.136	37.658	.000b
	잔차	19915.324	25	796.613		
	합계	139911.867	29			
a. 종속변수: 1마일 속도 b. 예측값: (상수), 1/4마일 속도, 정지맥박수, 근력, 몸무게						

계수a						
모형		비표준화 계수		표준화 계수	t	유의확률
		B	표준오차	베타		
1	(상수)	17.355	57.938		.300	.767
	몸무게	1.335	.290	.681	4.607	.000
	정지맥박수	−.711	.654	−.096	−1.087	.288
	근력	−.576	.253	−.290	−2.278	.032
	1/4마일 속도	3.792	.687	.551	5.516	.000
a. 종속변수: 1마일 속도						

▌그림 10-15▐ 다중회귀분석 결과

다중회귀분석에서는 다중공선성(Multicollinearity: 독립변수들 간의 상관관계가 존재하는 것) 검토가 필요하다. [그림 10-14]에서 [통계량]을 선택하여 [그림 10-16]처럼 [공선성 진단]에 체크해 준다.

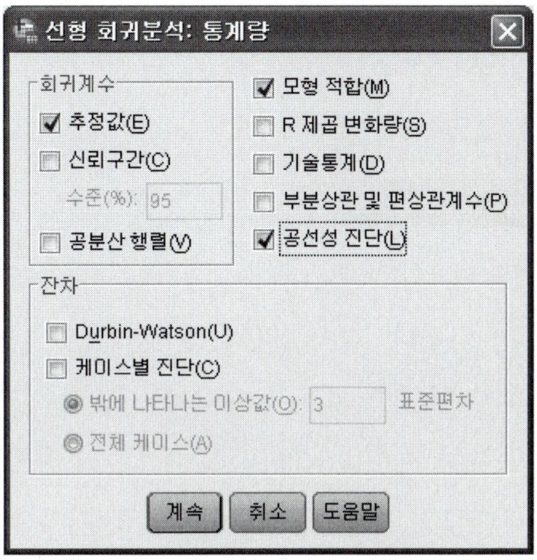

▌그림 10-16▐ 통계량 대화상자

실행하고 나면 [그림 10-17]처럼 기존 결과 외에 VIF(Variance Inflation Factor)가 출력되었는데 이 값이 10 이상이면 다중공선성이 있다고 판단한다. 본 모형에서는 제일 큰 값이 3.837이어서 다중공선성은 없다고 판단한다.

계수a

모형		비표준화 계수		표준화 계수	t	유의확률	공선성 통계량	
		B	표준오차	베타			공차	VIF
1	(상수)	17.355	57.938		.300	.767		
	몸무게	1.335	.290	.681	4.607	.000	.261	3.837
	정지맥박수	−.711	.654	−.096	−1.087	.288	.724	1.382
	근력	−.576	.253	−.290	−2.278	.032	.350	2.854
	1/4마일 속도	3.792	.687	.551	5.516	.000	.571	1.750

a. 종속변수: 1마일 속도

▌그림 10-17▐ 다중공선성의 진단결과

최종 회귀모형은 1마일 속도=17.355+1.335*몸무게 −0.711*정지 맥박 수 −0.576*근력+3.792*1/4마일 속도로 추정되었다. 밑줄은 유의수준 5%하에서 1마일 속도에 영향을 주는 변수들이다.

7 현실 속의 회귀분석

사교육과 성적

학부모들은 불안한 마음에 너도 나도 사교육을 시키지만 사교육의 성적 향상 효과는 미미하다는 연구결과가 나왔다. 강창희 중앙대 경제학부 부교수가 한국개발연구원(KDI)의 '한국개발연구 제34권'에 게재한 '사교육비 지출의 성적 향상효과 분석' 보고서에 따르면, 과목별 사교육비 지출을 10% 늘릴 때 국어성적은 평균 1.24%, 영어성적은 1.28%, 수학성적은 0.75% 오르는 데 그쳤다. 성적이 70점이었다면 국어는 70.86점, 영어는 70.89점, 수학은 70.52점 정도 받게 된다는 뜻이다. 한국교육개발원이 2004년 중학교 3학년 1만4,372명을 대상으로 구축한 '학교교육 수준 및 실태 분석 연구: 중학교' 자료에서 사교육비에 대해 정확히 답변한 5,122명을 분석하였다.

연구결과 10% 높은 사교육비 지출은 평균적인 학생의 국·영·수 평균점수를 0.74% 향상시키는 효과가 있었다. 세 과목의 월평균 사교육비 총액은 15만4,100원(2004년 기준), 지출 상위 5%의 총액은 56만6,600원 이상이었다. 0.74% 향상효과는 평균적인 사교육비를 지출하는 학생들에 대한 평균효과를 가리킨다. 다른 방법인 단순회귀분석을 적용하면 성적 향상효과는 0.259%에 불과하였다.

보고서는 사교육의 효과가 미미한데도 우리 사회에 사교육이 만연한 원인으로, "사교육비의 진정한 효과에 관해 부모들이 정확히 알지 못할 가능성이 있고, 효과를 알고 있더라도 사교육비 지출결정이 동료집단(다른 가정)의 사교육비 지출에 영향을 받아 결정되고 있을 가능성이 있다."고 지적했다. 또 "학생이 사교육을 받는 양에 비례해 자기학습의 강도나 시간을 줄인다면 사교육비 지출이 성적 향상에 미치는 영향이 그리 크지 않을 수 있다."고 덧붙였다.

가구소득과 출산

다음은 한국보건사회연구원의 보건·복지 Issue & Focus 2012년 06월 143호 '가구소득 및 거주 형태와 자녀출산' 보고서의 주요 내용이다.

이 조사는 15~49세 여성 2,990명을 대상으로 실시한 것으로, 거주하는 가구의 조출산율(여성 1명이 동일한 출산 위험을 15~49세까지 경험하였을 때 얼마나 많은 자녀를 출산할 것인가를 보여주는 출생아 수)은 월세 1.03명, 전세 3.04명, 자가 거주 0.77명이었다. 거주 형태 중 전세 가구에서 출산율이 가장 높았다.

즉, 전세로 사는 여성의 출산가능성이 가장 높고 자가 소유와 월세에 거주하는 여성은 유사하게 낮다는 의미이다. 특히 학력, 배우자 유무, 거주지역, 총가구원 수, 가구 내 동거인 등 다양한 혼동변수를 통제한 회귀분석 결과에서도 큰 틀의 변화는 없었다. 비록 거주 형태가 출산율에 미치는 영향은 큰 폭으로 줄었지만, 월세 거주 여성에 비해 전세에 거주하는 여성의 출산율이 여전히 높았다.

반면, 가구소득이 출산에 미치는 영향은 혼동변수 통제 여부에 따라 다르게 나타났다. 먼저 혼동변수를 통제하지 않았을 경우 가구소득 1분위(하위 25%)의 조출산율은 0.8명, 2분위(25~50%) 1.43명, 3분위(50~75%) 1.95명, 4분위(75~100%) 1.68명으로 조사됐다. 즉, 가구소득이 높을수록 자녀를 출산할 가능성이 높아지다가, 가장 높은 소득에서는 약간 떨어지는 모습이다. 하지만 혼동변수를 통제하면 가구소득 최상위인 4분위 여성의 경우 가장 소득이 적은 계층에 비해 출산가능성이 오히려 낮은 것으로 나타났다.

가구소득이 출산에 미치는 영향은 없고, 월세에 비해 전세에 거주하는 여성의 출산가능성이 높게 나타났다는 뜻이다. 또 가구소득이나 거주 형태 모두 둘째 자녀 출산에 미치는 영향은 없었다. 이에 따라 저출산 정책은 현재 월세에 거주하는 여성에게 전세로 입주할 수 있는 기회를 넓히는 방향으로 시행돼야 할 것으로 주장하였다. 특히 신혼부부의 경우 월세에서 바로 자가 소유로 넘어가는 경우가 매우 드물다는 사실을 감안할 때 전세자금에 대한 지원을 강화하고 주택공급을 전세 형태로 제공하는 정책을 강도 높게 시행하는 것이 저출산 현상을 완화할 수 있는 방안이라고 제안하였다.

출처: 한국일보(2012. 7. 9).

연 | 습 | 문 | 제 <<<

1. 회귀분석 결과 분산분석표에서 잔차제곱합은 60, 총제곱합은 240임을 알았다. 결정계수는 얼마인가?

2. 회귀분석의 가정을 설명하라.

3. 실업률과 자살률 간의 상관계수가 0.4라고 가정하자. 실업률에 의해 결정되는 자살률의 총분산 비율인 결정계수는 얼마인가?

4. 다음은 국내에서 182명을 대상으로 조사한 일반건강진단 자료이다. 특히 중성지방 성분과 콜레스테롤은 상당한 상관관계가 있다는 사실을 바탕으로 중성지방을 종속변수로 콜레스테롤을 설명변수로 하여 적절한 회귀모형을 구하고자 한다.

건강진단결과의 중성지방(Y)과 콜레스테롤(X): 〈건강진단.xls〉

개체	Y	X	개체	Y	X	개체	Y	X
1	123.0	187.9	21	232.6	204.2	41	122.9	234.9
2	73.9	145.5	22	201.7	166.7	42	48.5	229.5
3	56.3	226.0	23	89.2	155.8	43	185.5	200.8
4	162.3	146.0	24	112.7	145.0	44	73.9	136.7
5	132.5	164.1	25	77.5	131.4	45	131.9	198.4
6	213.0	229.4	26	181.9	206.0	46	119.5	163.6
7	106.1	183.0	27	43.6	179.7	47	123.0	154.3
8	49.9	164.3	28	122.7	210.8	48	162.9	191.1
9	94.2	245.2	29	128.7	158.0	49	67.9	148.4
10	92.1	186.2	30	161.2	174.8	50	94.1	125.5
11	144.4	187.6	31	209.5	161.2	51	149.9	182.4
12	62.6	160.2	32	44.1	108.4	52	41.7	143.6
13	60.7	181.7	33	161.1	164.1	53	175.5	242.6
14	31.3	208.2	34	50.5	128.2	54	115.4	165.1
15	68.7	169.9	35	173.1	170.5	55	112.8	167.0
16	134.1	180.2	36	110.5	209.8	56	124.1	184.7
17	117.9	192.8	37	38.0	208.7	57	19.9	144.7
18	104.7	171.2	38	85.1	180.3	58	40.9	110.4
19	92.4	157.8	39	87.9	166.9	59	139.5	169.5
20	111.4	182.1	40	100.8	162.8	61	60.5	147.9
						:	:	:

연 | 습 | 문 | 제 <<<

1) 산점도를 그려보라.
2) 상관계수를 구하고 회귀모형을 추정하라.
3) 결정계수를 구하고 해석해 보라. 상관계수와 어떤 관계가 있는가?
4) 콜레스테롤은 중성지방에 어떤 영향을 미치는가?

5. 다음은 쇼핑센터 내에서 영업하는 20개의 독립된 약국으로 구한 월별 매출액(Y) 자료이다. 이용될 변수는 다음과 같다.〈약국매출액.xls〉

X1: 약국 총면적, X2: 조제실의 면적비율, X3: 건물 주차 대수

X4: 타 약국이 쇼핑센터에 있는지 여부, X5: 약국이 있는 지역의 소득

약국번호	Y	X1	X2	X3	X4	X5
1	22	4900	9	40	1	18
2	19	5800	10	50	1	20
3	24	5000	11	55	1	17
4	28	4400	12	30	0	19
5	18	3850	13	42	0	10
6	21	5300	15	20	1	22
7	29	4100	20	25	0	8
8	15	4700	22	60	1	15
9	12	5600	24	45	1	16
10	14	4900	24	82	1	14
11	18	3700	28	56	0	12
12	19	3800	31	38	0	8
13	15	2400	36	35	0	6
14	22	1800	37	28	0	4
15	13	3100	40	43	0	6
16	16	2300	41	20	0	5
17	8	4400	42	46	1	7
18	6	3300	42	15	0	4
19	7	2900	45	30	1	9
20	17	2400	46	16	0	3

1) 모든 변수 간의 상관계수를 각각 구하라.
2) 회귀모형을 추정하라.
3) 결정계수를 구하고 해석해 보라.
4) 월별 매출액에 가장 영향을 많이 주는 것은 무엇인가?
5) 월별 매출액에 영향을 주지 않는 변수는 무엇인가?

연 | 습 | 문 | 제 <<<

6. 다음은 어떤 알레르기 증세에 효과가 있다고 하는 새로 개발된 약품의 복용량(mg)과 효과가 지속되는 기간(일)을 조사하여 기록한 자료이다. 두 변수 사이의 관계를 회귀모형을 통해 규명해 보라.

복용량	3	3	4	5	6	6	7	8	8	9
지속기간	9	5	12	9	14	16	22	18	24	22

7. 다음 자료는 어느 보험회사에서 일하는 12명의 남자사원에 대해 결근율을 조사한 결과이다. 설명변수 X_1은 회사원의 근무태도를 13개의 척도로 측정하여 얻은 결과이다. 점수가 낮을수록 근무태도가 좋다. 설명변수 X_2는 회사의 근무년수를 표시한 설명변수이고, 반응변수 Y의 값으로는 개개의 종업원이 결근한 날짜를 인사카드에서 발췌하여 기록하였다. 이와 같은 두 개의 설명변수를 이용하여 종업원의 결근율을 분석하고자 한다. 다중회귀분석을 시행하고 다중공선성이 있는지 체크해 보라.

Y	X_1	X_2	Y	X_1	X_2
1	1	1	6	7	4
0	2	1	5	6	5
1	2	2	9	10	8
4	3	2	13	11	7
3	5	4	15	11	9
2	5	6	16	12	10

부 록

[부록 1] 표준정규분포표

$$P\{Z \leqq z\} = \int_{-\infty}^{z} \frac{1}{\sqrt{2\pi}} e^{-t^2/2} dt$$

표의 숫자는 z보다 같거나 작을 확률을 나타낸다.

z	.00	.01	.02	.03	.04	.05	.06	.07	.08	.09
.0	.5000	.5040	.5080	.5120	.5160	.5119	.5239	.5279	.5319	.5359
.1	.5398	.5438	.5478	.5517	.5557	.5596	.5636	.5675	.5714	.5753
.2	.5793	.5832	.5871	.5910	.5948	.5987	.6026	.6064	.6103	.6141
.3	.6179	.6217	.6255	.6293	.6331	.6368	.6406	.6443	.6480	.6517
.4	.6554	.6591	.6628	.6664	.6700	.6736	.6772	.6808	.6844	.6879
.5	.6915	.6950	.6985	.7019	.7054	.7088	.7123	.7157	.7190	.7224
.6	.7257	.7291	.7324	.7357	.7389	.7422	.7454	.7486	.7517	.7549
.7	.7580	.7611	.7642	.7673	.7704	.7734	.7764	.7794	.7823	.7852
.8	.7881	.7910	.7939	.7967	.7995	.8023	.8051	.8078	.8106	.8133
.9	.8159	.5186	.8212	.8238	.8264	.8289	.8315	.9340	.8365	.8389
1.0	.8413	.8438	.8461	.8485	.8508	.8531	.8554	.8577	.8599	.8621
1.1	.8643	.8665	.8686	.8708	.8729	.8749	.8770	.8790	.8810	.8830
1.2	.8949	.8869	.8888	.8907	.8925	.8944	.8962	.8980	.8997	.9015
1.3	.9032	.9049	.9066	.9082	.9099	.9115	.9131	.9147	.9162	.9177
1.4	.9192	.9207	.9222	.9236	.9251	.9265	.9279	.9292	.9306	.9319
1.5	.9332	.9345	.9357	.9370	.9382	.9394	.9406	.9418	.9429	.9441
1.6	.9452	.9463	.9474	.9484	.9495	.9505	.9515	.9525	.9535	.9545
1.7	.9554	.9564	.9573	.9582	.9591	.9599	.9608	.9616	.9625	.9633
1.8	.9641	.9649	.9656	.9664	.9671	.9678	.9686	.9693	.9699	.9706
1.9	.9713	.9719	.9726	.9732	.9738	.9744	.9750	.9756	.9761	.9767
2.0	.9772	.9778	.9783	.9788	.9793	.9798	.9803	.9808	.9812	.9817
2.1	.9821	.9826	.9830	.9834	.9838	.9842	.9846	.9850	.9854	.9857
2.2	.9861	.9864	.9868	.9871	.9875	.9878	.9881	.9884	.9887	.9890
2.3	.9893	.9896	.9898	.9901	.9904	.9906	.9909	.9911	.9913	.9916
2.4	.9918	.9920	.9922	.9925	.9927	.9929	.9931	.9932	.9934	.9936
2.5	.9938	.9940	.9941	.9943	.9945	.9946	.9948	.9949	.9951	.9952
2.6	.9953	.9955	.9956	.9957	.9959	.9960	.9961	.9962	.9963	.9964
2.7	.9965	.9966	.9967	.9968	.9969	.9970	.9971	.9972	.9973	.9974
2.8	.9974	.9975	.9976	.9977	.9977	.9978	.9979	.9979	.9980	.9981
2.9	.9981	.9982	.9982	.9983	.9984	.9984	.9985	.9985	.9986	.9986
3.0	.9987	.9987	.9987	.9988	.9988	.9989	.9989	.9989	.9990	.9990
3.1	.9990	.9991	.9991	.9991	.9992	.9992	.9992	.9992	.9993	.9993
3.2	.9993	.9993	.9994	.9994	.9994	.9994	.9994	.9995	.9995	.9995
3.3	.9995	.9995	.9995	.9996	.9996	.9996	.9996	.9996	.9996	.9997
3.4	.9997	.9997	.9997	.9997	.9997	.9997	.9997	.9997	.9997	.9998
3.5	.9998	.9998	.9998	.9998	.9998	.9998	.9998	.9998	.9998	.9998

[부록 2] 스튜던트 t 분포—오른쪽 꼬리 확률

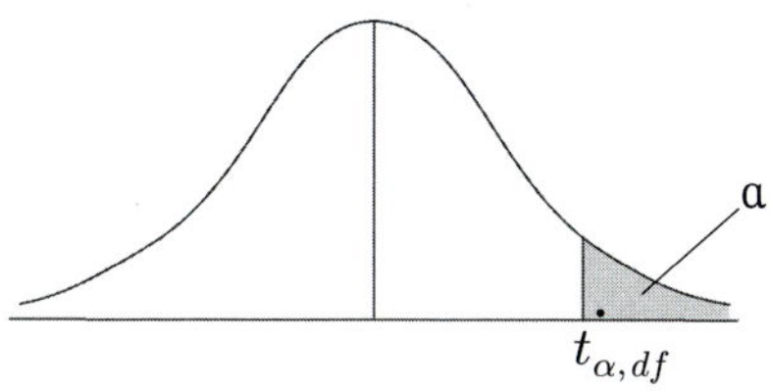

df \ α	0.25	0.20	0.15	0.10	0.05	0.025	0.02	0.01	0.005	0.0025	0.001	0.0005
1	1.000	1.376	1.963	3.078	6.314	12.71	15.89	31.82	63.66	127.3	318.3	636.6
2	0.816	1.061	1.386	1.886	2.920	4.303	4.849	6.965	9.925	14.09	22.33	31.60
3	0.765	0.978	1.250	1.638	2.353	3.182	3.482	4.541	5.841	7.453	10.21	12.92
4	0.741	0.941	1.190	1.533	2.132	2.776	2.999	3.747	4.604	5.598	7.173	8.610
5	0.727	0.920	1.156	1.476	2.015	2.571	2.757	3.365	4.032	4.773	5.893	6.869
6	0.718	0.906	1.134	1.440	1.943	2.447	2.612	3.143	3.707	4.317	5.208	5.959
7	0.711	0.896	1.119	1.415	1.895	2.365	2.517	2.998	3.499	4.029	4.785	5.408
8	0.706	0.889	1.108	1.397	1.860	2.306	2.449	2.896	3.355	3.833	4.501	5.041
9	0.703	0.883	1.100	1.383	1.833	2.262	2.398	2.821	3.250	3.690	4.297	4.781
10	0.700	0.879	1.093	1.372	1.812	2.228	2.359	2.764	3.169	3.581	4.144	4.587
11	0.697	0.876	1.088	1.363	1.796	2.201	2.328	2.718	3.106	3.497	4.025	4.437
12	0.695	0.873	1.083	1.356	1.782	2.179	2.303	2.681	3.055	3.428	3.930	4.318
13	0.694	0.870	1.079	1.350	1.771	2.160	2.282	2.650	3.012	3.372	3.852	4.221
14	0.692	0.868	1.076	1.345	1.761	2.145	2.264	2.624	2.977	3.326	3.787	4.140
15	0.691	0.866	1.074	1.341	1.753	2.131	2.249	2.602	2.947	3.286	3.733	4.073
16	0.690	0.865	1.071	1.337	1.746	2.120	2.235	2.583	2.921	3.252	3.686	4.015
17	0.689	0.863	1.069	1.333	1.740	2.110	2.224	2.567	2.898	3.222	3.646	3.965
18	0.688	0.862	1.067	1.330	1.734	2.101	2.214	2.552	2.878	3.197	3.611	3.922
19	0.688	0.861	1.066	1.328	1.729	2.093	2.205	2.539	2.861	3.174	3.579	3.883
20	0.687	0.860	1.064	1.325	1.725	2.086	2.197	2.528	2.845	3.153	3.552	3.850
21	0.686	0.859	1.063	1.323	1.721	2.080	2.189	2.518	2.831	3.135	3.527	3.819
22	0.686	0.858	1.061	1.321	1.717	2.074	2.183	2.508	2.819	3.119	3.505	3.792
23	0.685	0.858	1.060	1.319	1.714	2.069	2.177	2.500	2.807	3.104	3.485	3.768
24	0.685	0.857	1.059	1.318	1.711	2.064	2.172	2.492	2.797	3.091	3.467	3.745
25	0.684	0.856	1.058	1.316	1.708	2.060	2.167	2.485	2.787	3.078	3.450	3.725
26	0.684	0.856	1.058	1.315	1.706	2.056	2.162	2.479	2.779	3.067	3.435	3.707
27	0.684	0.855	1.057	1.314	1.703	2.052	2.158	2.473	2.771	3.057	3.421	3.690
28	0.683	0.855	1.056	1.313	1.701	2.048	2.154	2.467	2.763	3.047	3.408	3.674
29	0.683	0.854	1.055	1.311	1.699	2.045	2.150	2.462	2.756	3.038	3.396	3.659
30	0.683	0.854	1.055	1.310	1.697	2.042	2.147	2.457	2.750	3.030	3.385	3.646
40	0.681	0.851	1.050	1.303	1.684	2.021	2.123	2.423	2.704	2.971	3.307	3.551
50	0.679	0.849	1.047	1.299	1.676	2.009	2.109	2.403	2.678	2.937	3.261	3.496
60	0.679	0.848	1.045	1.296	1.671	2.000	2.099	2.390	2.660	2.915	3.232	3.460
80	0.678	0.846	1.043	1.292	1.664	1.990	2.088	2.374	2.639	2.887	3.195	3.416
100	0.677	0.845	1.042	1.290	1.660	1.984	2.081	2.364	2.626	2.871	3.174	3.390
1,000	0.675	0.842	1.037	1.282	1.646	1.962	2.056	2.330	2.581	2.813	3.098	3.300
∞	0.674	0.841	1.036	1.282	1.645	1.960	2.054	2.326	2.576	2.807	3.091	3.291

[부록 3] 카이제곱분포—오른쪽 꼬리 확률

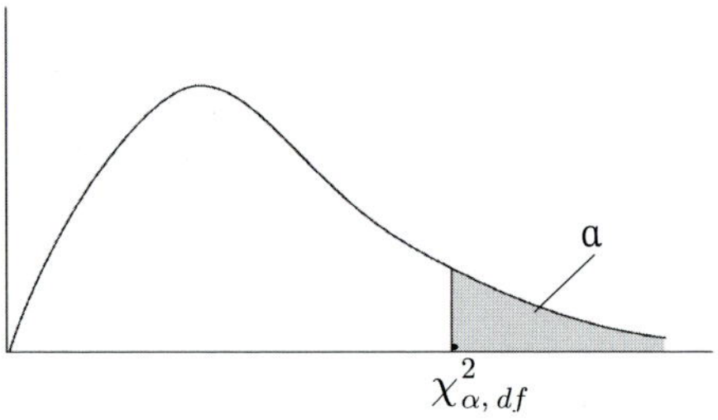

df \ α	0.9995	0.999	0.9975	0.995	0.990	0.975	0.950	0.900	0.750	0.500
1	0.00	0.00	0.00	0.00	0.00	0.00	0.00	0.02	0.10	0.45
2	0.00	0.00	0.01	0.01	0.02	0.05	0.10	0.21	0.58	1.39
3	0.02	0.02	0.04	0.07	0.11	0.22	0.35	0.58	1.21	2.37
4	0.06	0.09	0.14	0.21	0.30	0.48	0.71	1.06	1.92	3.36
5	0.16	0.21	0.31	0.41	0.55	0.83	1.15	1.61	2.67	4.35
6	0.30	0.38	0.53	0.68	0.87	1.24	1.64	2.20	3.45	5.35
7	0.48	0.60	0.79	0.99	1.24	1.69	2.17	2.83	4.25	6.35
8	0.71	0.86	1.10	1.34	1.65	2.18	2.73	3.49	5.07	7.34
9	0.97	1.15	1.45	1.73	2.09	2.70	3.33	4.17	5.90	8.34
10	1.26	1.48	1.83	2.16	2.56	3.25	3.94	4.87	6.74	9.34
11	1.59	1.83	2.23	2.60	3.05	3.82	4.57	5.58	7.58	10.34
12	1.93	2.21	2.66	3.07	3.57	4.40	5.23	6.30	8.44	11.34
13	2.31	2.62	3.11	3.57	4.11	5.01	5.89	7.04	9.30	12.34
14	2.70	3.04	3.58	4.07	4.66	5.63	6.57	7.79	10.17	13.34
15	3.11	3.48	4.07	4.60	5.23	6.26	7.26	8.55	11.04	14.34
16	3.54	3.94	4.57	5.14	5.81	6.91	7.96	9.31	11.91	15.34
17	3.98	4.42	5.09	5.70	6.41	7.56	8.67	10.09	12.79	16.34
18	4.44	4.90	5.62	6.26	7.01	8.23	9.39	10.86	13.68	17.34
19	4.91	5.41	6.17	6.84	7.63	8.91	10.12	11.65	14.56	18.34
20	5.40	5.92	6.72	7.43	8.26	9.59	10.85	12.44	15.45	19.34
21	5.90	6.45	7.29	8.03	8.90	10.28	11.59	13.24	16.34	20.34
22	6.40	6.98	7.86	8.64	9.54	10.98	12.34	14.04	17.24	21.34
23	6.92	7.53	8.45	9.26	10.20	11.69	13.09	14.85	18.14	22.34
24	7.45	8.08	9.04	9.89	10.86	12.40	13.85	15.66	19.04	23.34
25	7.99	8.65	9.65	10.52	11.52	13.12	14.61	16.47	19.94	24.34
26	8.54	9.22	10.26	11.16	12.20	13.84	15.38	17.29	20.84	25.34
27	9.09	9.80	10.87	11.81	12.88	14.57	16.15	18.11	21.75	26.34
28	9.66	10.39	11.50	12.46	13.56	15.31	16.93	18.94	22.66	27.34
29	10.23	10.99	12.13	13.12	14.26	16.05	17.71	19.77	23.57	28.34
30	10.80	11.59	12.76	13.79	14.95	16.79	18.49	20.60	24.48	29.34
40	16.91	17.92	19.42	20.71	22.16	24.43	26.51	29.05	33.66	39.34
50	23.46	24.67	26.46	27.99	29.71	32.36	34.76	37.69	42.94	49.33
60	30.34	31.74	33.79	35.53	37.48	40.48	43.19	46.46	52.29	59.33
80	44.79	46.52	49.04	51.17	53.54	57.15	60.39	64.28	71.14	79.33
100	59.90	61.92	64.86	67.33	70.06	74.22	77.93	82.36	90.13	99.33

[부록 3] 카이제곱분포—오른쪽 꼬리 확률(계속)

df \ α	0.250	0.200	0.150	0.100	0.050	0.025	0.020	0.010	0.005	0.0025	0.001	0.0005
1	1.32	1.64	2.07	2.71	3.84	5.02	5.41	6.63	7.88	9.14	10.83	12.12
2	2.77	3.22	3.79	4.61	5.99	7.38	7.82	9.21	10.60	11.98	13.82	15.20
3	4.11	4.64	5.32	6.25	7.81	9.35	9.84	11.34	12.84	14.32	16.27	17.73
4	5.39	5.99	6.74	7.78	9.49	11.14	11.67	13.28	14.86	16.42	18.47	20.00
5	6.63	7.29	8.12	9.24	11.07	12.83	13.39	15.09	16.75	18.39	20.51	22.11
6	7.84	8.56	9.45	10.64	12.59	14.45	15.03	16.81	18.55	20.25	22.46	24.10
7	9.04	9.80	10.75	12.02	14.07	16.01	16.62	18.48	20.28	22.04	24.32	26.02
8	10.22	11.03	12.03	13.36	15.51	17.53	18.17	20.09	21.95	23.77	26.12	27.87
9	11.39	12.24	13.29	14.68	16.92	19.02	19.68	21.67	23.59	25.46	27.88	29.67
10	12.55	13.44	14.53	15.99	18.31	20.48	21.16	23.21	25.19	27.11	29.59	31.42
11	13.70	14.63	15.77	17.28	19.68	21.92	22.62	24.72	26.76	28.73	31.26	33.14
12	14.85	15.81	16.99	18.55	21.03	23.34	24.05	26.22	28.30	30.32	32.91	34.82
13	15.98	16.98	18.20	19.81	22.36	24.74	25.47	27.69	29.82	31.88	34.53	36.48
14	17.12	18.15	19.41	2.106	23.68	26.12	26.87	29.14	31.32	33.43	36.12	38.11
15	18.25	19.31	20.60	22.31	25.00	27.49	28.26	30.58	32.80	34.95	37.70	39.72
16	19.37	20.47	21.79	23.54	26.30	28.85	29.63	32.00	34.27	36.46	39.25	41.31
17	20.49	21.61	22.98	24.77	27.59	30.19	31.00	33.41	35.72	37.95	40.79	42.88
18	21.60	22.76	24.16	25.99	28.87	31.53	32.35	34.81	37.16	39.42	42.31	44.43
19	22.72	23.90	25.33	27.20	30.14	32.85	33.69	36.19	38.58	40.88	43.82	45.97
20	23.83	25.04	26.50	28.41	31.41	34.17	35.02	37.57	40.00	42.34	45.31	47.50
21	24.93	26.17	27.66	29.62	32.67	35.48	36.34	38.93	41.40	43.78	46.80	49.01
22	26.04	27.30	28.82	30.81	33.92	36.78	37.66	40.29	42.80	45.20	48.27	50.51
23	27.14	28.43	29.98	32.01	35.17	38.08	38.97	41.64	44.18	46.62	49.73	52.00
24	28.24	29.55	31.13	33.20	36.42	39.36	40.27	42.98	45.56	48.03	51.18	53.48
25	29.34	30.68	32.28	34.38	37.65	40.65	41.57	44.31	46.93	49.44	52.62	54.95
26	30.43	31.79	33.43	35.56	38.89	41.92	42.86	45.64	48.29	50.83	54.05	56.41
27	31.53	32.91	34.57	36.74	40.11	43.19	44.14	46.96	49.64	52.22	55.48	57.86
28	32.62	34.03	35.71	37.92	41.34	44.46	45.42	48.28	50.99	53.59	56.89	59.30
29	33.71	35.14	36.85	39.09	42.56	45.72	46.69	49.59	52.34	54.97	58.30	60.73
30	34.80	36.25	37.99	40.26	43.77	46.98	47.96	50.89	53.67	56.33	59.70	62.16
40	45.62	47.27	49.24	51.81	55.76	59.34	60.44	63.69	66.77	69.70	73.40	76.09
50	56.33	58.16	60.35	63.17	67.50	71.42	72.61	76.15	79.49	82.66	86.66	89.56
60	66.98	68.97	71.34	74.40	79.08	83.30	84.58	88.38	91.95	95.34	99.61	102.7
80	88.13	90.41	93.11	96.58	101.9	106.6	108.1	112.3	116.3	120.1	124.8	128.3
100	109.1	111.7	114.7	118.5	124.3	129.6	131.1	135.8	140.2	144.3	149.4	153.2

[부록 4] 사용 데이터 목록

데이터 이름	변수	관련 부분
환경시설유치의견.xls	나이, 성별, 지역, 아이의 수, 연봉, 의견, 나이 범주, 성별 변환	6장
환경시설유치의견.sav	〃	6장, 7장
연습문제 6-9.sav	운전사의 혈압	6장
독립표본t검정예제.sav	group, 약효	7장
대응표본t검정예제.sav	개체, new(새 운동화 마모도), old(기존 운동화 마모도)	7장
연습문제 7-6.sav	사료, 우유생산량	7장
연습문제 7-7.sav	방법 1, 방법 2	7장
시험점수.xls	번호, 성별, 성명, 국어, 영어, 수학, 사회, 과학	7장
연습문제 7-10.sav	사람, 볼링스코어	7장
hearing.xls	목록, 영어듣기점수	8장
cancer.xls	암 종류, 생존기간	8장
연습문제 8-1.sav	교수법, 독서량	8장
연습문제 8-3과8-4.sav	대학, 통계학 1, 통계학 2	8장
연습문제 8-5.sav	회사, 직업만족도	8장
에어로빅적합성데이터.xls	Oxy(산소흡수능력), Runtime(1.5마일 주행거리 시간), Age(나이), Weight(몸무게), Runpulse(주행 중 평균 맥박 수), Rstpulse(휴식 중 맥박 수), Maxpulse(주행 중 최대 맥박 수)	9장
페루데이터.xls	나이(년), 이주 후 경과기간(년), 몸무게(kg), 키(mm), 턱 아래 피부두께(mm), 팔아래 피부두께(mm), 복부 피부두께(mm), 1분당 맥박 수, 최고혈압	9장
health.xls	X1: 몸무게(파운드), X2: 분당 정지 맥박 수, X3: 근력(파운드), X4: 1/4마일 시험 주행속도(초), Y: 1마일 주행속도(초)	10장
건강진단.xls	Y(중성지방), X(콜레스테롤)	10장
약국매출액.xls	X1: 약국 총면적, X2: 조제실의 면적비율, X3: 건물 주차 대수, X4: 타 약국이 쇼핑센터에 있는지 여부, X5: 약국이 있는 지역의 소득	10장

연습 문제 Statistics Mentor

정답 및 해설

1장 통계학의 기본

EXERCISE

1. **(풀이 방향)** 뉴스, 신문기사, 통계청 사이트를 활용하여 결과를 제시하는 문제, 반드시 출처와 연도, 단위 등을 표기해 줄 것

(예시) [일요서울 | 고은별 기자] 우리나라 여성의 평균 결혼 나이는 29.1세인 것으로 조사됐다. 통계청이 2012년 6월 27일 발표한 '2012 통계로 보는 여성의 삶'에 따르면 현재 우리나라 여성은 평균 29.1세에 결혼하며, 30~34세에 출산하는 것으로 나타났다.

이는 초혼연령이 24.8세였던 1990년에 비해 약 4세 정도 늘어난 수치로, 여성들의 대학진학률과 경제활동 참가가 늘어난 사회적 변화를 반영하고 있다.

또 여성의 사망 연령은 평균 84.1세로 1990년 75.5세보다 8.6세 늘었다. 특히 남성과의 기대수명 차는 6.9년으로 여성이 남성보다 더 오래 사는 것으로 조사됐다.

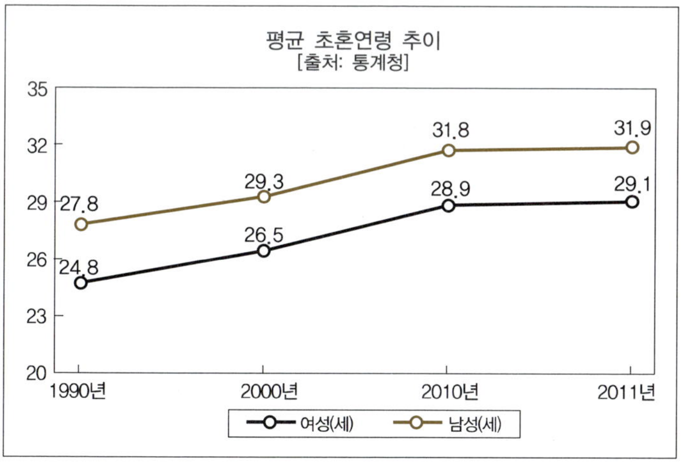

2. 1) 온도–구간형

2) 나이–비율형

3) 나이구간(10대, 20대, 30대)–순서형

4) 몸무게–비율형

5) 지역(서울, 대전, 광주, 부산, 대구)–명목형

6) 소비자물가지수–비율형

7) 실업률-비율형

8) 계급(소령, 중령, 대령)-순서형

3, 4, 5 (생략)

6. KOSIS(http://kosis.kr)의 실업률 검색

7. (예시) http://navercast.naver.com/contents.nhn?contents_id=2802

8. (예시) 축구에서 팀의 볼 점유율

2장 통계량

EXERCISE

1. 통계: 어떤 현상을 종합적으로 한눈에 알아보기 쉽게 일정한 체계에 따라 숫자로 나타낸 것
통계량: 표본집단을 나타내는 숫자로서 평균, 분산 등이 있다.

2. (예시) 온나라 부동산정보 통합포털(http://www.onnara.go.kr/) 주택보급률

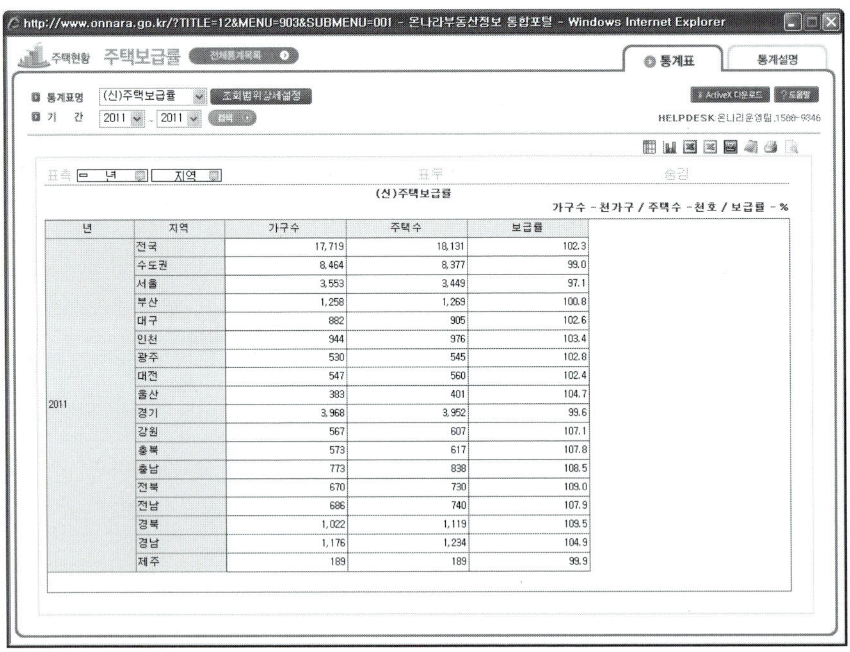
http://www.onnara.go.kr/?TITLE=12&MENU=903&SUBMENU=001 - 온나라부동산정보 통합포털 - Windows Internet Explorer

주택현황 주택보급률

통계표 통계설명

통계표명 (신)주택보급률 조회범위상세설정

기 간 2011 ~ 2011

HELPDESK 온나라운영팀 1588-9346

(신)주택보급률

가구수 - 천가구 / 주택수 - 천호 / 보급률 - %

년	지역	가구수	주택수	보급률
2011	전국	17,719	18,131	102.3
	수도권	8,464	8,377	99.0
	서울	3,553	3,449	97.1
	부산	1,258	1,269	100.8
	대구	882	905	102.6
	인천	944	976	103.4
	광주	530	545	102.8
	대전	547	560	102.4
	울산	383	401	104.7
	경기	3,968	3,952	99.6
	강원	567	607	107.1
	충북	573	617	107.8
	충남	773	838	108.5
	전북	670	730	109.0
	전남	686	740	107.9
	경북	1,022	1,119	109.5
	경남	1,176	1,234	104.9
	제주	189	189	99.9

3. (예시) 통계청의 사교육비 조사: 우리나라의 초 · 중 · 고등학교 학생들의 사교육비 실태를 체계적으로 조사하여 사교육비 경감대책 및 공교육 내실화 등 교육정책 수립에 활용할 수 있는 공신력 있는 통계를 작성 · 제공한다. 아울러, 사교육 원인 및 사교육비 경감대책의 효과 등을 병행하여 분석할 수 있는 사교육에 대한 의식항목을 포함하여 조사한다.

4. (예시) 자료에 극단값이 있을 때, 예를 들어 소득값이 적게 버는 사람이 많고 많이 버는 사람이 극단값을 가지는 경우에는 평균이 부적절

5. 1) 평균: 9.8
2) 표준편차: 0.43
3) 범위: 1.6
4) 중앙값: 9.75

6. 250, 600 → 중위수는 400이고 100과 400 사이의 중앙값이 전체 자료의 25%에 해당하는 값이고 400과 1000 사이의 중앙값이 전체 자료의 75%에 해당하는 값임.

3장 모집단과 표본 EXERCISE

1. 표본조사는 조사단위의 일부만을 조사하는 것이다.
[장점] 조사비용이 적게 들고, 자료처리 신속성, 비표본오차의 최소화로 전체 오차 감소, 심도있는 조사, 파괴검사 등이 가능
[단점] 표본조사로 인한 표본오차 발생, 모집단을 잘 대표하는 표본추출이 관건이다.

2, 3. 생략

4. [장점] ① 특정한 표본이 선정될 확률을 계산할 수 있으며, 이 확률을 토대로 표본에서 얻어진 추정결과에 발생하는 오차를 과학적으로 설명할 수 있음.
② 조사결과를 일반화할 수 있음.
[단점] ① 모집단 목록을 만들기가 쉽지 않은 경우가 발생
② 비확률추출법에 비하여 시간과 비용이 많이 소요

5. 표본오차=신뢰계수 *표준편차 / $\sqrt{n}$ 이다. 표본오차와 표본크기 n은 반비례 관계로 표본크기가 커지면 표본오차는 작아지고, 표본크기가 작으면 표본오차는 커진다.

4장 분 포

EXERCISE

1. 정확히 7번을 성공할 확률은 $P(X=7)=\binom{12}{7}0.8^7(0.2)^5$로서 0.054이다. 즉 5.4%에 불과한 확률이다. 중요 경기에서 약한 모습을 보였다고 생각할 수 있다.

2. $E(X)=np$ = 1,290×0.52 = 670.8,
$Var(X)=np(1-p)$ = 1,290×0.52×0.48 = 321.98, 표준편차 = 17.94

3. 1) 이항분포의 계산이 복잡한 경우 정규분포로 근사가 가능하다. 여기서는 평균이 0.8이고 분산이 (0.8×0.2)/100 = 0.0016인 정규분포를 가정할 수 있다.
2) P(Z>(0.9−0.8)/0.04)를 구한다. P(Z>2.5) = 0.0062, 약 0.62%에 불과하다.

4. 1) P(Z < 1.96) = 0.975
2) P(−1.96 < Z <1.96) = 0.95
3) P(Z>1.96) = 0.025

5. 1) P(X < 94.3) = P(Z < 2.43)= 0.9925
2) P(X > 57.7) = P(Z>−1.23) = 0.8907
3) P(57.7< X <94.3) = P(−1.23 < Z < 2.43) = 0.8832

6. 1) p(Z ≤ −2) = 0.0228
2) P(−1 ≤ Z ≤ 0.5) = 0.5328
3) 1−P(Z<1) = 1−0.8413 = 0.1587

7. 1) P(X < 50)=P(Z < (50−63)/10) = P(Z < −1.3) = 0.0968, 약 9.68%
2) P(Z>(X −63)/10) = 0.10이 되어야 하므로 P(Z>1.29)가 되어야 함.
X = 75.9점이 되고 75.9점 이상은 맞아야 A학점을 받을 수 있다.

8. P(Z>(30,000−X)/4,000) = 0.2가 되는 X 값을 구한다. P(Z>0.84) = 0.2가 되므로 X = 26,640원이다.

9. 1) $P(-1.5\leq Z\leq 1.5)$ = 0.9332−0.0668 = 0.8664
2) $P(0< Z\leq 1.96)$ = 0.9750−0.5 = 0.475
3) $P(-\infty< Z< 1.5)$ = 0.9332
4) $P(-1.53< Z< -0.50)$ = 0.3085−0.0630 = 0.2455

5) $P(-2.15 < Z < 1.67)$ = 0.9525−0.0158 = 0.9367

6) $P(2.5 < Z < \infty)$ = 1−0.9938 = 0.0062

7) $P(0 < Z < z) = 0.45$가 되는 z값은? z = 1.64

10. 1) $P(9.5 < X < 18) = P(\frac{9.5-20}{4} < Z < \frac{18-20}{4}) = P(-2.625 < Z < -0.5)$

= 0.3085−0.0044 = 0.3041

2) $P(X < 6) = P(Z < \frac{6-20}{4}) = P(Z < -3.5)$ = 0.0002

3) $P(14 < X < 32) = P(\frac{14-20}{4} < Z < \frac{32-20}{4}) = P(-1.5 < Z < 3)$

= 0.9987−0.0668 = 0.9319

4) $P(X > 10) = P(Z > \frac{10-20}{4}) = P(Z > -2.5)$ = 0.9938

11. 1) 128km/h 미만 = $P(Z < \frac{128-138}{5}) = P(Z < -2)$ = 0.0228

2) 145km/h 이상 = $P(Z > \frac{145-138}{5}) = P(Z > 1.4)$ = 0.0808

3) 140km/h에서 145km/h 사이 = $P(\frac{140-138}{5} < Z < \frac{145-138}{5})$

= $P(0.4 < Z < 1.4)$ = 0.9192−0.6554 = 0.2638

4) $P(Z > 3.1)$ = 0.01이므로 $\frac{X-138}{5}$ = 3.1이 되는 X를 구한다. X = 153.5이다.

12. 1) 700천 원 / $\sqrt{30}$

2) 700천 원 / $\sqrt{75}$

3) 700천 원 / $\sqrt{300}$

4) 감소한다.

13. $P(Z < \frac{193.05-195}{3/5}) = P(Z < -3.25)$ = 0.0006

14. $P(\frac{\text{1억9천5백}-\text{2억}}{\text{1천5백}/10} < Z < \frac{\text{2억5백}-\text{2억}}{\text{1천5백}/10})$을 구한다.

= $P(-3.33 < Z < 3.33)$ = 0.9992

15. 평균은 2,900천 원, 표본오차는 500천 원/20이다.

5장 통계적 추정

EXERCISE

1. $6{,}200 \pm 2\times140/7 = 6{,}200 \pm 40$

2. $0.6 \pm 2\times\dfrac{\sqrt{0.6\times0.4}}{\sqrt{400}} = 0.6 \pm 0.049$

3. $21 \pm 2.53\times2/7 = 21 \pm 0.723$

4. 1) $143 \pm 2.53\times16/10$

2) $143 \pm 1.96\times16/10$

3) $143 \pm 1.64\times16/10$

4) 신뢰수준이 감소하면 신뢰계수가 작아지고 신뢰구간의 폭은 감소한다.

5. 1) $78 \pm 1.96\times6/6$

2) $78 \pm 1.96\times6/9$

3) $78 \pm 1.96\times6/10$

4) 표본의 크기가 증가하면 표준오차가 작아져 그만큼 정밀하게 신뢰구간 추정이 가능하다.

6. 1) 평균 $\pm$ 1.64×표본표준편차/ $\sqrt{40}$ 으로 구한다. 엑셀이나 SPSS를 활용하여 평균과 표준편차를 계산한다. 평균=19.93이고 표준편차 = 4.36이다. 즉, $19.93 \pm 1.64\times4.36/6.32$ 이다.

2) 평균 $\pm$ 2.53×표본표준편차/ $\sqrt{40}$ 으로 구한다.
$19.93 \pm 2.53\times4.36/6.32$이다.

7. 1) 평균 $\pm$ 1.96×표본표준편차/ $\sqrt{14}$ 로 구한다. 평균 = 161.14, 표본표준편차 = 30.05이다. 즉, $161.14\pm1.96\times30.05/3.74$이다.

2) 최대오차는 1.96×표본표준편차/ $\sqrt{15}$ 값이다.
$1.96\times30.05/3.74$ = 약 15.75이다.

6장 가설검정 EXERCISE

1. 유의수준

2. 동일한 검정법을 여러 번 반복하여 사용할 때 잘못으로 사실인 귀무가설을 기각할 확률이 5% 이하라는 의미

3. 1) 참
2) 참
3) 거짓
4) 참

4. 모집단의 크기가 어느 정도 크면(대략 30,000명 이상) 정확도의 문제는 동일함.

5. [귀무가설] 진통제 효과의 평균 = 30분
[대립가설] 진통제 효과의 평균 < 30분

6. 신뢰구간이 0을 포함하므로 같은 신뢰수준에서 귀무가설을 채택한다.

7. 검정통계량 값이 $\dfrac{70-60}{5/10}$ = 20이 기각치 1.96보다 크므로 귀무가설을 기각한다. 즉 올해의 통계학 성적과 작년도 통계학 성적이 다르다고 결론을 내린다.

8. 검정통계량 값이 $\dfrac{0.54-0.50}{\sqrt{0.54\times0.46/100}}$ = 0.254이므로 유의수준 5%에서 1.96보다 작다. 따라서 과반수라는 귀무가설을 채택한다.

9. 1) 평균=81.76, 표준편차=10.32
2) t값은 1.089 p-값은 0.283으로 80정도라고 할 수 있다.
3) t값은 −5.113이고 p-값은 0.000으로 유의수준 0.01보다 작으므로 90이라고 할 수는 없다.

7장 차이분석 1(T 검정) EXERCISE

1. [귀무가설] 아침에 공부하는 학생의 점수 = 저녁에 공부하는 학생의 점수
[대립가설] 아침에 공부하는 학생의 점수 ≠ 저녁에 공부하는 학생의 점수

2. $Z = \dfrac{(48{,}500 - 52{,}000)}{\sqrt{\dfrac{(3{,}600)^2}{30} + \dfrac{(4{,}200)^2}{30}}}$ = 3.47 > 1.96이므로 두 타이어의 평균수명이 다르다고 말할 수 있다.

3. 검정통계량 값이 $\dfrac{-0.61}{0.54/\sqrt{9}}$ = −3.39이다. 절대값 3.39가 1.86보다 크므로 유의수준 5%에서 귀무가설을 기각한다.

4. 1) 귀무가설을 기각한다. 즉, 도시지역 가족 수의 평균과 시골지역 가족 수의 평균이 동일하지 않다.
2) 귀무가설을 채택한다. 즉, 도시지역 가족 수의 평균과 시골지역 가족 수의 평균이 동일하다.

5. 제1종 오류, 유의수준

6. 1) 사료1 평균 : 45.15, 표준편차 : 7.99, 사료2 평균 : 42.33, 표준편차 : 8.84
2) t값은 0.838, p-값은 0.41로 유의수준 0.05보다 커서 사료1에 의한 우유 생산량의 평균과 사료2에 의한 우유생산량의 평균은 동일하다고 결론.

7. 1) 차이의 평균 = 0.18
2) t값은 3.41이고 p-값은 0.011로서 방법 1과 방법 2는 동일하지 않다. 방법 2에 의한 성분의 양이 더 높게 측정된다.

8. 개인별 평균점수는 병수계산이란 메뉴를 통해 구할 수 있다. 유의확률이 0.753으로 평균점수는 성별 간에 동일하다고 결론

9. 1) 남자 평균 : 52,233, 남자 표준편차 : 10,465
여자 평균 : 52,308, 여자 표준편차 : 13,377
2) p-값이 0.986으로 유의수준 0.05보다 커서 귀무가설을 채택한다.
즉, 성별에 따라 연봉평균 차이가 없다.
3) p-값이 0.82로 유의수준 0.05보다 커서 귀무가설을 채택한다.
즉, 성별에 따라 나이평균 차이가 없다.

10. p-값이 0.633으로 유의수준 5%에서 볼링스코어의 평균은 동일하다.

8장 차이분석 2(분산분석) EXERCISE

1. 1) [귀무가설] 세 가지 교수법에 의한 독서량 평균은 동일하다.
[대립가설] 세 가지 교수법에 의한 독서량 평균은 모두 같지는 않다.

2) p-값이 0.000으로 귀무가설을 기각한 바 어떤 평균 차이가 있는지 살펴보아야 한다. 즉 다중비교가 필요하다.

3) DUNCAN의 방법을 적용하여 2집단과 3집단은 평균이 동일하고 1집단은 다른 그룹과 평균이 다르다고 결론을 내릴 수 있다.

독서량

Duncan

교수법	N	유의수준 = 0.05에 대한 부집단	
		1	2
2.00	5	518.0000	
3.00	5	548.0000	
1.00	5		786.0000
유의확률		.565	1.000

동일 집단군에 있는 집단에 대한 평균이 표시됩니다.

a. 조화평균 표본 크기 5.000을(를) 사용합니다.

2. 암 종류에 대하여 자동코딩변경을 통하여 숫자변수로 변경이 필요하다.

일원배치 분산분석

생존기간

	제곱합	df	평균 제곱	F	유의확률
집단-간	11535760.522	4	2883940.131	6.433	.000
집단-내	26448144.478	59	448273.635		
합계	37983905.000	63			

암 종류에 따라서 환자의 유의수준 5%에서 생존기간 평균은 동일하지 않다.

3. 4와 동시에 표시함

4. 3은 평균차이가 있지만 4는 평균차이가 없다. 각 그룹의 평균이 동일하더라도 얼마나 밀집되어 있는가를 반영하는 분산분석의 성격을 보여준다.

5. p-값이 0.000으로 유의수준 0.05보다 작으므로 세 회사의 직업만족도 평균은 같지 않다고 결론 내린다.

6. 1)

보고서

연봉

나이범주	평균	N	표준편차
elderly	55166.67	3	6296.295
middle_aged	49385.71	21	9735.054
young	60883.33	6	15560.388
합계	52263.33	30	11492.651

2) 자동코딩변경 메뉴를 이용하여 나이범주를 숫자변수로 변경한 다음 일원배치분산분석을 실행한다.

일원배치 분산분석

연봉

	제곱합	df	평균 제곱	F	유의확률
집단-간	645008952.381	2	322504476.190	2.734	.083
집단-내	3185340714.286	27	117975582.011		
합계	3830349666.667	29			

p-값이 0.083으로 연봉평균은 유의수준 5%에서 나이범주에 따라 차이가 없다.

3) 일원배치 분산분석의 [옵션]을 선택하여 분산동질성 검정을 선택하고 실행해 준다.

분산의 동질성 검정

연봉

Levene 통계량	df1	df2	유의확률
2.570	2	27	.095

p-값이 0.095로 연봉분산은 유의수준 5%에서 나이범주에 따라 차이가 없다.

7. 직접 계산하여 결과를 유도하고 패키지의 결과와 비교해 보는 문제임. 결론은 콜레스테롤양에 차이가 없다이지만 수식을 유도하는 과정을 묻는 것임.

일원배치 분산분석

콜레스테롤

	제곱합	df	평균 제곱	F	유의확률
집단-간	663.333	3	221.111	.192	.899
집단-내	9189.333	8	1148.667		
합계	9852.667	11			

9장 관계분석 1(상관분석과 교차분석) EXERCISE

1. **(예시)** 인과관계로 해석할 수 없는 상관계수를 이용하여 원인을 밝히는 것은 곤란하다.

2. **(예시)** 차를 사용할 경우가 많아져서 한 대를 더 구입할 수도 있다. 원인과 결과를 바꾼 것이 아닌지 다른 요인이 있는지 검토해야 한다.

3. 5−1=4 , 4−1=3으로 각각 계산하여 4×3=12이다.

4. 변수에 곱해진 계수들 10×5 〉0일 때는 상관계수가 동일하다. 즉, r이다. 만일 0보다 작으면 −r이 된다.

5. 1) 공분산 = 0이다. 왜냐하면 Y의 경우 모두 관측치가 같기 때문이다. 따라서 상관계수도 0이다.
2) 공분산 = −2.5이다. 상관계수 공식의 분자항은 −10이다. 상관계수는 −1이다.

6. 카이제곱통계량은 25.014, 자유도는 1, p−값은 0.000으로 두 집단 간에는 차이가 있다.

7. 가장 높은 쌍은 X6과 X7의 0.736으로서 통계적으로 유의하다. 가장 낮은 쌍은 X1과 X10은 0.033으로 상관이 없다고 할 수 있다.

상관계수

		X1	X2	X3	X4	X5	X6	X7	X8	X9	X10
X1	Pearson 상관계수	1	.588**	.432**	.110	.158	.055	-.005	.082	-.010	.033
	유의확률 (양쪽)		.000	.006	.504	.337	.739	.974	.618	.954	.840
	N	39	39	39	39	39	39	39	39	39	39
X2	Pearson 상관계수	.588**	1	.481**	.049	.222	.143	.001	.235	-.121	.084
	유의확률 (양쪽)	.000		.002	.767	.175	.385	.995	.150	.465	.613
	N	39	39	39	39	39	39	39	39	39	39
X3	Pearson 상관계수	.432**	.481**	1	.428**	.562**	.544**	.392*	.280	.491**	.391*
	유의확률 (양쪽)	.006	.002		.007	.000	.000	.014	.084	.001	.014
	N	39	39	39	39	39	39	39	39	39	39
X4	Pearson 상관계수	.110	.049	.428**	1	-.060	-.114	-.063	-.082	.254	.232
	유의확률 (양쪽)	.504	.767	.007		.717	.491	.701	.619	.118	.156
	N	39	39	39	39	39	39	39	39	39	39
X5	Pearson 상관계수	.158	.222	.562**	-.060	1	.638**	.516**	.216	.137	.101
	유의확률 (양쪽)	.337	.175	.000	.717		.000	.001	.186	.405	.542
	N	39	39	39	39	39	39	39	39	39	39
X6	Pearson 상관계수	.055	.143	.544**	-.114	.638**	1	.736**	.391*	.258	.193

	유의확률 (양쪽)	.739	.385	.000	.491	.000		.000	.014	.112	.240
	N	39	39	39	39	39	39	39	39	39	39
X7	Pearson 상관계수	-.005	.001	.392*	-.063	.516**	.736**	1	.179	.220	.275
	유의확률 (양쪽)	.974	.995	.014	.701	.001	.000		.277	.178	.090
	N	39	39	39	39	39	39	39	39	39	39
X8	Pearson 상관계수	.082	.235	.280	-.082	.216	.391*	.179	1	.156	.052
	유의확률 (양쪽)	.618	.150	.084	.619	.186	.014	.277		.344	.754
	N	39	39	39	39	39	39	39	39	39	39
X9	Pearson 상관계수	-.010	-.121	.491**	.254	.137	.258	.220	.156	1	.452**
	유의확률 (양쪽)	.954	.465	.001	.118	.405	.112	.178	.344		.004
	N	39	39	39	39	39	39	39	39	39	39
X10	Pearson 상관계수	.033	.084	.391*	.232	.101	.193	.275	.052	.452**	1
	유의확률 (양쪽)	.840	.613	.014	.156	.542	.240	.090	.754	.004	
	N	39	39	39	39	39	39	39	39	39	39

**. 상관계수는 0.01 수준(양쪽)에서 유의합니다.
*. 상관계수는 0.05 수준(양쪽)에서 유의합니다.

8. 유의확률이 0.000으로 기계에 따라 등급품의 비율의 차이가 없다는 귀무가설을 기각한다.

9. 먼저 가중치 설정으로 관측도수를 설정해 준 다음 카이제곱검정이라는 메뉴를 선택한다.

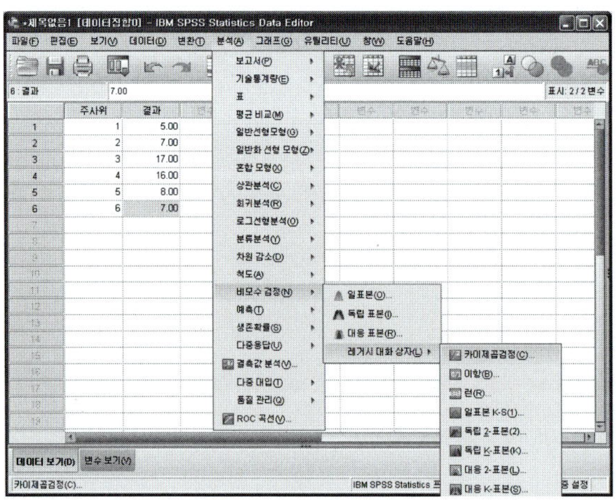

다음과 같이 설정해 주고 [확인]을 선택해 준다.

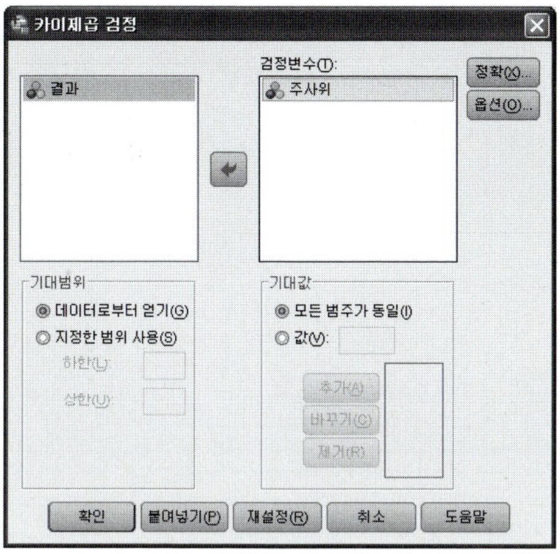

결과는 다음과 같다.

주사위

	관측 수	기대빈도	잔차
1	5	10.0	-5.0
2	7	10.0	-3.0
3	17	10.0	7.0
4	16	10.0	6.0
5	8	10.0	-2.0
6	7	10.0	-3.0
합계	60		

검정 통계량

	관측수
카이제곱	13.200
자유도	5
근사 유의확률	.022

→ 주사위는 유의수준 5%에서 귀무가설을 기각하여 주사위는 공평하지 않다.

10. 직접 계산하여 결과를 유도하고 패키지의 결과와 비교해 보는 문제임. 결론은 출석과 성별에 유의한 차이가 있다이지만 수식을 유도하는 과정을 묻는 것임.

카이제곱 검정

	값	자유도	점근 유의확률 (양측검정)	정확한 유의확률 (양측검정)	정확한 유의확률 (단측검정)
Pearson 카이제곱	3.922a	1	.048		
연속수정b	3.176	1	.075		
우도비	3.987	1	.046		
Fisher의 정확한 검정				.073	.037
선형 대 선형결합	3.902	1	.048		
유효 케이스 수	200				

a. 0 셀 (0.0%)은(는) 5보다 작은 기대 빈도를 가지는 셀입니다. 최소 기대빈도는 15.00입니다.

b. 2x2 표에 대해서만 계산됨

10장 관계분석 2(회귀분석) EXERCISE

1. 결정계수 = SSR/SST = 1−(SSE/SSR) = 1−(60/240) = 3/4=0.75이다.

2. 등분산성(오차의 분산이 동일하다는 가정), 정규성(오차는 정규분포), 독립성(종속변수의 개체들이 독립적)을 만족해야 함.

3. 단순회귀분석의 결정계수는 상관계수의 제곱과 동일하다. 0.4×0.4 = 0.16이다.

4. 1)

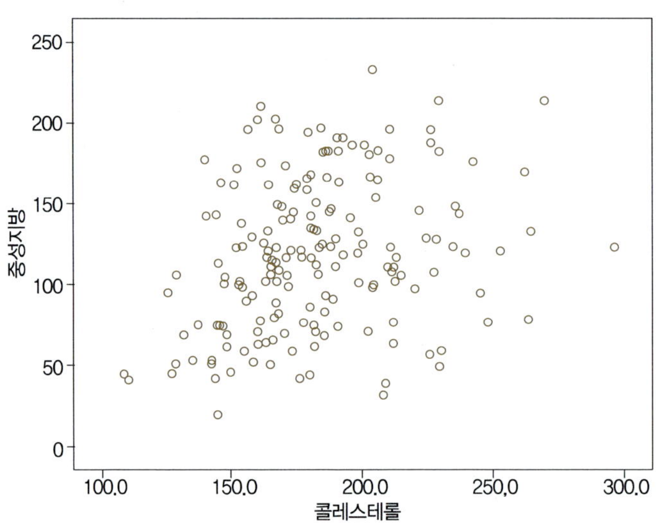

2) 상관계수

		중성지방	콜레스테롤
중성지방	Pearson 상관계수	1	.281**
	유의확률 (양쪽)		.000
	N	182	182
콜레스테롤	Pearson 상관계수	.281**	1
	유의확률 (양쪽)	.000	
	N	182	182

**. 상관계수는 0.01 수준(양쪽)에서 유의합니다.

계수a

모형		비표준화 계수		표준화 계수	t	유의확률
		B	표준오차	베타		
1	(상수)	45.081	18.767		2.402	.017
	콜레스테롤	.399	.102	.281	3.927	.000

a. 종속변수: 중성지방

상관계수 = 0.28로 유의하며, 회귀모형은 [중성지방 = 45.08 + 0.399×콜레스테롤]의 식으로 추정된다.

3) 모형 요약

모형	R	R 제곱	수정된 R 제곱	추정값의 표준오차
1	.281a	.079	.074	44.460

a. 예측값: (상수), 콜레스테롤

상관계수 0.281의 제곱은 결정계수 0.079임. 단순회귀분석에서만 성립한다.

4) 유의확률 0.000으로 유의수준 5%에서 유의하여 콜레스테롤은 중성지방에 영향을 미친다고 할 수 있다.

5. 1)

상관계수

		Y	X1	X2	X3	X4	X5
Y	Pearson 상관계수	1	.183	-.656**	-.069	-.203	.385
	유의확률 (양쪽)		.440	.002	.772	.392	.094
	N	20	20	20	20	20	20
X1	Pearson 상관계수	.183	1	-.759**	.504*	.710**	.863**
	유의확률 (양쪽)	.440		.000	.023	.000	.000
	N	20	20	20	20	20	20
X2	Pearson 상관계수	-.656**	-.759**	1	-.358	-.353	-.850**
	유의확률 (양쪽)	.002	.000		.121	.127	.000
	N	20	20	20	20	20	20
X3	Pearson 상관계수	-.069	.504*	-.358	1	.482*	.393
	유의확률 (양쪽)	.772	.023	.121		.031	.087
	N	20	20	20	20	20	20
X4	Pearson 상관계수	-.203	.710**	-.353	.482*	1	.645**
	유의확률 (양쪽)	.392	.000	.127	.031		.002
	N	20	20	20	20	20	20
X5	Pearson 상관계수	.385	.863**	-.850**	.393	.645**	1
	유의확률 (양쪽)	.094	.000	.000	.087	.002	
	N	20	20	20	20	20	20

**. 상관계수는 0.01 수준(양쪽)에서 유의합니다.

*. 상관계수는 0.05 수준(양쪽)에서 유의합니다.

2) 계수a

모형		비표준화 계수		표준화 계수	t	유의확률
		B	표준오차	베타		
1	(상수)	43.220	10.535		4.102	.001
	X1	-.002	.002	-.458	-1.342	.201
	X2	-.515	.165	-1.067	-3.124	.007
	X3	-.051	.065	-.137	-.780	.448
	X4	-2.983	3.222	-.242	-.926	.370
	X5	.087	.424	.083	.205	.840

a. 종속변수: Y

Y = 43.22−0.002×X1−0.515×X2−0.051×X3−2.983×X4 + 0.087×X5

3) 결정계수 = 0.706으로 이 모형으로 70.6% 정도 설명 가능함.

4) 표준화계수가 가장 큰 X2

5) 유의하지 않는 X1, X3, X4, X5가 영향을 주지 않고 있음.

6. [분석] ⇨ [회귀분석] ⇨ [곡선추정]이란 메뉴를 사용하였다. 여기서는 선형뿐만 아니라 다른 모형에 대한 단순회귀분석을 시도해 볼 수 있다.

모형 요약 및 모수 추정값

종속 변수: 지속기간

방정식	모형 요약					모수 추정값	
	R 제곱	F	df1	df2	유의확률	상수항	b1
선형모형	.828	38.615	1	8	.000	-1.071	2.741

독립변수는 복용량입니다.

[지속기간 = −1.071 + 2.741×복용량]으로 회귀모형 추정, 결정계수는 0.828임.

7. 계수a

모형		비표준화 계수		표준화 계수	t	유의확률	공선성 통계량	
		B	표준오차	베타			공차	VIF
1	(상수)	-2.263	1.096		-2.065	.069		
	근무태도	1.550	.481	1.074	3.225	.010	.096	10.375
	근무년수	-.239	.606	-.131	-.393	.703	.096	10.375

a. 종속변수: 개근날짜

근무태도와 근무년수 간에 다중공선성이 있다고 보인다. VIF의 계수가 10.375이고 7보다 크기 때문에 그렇다. 둘 중 하나를 제외하고 회귀분석을 해야 오차가 작아질 것이다.

참고문헌

곽기영(2011). 경영통계분석, 경문사.
류근관(2011). 통계학(제2판), 법문사.
박성현, 김성수, 황현식(2011). 고급 SPSS 이해와 활용, 한나래출판사.
박영옥, 신지은, 이부일, 황현식, 이석훈(2012). SPSS를 활용한 통계자료분석, 경문사.
박정수, 황현식(1996). SAS 프로그래밍 입문, 경문사.
심정욱, 배종성, 조완현, 정영해, 손영숙, 박정수, 백장선(2001). 생활정보와 통계, 도서출판 월산.
원태연, 정성원(1998). 통계조사분석, SPSS 아카데미.
이태림, 이정진, 김성수, 이기재, 이긍희(2005). 통계학개론, 한국방송통신대학교출판부.
임상일(2004). 통계는 성공의 나침반이다, 한솔아카데미.
통계교육원(2010). 비전공자를 위한 통계학이야기 통계마인드, 통계교육원.
통계교육원(2010). 통계와 정책, 통계교육원.

〈Web Site〉
e-나라지표 http://www.index.go.kr
KBS http://www.kbs.co.kr/
교육통계서비스 http://cesi.kedi.re.kr/index.jsp
국토해양통계누리 http://stat.mltm.go.kr/portal/main/portalMain.do
동아닷컴 http://nuri.donga.com/nurinews/view.php?k_id=2012030644569590
문화체육관광부 통계포털 http://culturestat.mcst.go.kr/mcst/resource/static/main/index.html
보건복지부 통계포털 http://stat.mw.go.kr/
식품의약품안전청 생물학적동등성시험정보(http://betest.kfda.go.kr/)
통계교육원 http://sti.kostat.go.kr
통계정보시스템 http://kosis.kr
통계청 http://www.kostat.go.kr
한국보건사회연구원 http://www.kihasa.re.kr/html/jsp/
한국은행 경제교육홈페이지 http://www.bokeducation.or.kr/index.do
한국은행 경제통계시스템 http://ecos.bok.or.kr/

찾아보기

ㅎ

저자 약력

한동철
성균관대학교 건축공학과 학사
서울대학교 경영학과 석사
Saint Louis University 경영학과 박사
현재 서울여자대학교 경영학과 교수

황현식
전남대학교 전산통계학과 박사
현재 통계청 통계교육원 교수/사무관
hshwang2@korea.kr

데이터는 http://hshwang5.blog.me 통계학 멘토에서 확인하시기 바랍니다.

저자와의
협의하에
인지생략

통계학 멘토

2012년 9월 5일 1판 1쇄 인쇄
2012년 9월 10일 1판 1쇄 발행

지 은 이 한동철 황현식
펴 낸 이 최용구
펴 낸 곳 이프레스

주　　소 서울시 용산구 원효로 1가 48-1호(140-846)
전　　화 02) 537-1720 팩스 02) 537-1711
이 메 일 shinjeong72@naver.com
등　　록 2009년 12월 10일 제16-2710호

기획마케팅 최용구 장만동 송대용
책임편집 박정선 최윤정 황가연
본문편집 예나루
표　　지 SDY

ISBN 978-89-90245-29-8 93310

정가 17,000원

파본은 구입처에서 교환해 드립니다.